Linguistische Arbeiten 55

Herausgegeben von Herbert E. Brekle, Hans Jürgen Heringer, Christian Rohrer, Heinz Vater und Otmar Werner

Wing-Pui Leung

Interpretative Semantik und transformative Beschreibung

(am Beispiel des Kantonesischen)

Max Niemeyer Verlag
Tübingen 1978

CIP-Kurztitelaufnahme der Deutschen Bibliothek

Leung, Wing-Pui
Interpretative Semantik und transformative Beschreibung : (am Beispiel d. Kantones.). - 1. Aufl. - Tübingen : Niemeyer, 1978.
(Linguistische Arbeiten ; 55)
ISBN 3-484-10288-8

ISBN 3-484-10288-8

VORWORT

Die ursprüngliche Fassung dieser Arbeit wurde im Jahre 1973 abgeschlossen. Sie wurde von der Philosophischen Fakultät der Universität Hamburg als Dissertation angenommen. Die hier vorliegende Fassung ist in einigen Punkten überarbeitet worden, ohne daß sich Grundlegendes an der Struktur der Arbeit geändert hätte.

Für Kritik, Vorschläge und Hinweise danke ich den Herren Prof. Heinz Vater, Prof. Kuno Lorenz und Fritz Neubauer. Besonders aber bin ich Herrn Prof. Winfried Boeder verpflichtet, der von Anfang an sehr viel Zeit für diese Arbeit geopfert hat. Ich danke auch dem Verlag Niemeyer für die Möglichkeit der Publikation und die gute Zusammenarbeit.

Dezember 1977 Wing-Pui Leung

INHALTSVERZEICHNIS

0 EINLEITUNG

In den letzten zehn Jahren hat die Transformationstheorie immer größeren Einfluß auf die Theorie der Grammatik bekommen. Die Transformationalisten werden jedoch in zwei Lager geteilt, nämlich die 'Generative Semantik' (kurz: GS), die von McCawley, Lakoff, Ross, Bach, Fillmore, Postal usw. vertreten wird, und die 'Interpretative Semantik' (kurz: IS), deren Hauptvertreter Chomsky, Jackendoff, Katz usw. sind. Diese beiden Richtungen setzen zwei verschiedene organisatorische Universalien der Sprache voraus.[1] In 0.2 wird die Unterschied zwischen ihnen eingehend diskutiert.

Es wird festgestellt, daß die IS in bezug auf das Grundprinzip angemessener ist. Man braucht für die Generierung einer Sprachkette sowohl eine Tiefenstrukturebene als auch die Projektionsregeln. Obwohl die IS einiges über die Projektionsregeln gesagt hat, gibt es nur sehr vage Vorstellungen von diesen Regeln. Für das semantische System, worauf die Projektionskette basiert, haben Bierwisch und andere versucht, mit der Methode der Prädikatenlogik eine semantische Sprache zu konstruieren; trotzdem fehlen die Projektionsregeln, die die Verbindung zwischen der semantischen Sprache und der Repräsentation der gesprochenen Sprache herstellen.

In Kap.1 wird versucht, eine semantische Sprache axiomatisch zu bilden. Einige Grundterme, Formationsregeln, Definitionsregeln sowie Deduktionsregeln werden formuliert. Dabei wird an dem Ziel festgehalten, daß dieses semantische System der Projektion

---

1 Organisatorische Universalien sind die Wechselbeziehungen zwischen den Hauptkomponenten der Grammatik (z.B. der semantischen Komponente, syntaktischen Komponente, phonologischen Komponente usw.) und die Reihenfolge ihrer Anwendung. Es wird angenommen, daß sie für alle natürlichen Sprachen gleich sind

von Sprachketten dienen soll. Mit diesem Apparat werden auch Lexeme definiert. Da ein Inventar von deskriptiven Prädikatoren (siehe 1.1.1.2.2) noch fehlt, werden in Kap.2 nur einige ad-hoc-Beispiele vorgeführt, um die lexikalischen Definitionsregeln zu veranschaulichen.

In Kap.3 wird ein generativer Mechanismus beschrieben (zur kurzen Orientierung siehe 0.3.c); durch ihn wird eine Sprachkette erzeugt (Kap.3), projiziert (Kap.4) und vom Hörer aufgenommen (Kap.5). Dieser Mechanismus wird als universal betrachtet; nur das Lexikon ist sprachspezifisch.[1] Statt der üblichen linearen Anordnung der Regeln sind die Regeln Teile eines Algorithmus (siehe 0.5).

Dann gehe ich zu den Transformationen über. Anhand des Kantonesischen wird gezeigt,[2] wie eine semantisch motivierte Tiefenstruktur in die Oberflächenstruktur durch Transformationsregeln und mit Hilfe der syntaktischen Merkmale überführt werden kann. Dabei erweist sich das Zyklusprinzip als unerläßlich. Auch das Prinzip, daß syntaktische Merkmale nicht semantisch sind, wird streng eingehalten.

Obwohl die vorliegende Arbeit das Grundprinzip der GS hinsichtlich der organisatorischen Universalien nicht akzeptiert, ist es nicht meine Absicht, die Errungenschaften der GS einfach beiseite zu schieben. Vielmehr möchte ich versuchen, die Entdekkungen der GS, die meines Erachtens die fruchtbarste Richtung der Grammatik in den letzten Jahren ist, mit dem Grundprinzip der IS zu kombinieren. Insbesondere im Bereich der Tiefenstrukturebene wird vieles von der semantischen Struktur der GS übernommen.

0.1 Der Kompetenzbegriff

In der vorliegenden Arbeit versuche ich, die Gliederung und das Zusammenspiel der verschiedenen Hauptkomponenten der Grammatik zu beschreiben und zu erklären, die man bei sprachlicher Kommunikation benötigt. Obwohl syntaktische und semantische As-

---

1 Sprachspezifisch sind die Lautform, die Zusammensetzung von Prädikatoren und die syntaktischen Merkmale, die bei den Transformationen eine wichtige Rolle spielen.

2 Kantonesisch ist eine südchinesische Sprache, die auch der Verfasser spricht. Es hat ca. 28 Millionen Sprecher.

pekte die Hauptanliegen dieser Arbeit sind, können sie nicht isoliert von anderen Faktoren der Sprachfähigkeit betrachtet werden. Es ist nicht uninteressant, einmal zu überlegen, was die Sprachkompetenz (d.h. Sprachfähigkeit) alles enthält, welche Voraussetzungen sie hat, welche Typen **es von ihr** gibt und welche Relevanz diese Typen für die Grammatik haben.

0.1.1 Der Kompetenzbegriff von Chomsky

Das Begriffspaar Kompetenz/Performanz, das den Saussureschen Begriffen Langue/Parole entspricht, spielt eine wichtige Rolle in der Transformationstheorie. Bei Chomsky heißt es, die Sprachkompetenz sei die Fähigkeit des idealen Teilnehmers der sprachlichen Kommunikation, Sätze zu bilden oder zu verstehen.[1] Die Sprachperformanz sei der tatsächliche Gebrauch der Sprache in konkreten Situationen.[2]

0.1.2 Die sogenannte 'Performanztheorie'

Chomsky unterscheidet zwischen der 'Theorie der linguistischen Kompetenz' und der 'Theorie der linguistischen Performanz'. Ich zitiere die Definitionen von Katz (1972:25), die der Auffassung von Chomsky (1965) entsprechen:

> In the theory of linguistic competence we seek to state the system of rules that formally represents the ideal linguistic structures that underlie the utterances of natural speech ... The theory of linguistic performance, on the other hand, seeks to account for the principles that speakers use in actually producing and understanding natural speech.

Das Untersuchungsobjekt der 'Theorie der linguistischen Kompetenz' von Chomsky ist der folgende Mechanismus:

---

1 Chomsky (1967:398): "the technical term "competence" refers to the ability of the idealized speaker-hearer to associate sounds and meanings strictly in accordance with the rules of his language." Es ist zu bemerken, daß Chomsky den pragmatischen Aspekt nicht erwähnt hat.

2 Chomsky (1965:4): "performance (the actual use of language in concrete situations)". Ähnliche Definitionen für "Performanz" finden sich bei Wunderlich (1970b:10), Campbell/Wales (1970: 246) u.a.

Basiskomponente

↙ ↘

semantische Komponente — transformationale Komponente

↓

phonologische Komponente

Phänomene wie die Gedächtnisstruktur, Akzeptabilität, enzyklopädisches Wissen, Aufmerksamkeitsgrad, usw. sollen nach Chomskys Meinung zur'Theorie der Performanz' gehören.[1]

Kompetenz und Performanz unterscheiden sich darin, daß die eine potentiell, und die andere aktuell ist. Die Performanz ist für die Linguistik soweit interessant, als sie als Daten für die weitere Abstraktion zur Bildung einer Theorie der Kompetenz dient. Performanz als eigentliches Untersuchungsobjekt ist nur für historische Untersuchungen, literarische Interpretationen usw. charakteristisch. Die Linguistik soll keine Theorie der Performanz, sondern eine Theorie der performativen Kompetenz enthalten.[2] Dennoch ist es nicht wichtig, ob man die Sprachtheorie "Theorie der sprachlichen Kompetenz" oder "Theorie der sprachlichen Performanz" nennt. Die Kompetenz ist letzten Endes für die Performanz da, und eine Theorie der Kompetenz entsteht dadurch, daß man aus unzähligen Performanzen linguistisch unwesentliche Aspekte wegläßt und wesentliche Aspekte beibehält, in eine bestimmte Ordnung bringt, und Erklärungen dafür ausdenkt. In der theoretischen Überlegung sind sie (Kompetenz und Performanz) untrennbar; es ist absurd, für denselben Bereich zwei verschiedene Theorien auf Grund dieser Unterscheidung zu bilden. Die Art, wie Chomsky (1965) die beiden Termini dafür verwendet, Grammatik von anderen Zweigen der Linguistik zu unterscheiden, gleicht einer Vergewaltigung des Wortes "Performanz".

---

1 Siehe Chomsky (1965:10-15) und Chomsky/Halle (1968:3). Vgl. auch die eindeutige Aussage bei Chomsky/Halle (1968:3): "think of the study of the potential performance of an idealized speaker-hearer who is unaffected by such grammatically irrelevant factors".

2 Campbell/Wales (1970:246) und Hymes (1972:283) haben richtig bemerkt, daß die sogenannten 'Performanzmodelle' der Sprachgebraucher eigentlich Kompetenzmodelle sind. Siehe hierzu 0.1.4.2.b. Über die performative Kompetenz siehe 0.1.4.3.

Die Saussuresche Unterscheidung von Langue und Parole charakterisiert Heger (1971:7) als methodologisch (und nicht materiell):

> Es ist daher abwegig, materiell disjunktive Fragen wie die zu stellen, ob ein bestimmtes gegebenes Phänomen der Langue oder der Parole zuzuordnen sei. Vielmehr gilt grundsätzlich, daß jedem auf der Ebene der Parole beobachteten Phänomen ein entsprechendes Phänomen auf der Ebene der Langue zukommt, und daß zu jedem auf der Ebene der Langue postulierbaren Phänomen beobachtbare Phänomene auf der Ebene der Parole vorkommen können.

Diese Bemerkung gilt auch für die Unterscheidung Kompetenz/Performanz.

0.1.3 Erweiterung des Kompetenzbegriffs

Außer der Unhaltbarkeit des Versuchs, die Unterscheidung Kompetenz/Performanz als Kriterium für zwei Wissenschaftsbereiche ('Kompetenz-' und 'Performanztheorie') zu verwenden, ist von verschiedenen Seiten bemerkt worden, daß der Chomskysche Kompetenzbegriff zu eng aufgefaßt worden ist.[1] Bevor ich darauf eingehe, möchte ich zuerst einige Faktoren nennen, die die Sprachperformanz beeinflussen:[2]

a. die Denk-, Sprech- und Höranlagen der Kommunikationsteilnehmer,

b. die erworbenen Eigenschaften der Kommunikationsteilnehmer: Triebe und Hemmungen, Zu- und Abneigungen, Wissen aller Art,[3] sozialer Status und Gruppenzugehörigkeit, kognitive Kompetenz, kommunikative Kompetenz, sonstige Fähigkeiten, usw.

c. die Sprechsituation: Zeit und Ort des Sprechens und der Wahrnehmung, gesprochener Kontext, in der Sprechsituation stattgefundene Interaktionen der Kommunikationsteilnehmer, Zustand der Kommunikationsteilnehmer (gesundheitlicher Zustand, emotionaler Zustand, Ermüdungszustand, Bedürfnisse und Erwartungen, Verständnis der eigenen Rolle, Verständnis der vorausge-

---

1 Z.B. bei Campbell/Wales (1970:247), Hymes (1972:276-281) und Wunderlich (1970b:12-18).
2 Vgl. Wunderlich (1970b:20-21).
3 Über Einflüsse der kulturellen Hintergründe der Kommunikationsteilnehmer auf die Akzeptabilität einer Äußerung vgl. Lakoff (1969a:104,109-110,114-115).

gangenen Äußerungen und Handlungen, Intention usw.)

Unter den genannten Faktoren ist die kommunikative Kompetenz für die Performanz von besonderer Wichtigkeit. Die kommunikative Kompetenz eines Menschen ist seine Fähigkeit, an einer Kommunikation (passiv oder aktiv) teilzunehmen.[1] Die Bezeichnung "kommunikative Kompetenz" wird von einigen als "pragmatische Kompetenz" verstanden;[2] ich halte diese Gebrauchsweise für weniger glücklich, weil die Beherrschung des Zeichensystems eine Notwendigkeit für die Kommunikation ist, und deshalb auch zur kommunikativen Kompetenz zählen muß.

Von der Sprechsituation beeinflußt, bildet der Sprecher auf Grund seiner Anlage und seiner erworbenen Eigenschaften eine kommunikative Strategie,[3] die die verbale Planung und die Strukturierung der Sprachkette steuert. Um die verschiedenen Faktoren auszuwerten, die ich am Anfang dieses Abschnittes aufgezählt habe, braucht man eine Fähigkeit, nämlich die kommunikative Kompetenz; durch sie wird eine kommunikative Strategie entwickelt.

In seinen unveröffentlichten Vorlesungen "Logic and conversation" hat der Philosoph H.P.Grice ein Kooperationsprinzip vorgestellt:[4]

> Mache deinen Beitrag zur Konversation so, wie er an der jeweiligen Stelle entsprechend dem akzeptierten Zweck oder der Richtung des Redewechsels, in dem du beteiligt bist, erforderlich ist.

Grice nennt dann, diesem Prinzip entsprechend, einige Konversationsmaximen (man muß versuchen, seine Äußerung so informativ, wahr, relevant, klar und deutlich wie möglich zu formulieren usw.), wonach man sich beim Sprechen richtet. Diese Maximen sind ohne Zweifel für die Kommunikation von großer Wichtigkeit. Sie gehören jedoch nicht zur Chomskyschen 'Kompetenz'. In 0.1.4.2 werde ich noch einige Kompetenztypen nennen, die Chomsky außer acht gelassen hat.

---

1 Ähnliche Definitionen finden sich bei Campbell/Wales (1970: 247-249) und Hymes (1972).

2 Z.B. bei Wunderlich (1970b:11,22-23). Über die pragmatische Kompetenz siehe 0.1.4.2.c.

3 Vgl. Wunderlich (1970b:11,22-23).

4 Siehe auch das Referat von Wunderlich (1972:54-58).

0.1.4 Typen der kommunikativen Kompetenz

Es gibt mehrere Möglichkeiten, die kommunikative Kompetenz zu klassifizieren:

0.1.4.1 Sprachliche Kompetenz vs. außersprachliche Kompetenz

Diese Unterscheidung ist relativ unproblematisch; nur der Vollständigkeit halber wird sie hier genannt.

0.1.4.2 Die Klassifikation von Hymes

Hymes (1972:281-286) hat eine brauchbare Klassifikation vorgeschlagen, die sowohl für die sprachliche als auch für die außersprachliche Kompetenz gilt:

a. Die grammatische Kompetenz.[1] Sie ist die Fähigkeit, formal richtige Ausdrücke zu bilden. Diese Kompetenz enthält jedoch nicht die Fähigkeit, die Ausdrücke auch passend für die Sprechsituation zu verwenden; der Begriff 'linguistische Kompetenz' von Chomsky hat hier eine Entsprechung.

b. Die Fähigkeit, für die Sprech-, Hör- und Denkanlagen passende Ausdrücke zu erzeugen. Auch die psycholinguistischen Faktoren wie das Kurzzeitgedächtnis, der perzeptuelle Mechanismus, sowie ihre Beziehungen zu den syntaktischen Phänomenen wie Selbsteinbettung, Rechts-oder Linksverzweigung, transformationelle Komplexität, lexikalische Dichte im Satz, Wortassoziation, Disambiguierung usw. gehören hierzu, und werden in der Psycholinguistik behandelt.

c. Die pragmatische Kompetenz. Dies ist die Fähigkeit, in einer Sprechsituation passende Ausdrücke zu bilden. Es ist möglich, zwischen sozialen und kontextuellen Faktoren zu unterscheiden. Phänomene wie Deixis, Anaphora, Tilgung, Sprechakt, indirekte Sprechhandlung, Suggestion, Anrede, Sprechhandlungssequenz, illokutiver Indikator, Disambiguierung usw. können ohne Bezugnahme auf den Kontext nicht erklärt werden.

Betrachten wir den folgenden Satz:

Du bist ja ein tapferer Kerl

Er kann bedeuten, daß der Angesprochene tapfer, nicht tapfer

---

1 Die Bezeichnung "grammatische Kompetenz" stammt von Campbell/Wales (1970:249).

(obwohl der Angesprochene es glaubt), oder gar feige ist. Daß der Hörer trotzdem die Intention des Sprechers verstehen kann, kann nicht allein durch die Sprechsituation erklärt werden; sie bildet nur den Hintergrund dafür. Der Hörer muß schon eine pragmatische Kompetenz haben, die es ihm ermöglicht, trotz der Mehrdeutigkeit die richtige Bedeutung auf Grund der Sprechsituation zu erkennen. Da die Kompetenzen bei den Gesprächspartnern im allgemeinen nicht übereinstimmen, kann es oft passieren, daß Mißverständnisse entstehen, auch wenn die semantische Bedeutung völlig verstanden worden ist. So könnten ein seriöser Mensch und ein Spaßvogel Schwierigkeiten miteinander haben, wenn ihre pragmatischen Kompetenzen voneinander stark abweichen.

d. Die Fähigkeit zu beurteilen, ob eine Konstruktion oder ein Ausdruck auch tatsächlich gebraucht wird. Etwas, das den Kriterien von 0.1.4.2.a bis c entspricht, aber in der Sprachgemeinschaft nie vorkam, hat auch wenig Chancen, angewendet zu werden, weil es unkonventionell ist. Über die Akzeptierbarkeit einer komplexen Satzstruktur, z.B. einer zweifach eingebettete Form wie

> The man (that) the girl (that) I used to go with married just got drafted.
>
> [Der Mann, den das Mädchen, mit dem ich ging, heiratete, wurde gerade zum Militärdienst eingezogen.]

sagt Labov (1970:125):

> Wenn jemand jemals eine von der Grammatik vorhergesagte Satzstruktur verwendet, so kann diese Tatsache außer acht gelassen werden, da man weiß, daß die komplexesten syntaktischen Strukturen sehr selten sind — die Gelegenheit zu ihrem Gebrauch hat sich einfach nicht ergeben.

0.1.4.3 Performative Kompetenz vs. theoretische Kompetenz

Man kann zwischen sprachperformativer und sprachtheoretischer Kompetenz unterscheiden. Die erste ist die Fähigkeit zur Erzeugung und zum Verstehen von Sprachausdrücken; die zweite ist die Fähigkeit, über die Sprache zu theoretisieren. Ein Schriftsteller oder ein Redner, so gut er schreiben bzw. reden mag, kann eine mangelhafte sprachtheoretische Kompetenz besitzen; andererseits kann ein hervorragender Linguist eine miserable sprachperformative Kompetenz besitzen.[1]

0.1.5 Integration der Pragmatik in die Grammatik

Die Linguistik hat bis vor wenigen Jahren den pragmatischen Gesichtspunkten der Sprache zu wenig Beachtung geschenkt. In der Grammatik gibt es vieles, das ohne einen Bezug auf den Kontext nicht erklärt werden kann.[2] Obwohl man zwischen der grammatischen und der pragmatischen Kompetenz unterscheiden kann, scheint es mir nicht sinnvoll, eine von der Grammatik unabhängige Pragmatik zu bilden. In der Grammatik hat man spätestens seit Katz/Postal (1964) angefangen, die Integration der Semantik in die Grammatik zu versuchen. In der Generativen Semantik ist die Berücksichtigung der semantischen Gesichtspunkte zur Alltäglichkeit geworden. Man versucht nicht mehr wie früher, die Semantik gegen die Syntax abzugrenzen. Auch die pragmatischen Gesichtspunkte werden in den Arbeiten der Generativen Semantik zunehmend beachtet.[3] Lautlos hat die Integration der Pragmatik in die Grammatik begonnen. Es ist vorauszusehen, daß dieser neue Impuls der theoretischen und der angewandten Linguistik ein völlig neues Gesicht verleihen wird.

0.2 Generative Semantik vs. Interpretative Semantik

0.2.1 Das GS-Modell

Chomsky (1965:16) stellt sich den generativen Apparat so vor:

> Die syntaktische Komponente spezifiziert für jeden Satz eine Tiefenstruktur, die mit der semantischen Komponente gemeinsam seine semantische Interpretation determiniert, und eine Oberflächenstruktur, die mit der phonologischen Komponente seine phonetische Interpretation bestimmt.

---

1 Hymes (1972:282) unterscheidet auch zwischen den beiden Arten von Kompetenz: 'use' und 'knowledge'. Heger (1971:11) weist darauf hin, daß sich die Saussuresche "Langue" ausschließlich auf die sprachperformative Kompetenz bezieht, während sich die Chomskysche "Kompetenz" auch auf die sprachtheoretische Kompetenz beziehen kann, und deswegen nicht so präzis ist.

2 Siehe 0.1.4.2.c.

3 Siehe z.B. die Arbeiten von Lakoff, Karttunen und Sadock.

Inzwischen haben sich unter den Transformationalisten immer mehr Leute von diesem Prinzip distanziert; und sie bilden allmählich eine neue Schule — die Generative Semantik [1] (kurz: GS) — die eine andere Auffassung von den organisatorischen Universalien vertritt.

Danach soll zuerst eine semantische Repräsentation generiert werden. Diese Repräsentation besteht ausschließlich aus semantischem Material. Durch optionale prälexikalische Transformationen wird die semantische Repräsentation umgeformt; mehrere Elemente der semantischen Repräsentation, die nicht als unmittelbare Konstituenten auftreten, werden durch die prälexikalischen Transformationen in eine Konstituente verwandelt.[2] Ein Beispiel dafür ist (G1) ⇛ (G2) ⇛ (G3) ⇛ (G4):[3]

(G1)

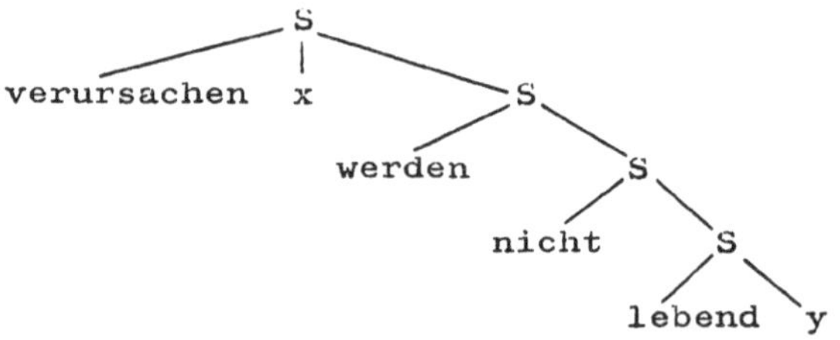

(G2)

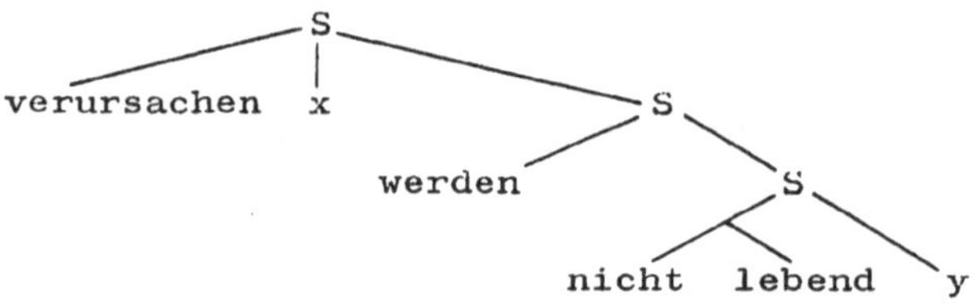

(G3)

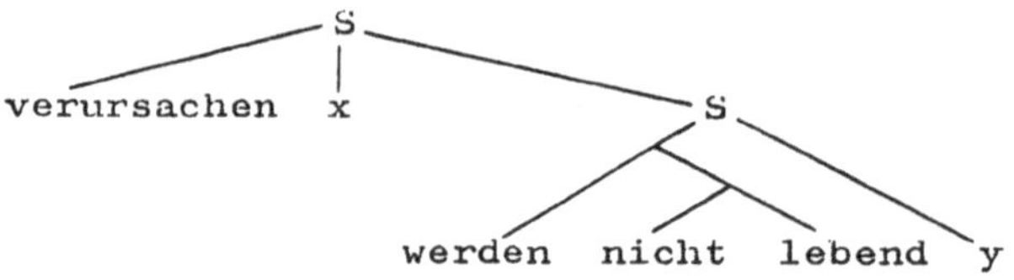

---

1 Sowohl Postal (1970:98) als auch Katz (1970:228) weisen darauf hin, daß dieser Name nicht gut gewählt ist, weil es auch andere Theorien gibt (z.B. die Interpretative Semantik), die generativ sind.

2 Mehr über die einzelnen Typen der prälexikalischen Transformationen siehe bei McCawley (1968c:72-78) Lakoff (1970) und Postal (1970).

3 Die Beispiele sind aus McCawley (1968c:73-74) entnommen. Siehe weitere Beispiele bei Lakoff (1970:600-604) (für "persuade") und Lakoff (1969b:38-41) (für "remind").

(G4)

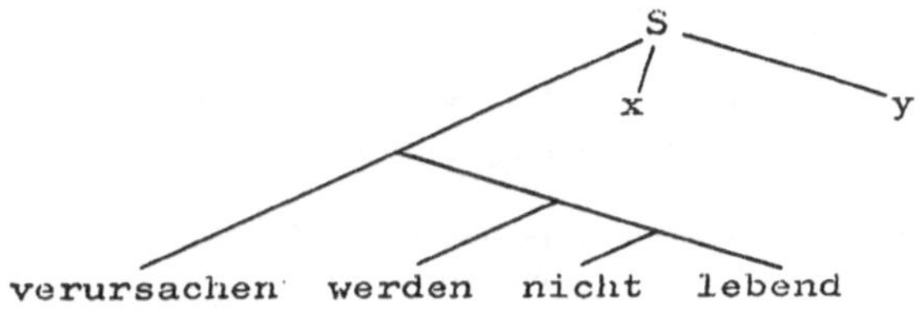

Dann werden aus dem Lexikon Lexeme gewählt, die die semantischen Materialien ersetzen. Dabei ist es erforderlich, daß das ersetzte Element eine Konstituente ist; z.B. bei (G5) und (G6):

(G5)

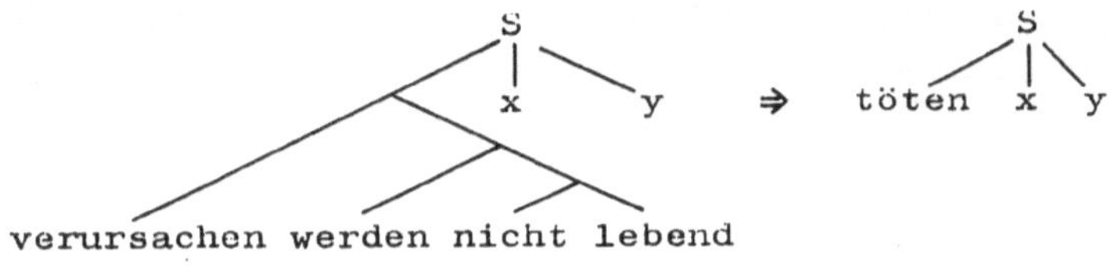

(G6)

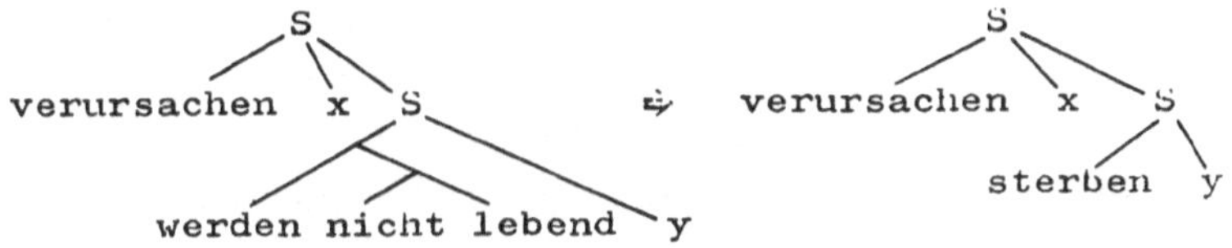

Nach der lexikalischen Einsetzung werden noch etliche Transformationen durchgeführt, bis eine phonologische Repräsentation entsteht.

Da allein die Transformationsregeln aus semantischen Repräsentationen Oberflächenstrukturen ableiten können, entfallen die Projektionsregeln. Die Tiefenstruktur wird identisch mit der semantischen Repräsentation;[1] sie wird schon in der Basis generiert, und hat die Form eines Stammbaums.[2] Nach der Auffassung der GS ist die semantische Repräsentation mit der syntaktischen Repräsentation homogen; homogen sind auch die Ableitungsregeln (die Funktion der Projektionsregeln wird von den Transformationsregeln übernommen). Postal (1970:98) bezeichnet dies als den entscheidenen Unterschied zwischen der GS und der IS.

---

1 Siehe Postal (1970:99): "The deep structure of a sentence (in the neutral sense just given [d.h. Tiefenstruktur als Eingabe der Transformation]) is its semantic representation."

2 Siehe ebenda.

0.2.2 Kritik der GS an der IS

Wir betrachten einige häufig von der GS an der IS geübte Kritikpunkte, die ich für hinfällig halte.

0.2.2.1 Existenz der Tiefenstrukturebene

Um die Systembezogenheit eines Satzes zu verstehen, muß er auf allen notwendigen Beschreibungsbenen analysiert werden.[1] Zu sagen, daß eine Ebene existiert, bedeutet, daß man einen Satz auf Grund einer bestimmten Methode durch eine einzige Kette (oder einen Stammbaum) von Elementen dieser Ebene repräsentieren kann. Der Streit zwischen der GS und der IS geht vor allen Dingen darum , ob zwischen der semantischen Repräsentation und der Oberflächenstruktur noch eine Ebene, nämlich die 'Tiefenstrukturebene', existiert. Die GS ist der Ansicht, daß es keine Tiefenstrukturebene gebe; die IS glaubt dagegen, daß diese Ebene vorhanden sein müsse. Zu dieser Frage hat Katz in einigen Arbeiten den Standpunkt der IS verteidigt;[2] darüber will ich hier nicht weiter diskutieren. Trotzdem möchte ich einige Punkte betonen:

a. Die Tiefenstrukturanalyse setzt nicht die ununterbrochene Anwendung aller lexikalischen Einsetzungsregeln voraus.
b. Um die Frage zu beantworten, ob die Tiefenstrukturebene existiert, muß man die Tatsache beachten, daß es kein universales lexikalisches Inventar gibt. Obwohl man die Tiefenstrukturebene als universal betrachten kann, ist es nicht richtig, auch ihre Grundeinheiten (d.h. die Lexeme) als universal zu betrachten.

Mit den Lexemen als Grundeinheiten der Tiefenstruktur stehen wir schon auf einem festem Boden; es ist unnötig, und sogar unrealistisch, für die Tiefenstruktur der natürlichen Sprache nach noch kleineren Begriffseinheiten zu suchen. Die Angemessenheit der syntaktischen (d.h. der transformationellen) Komponente wird nicht von der noch sehr problematischen semantischen Komponente beeinträchtigt, solange die Tiefenstruktur in Ordnung ist. Die

---

1 Näheres über den Begriff 'linguistische Ebene' siehe bei Chomsky (1957:11,18,24,33,47,56-59,83-88,92,107).
2 Siehe z.B. Katz (1967:154-155 und 1970:222-227,232-233,258-259).

Tiefenstrukturebene ist der Punkt, wo die struktuellen Grundelemente Lexeme sind, die zumeist auch phonologisch realisierbar sind.[1] Diese Struktur ist wegen des lexikalischen Charakters leichter zu überschauen und zu diskutieren, und ist trotzdem semantisch eindeutig.[2] Die komplizierten semantischen Operationen (z.B. die in 1.4 bis 1.7 beschriebenen Deduktionen, Implikationen, Suggerierungen usw.) können anhand einer künstlichen Sprache (Näheres siehe bei 0.3.e) durchgeführt werden. Die Tiefenstruktur ist auch der Ausgangspunkt der Transformationen, wodurch die semantische Eindeutigkeit zugunsten der Verständlichkeit, der Kommunizierbarkeit und der Ökonomie allmählich abnimmt. Auch nehme ich an, daß die Tiefenstruktur durch Transformationen so modifiziert werden kann, daß Mehrdeutigkeit entsteht. Darum kommt nur die Tiefenstruktur als Eingabe in die semantischen Komponente in Frage.

0.2.2.2 Abstraktionsgrad der Tiefenstruktur

Postal (1970:102,105,108) erwähnt eine Eigenschaft der GS, nämlich die Gerichtetheit des Abstraktionsgrades ('directionality of abstractness'). Die semantische Relevanz der Phrasenstrukturen nehme zu, je weiter man die Richtung von der Oberflächenstruktur zu der semantischen Repräsentation verfolge Postal (1970:105-108) meint jedoch, daß dies beim IS-Modell nicht der Fall sei. Die Tiefenstruktur habe keine größere Ähnlichkeit mit der semantischen Repräsentation als mit der Oberflächenstruktur. Dies sei aus den folgenden Beispielsätzen ersichtlich:

(i) Harry likes pork

(ii) Harry likes meat from pigs

(i), wovon (ii) eine Paraphrase sei, habe in der Theorie der IS eine ganz andere Tiefenstruktur als (ii). Für (i) sei die Tiefenstruktur in semantisch-lexikalischer Hinsicht nicht abstrakter als die Oberflächenstruktur. Auch für (ii) sei die Tiefenstruktur der Oberflächenstruktur, aber nicht der semantischen Repräsentation, ähnlicher.

---

1 Ausnahmen siehe bei der Erläuterung zu T-*1 in 6.1.4.
2 Siehe die Anmerkung zu 0.2.2.2.

Die Tiefenstruktur ist semantisch eindeutig;[1] und je mehr man auf dem Weg von der Oberflächenstruktur zur Tiefenstruktur fortschreitet, steigt die semantische Relevanz. In diesem Punkt sind die IS und die GS derselben Meinung. Postal stellt jedoch eine unbegründete Forderung: Die Tiefenstruktur müsse formal der semantischen Repräsentation ähnlicher sein als der Oberflächenstruktur. Abgesehen davon, daß die Tiefenstruktur von (i) nicht wie

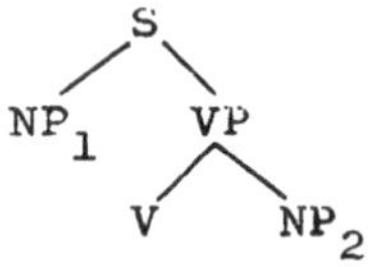

sondern wie

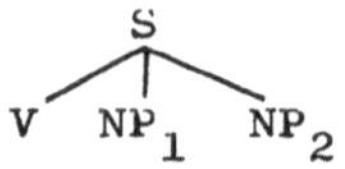

aussehen kann, sodaß die Ähnlichkeit zwischen der Tiefenstruktur und der Oberflächenstruktur doch nicht so groß ist, kann es vorkommen, daß eine Tiefenstruktur durch die Komponente der Transformationsregeln nicht oder sehr wenig geändert wird, daß die abgeleitete Oberflächenstruktur der Tiefenstruktur noch sehr ähnlich bleibt. Und weil bei der IS die semantischen Repräsentationen doch etwas anders formalisiert werden, zumal die Grundeinheiten der beiden Strukturen verschieden sind (diejenigen der Tiefenstruktur sind sprachspezifisch, diejenigen der semantischen Repräsentation sind universal), ist es eine natürliche Sache, daß die Tiefenstruktur sich mehr von der semantischen Re-

---

1 Winfried Boeder hat mich aufmerksam gemacht, daß die 'semantische Eindeutigkeit' der Tiefenstruktur zweifelhaft ist, weil eine Äußerung etwas anderes suggerieren kann (z.B. kann man mit "Es zieht" seinen Wunsch ausdrücken, daß der Angesprochene das Fenster schließt. Siehe auch 1.7 über die Suggerierung). Dies kann aber nicht auf der Tiefenstrukturebene erfaßt werden, nicht einmal mit der von Ross (1970:249) vorgeschlagenen Tilgungsregel des Performativs. Solche Fälle nenne ich "semantisch eindeutig, aber pragmatisch mehrdeutig" (zur weiteren Diskussion siehe auch 6.0). Obwohl man sie auch als "semantisch mehrdeutig" auffassen könnte, finde ich die vorgeschlagene Redeweise praktischer. Es ist auch möglich, auf der semantischen Ebene Implikationsregeln anzunehmen, wodurch man auf Grund der Tiefenstruktur die wahre Intention des Sprechers ableiten kann.

präsentation unterscheidet, als von der Oberflächenstruktur.

Die semantische Repräsentation ist nichts anderes als eine Übersetzung der Tiefenstrukturkette,[1] beide sind semantisch eindeutig. Dagegen kann die Oberflächenstruktur oft mehrdeutig sein. Dies ins Auge zu fassen ist viel sinnvoller als der oberflächliche, formale Vergleich von Postal.

0.2.2.3 Inhomogenität

Postal meint, daß der Mechanismus der GS homogen und daher das bessere Modell sei.[2] Daß ein Sprachmodell mit einem homogenen Mechanismus besser ist als ein Sprachmodell, das diesen nicht hat; dies muß aber zuerst bewiesen werden. Übrigens kommt die Forderung nach Homogenität vielleicht von dem Glauben, daß das Anliegen der Linguisten und dasjenige der Logiker gleich sind.[3]

0.2.2.4 Willkürlichkeit der semantischen Repräsentationen

Die GS kritisiert an den semantischen Repräsentationen der IS, daß sie zu willkürlich seien.[4]

Dies ist zweifellos wahr angesichts des heutigen Standes der Semantik. Aber die Semantik befindet sich noch im Anfangsstadium; es dürfte kein Optimismus sein, wenn man prophezeit, daß die Willkürlichkeit durch weitere Untersuchungen vermindert werden könnte.[5]

0.2.3 Kritiken an der GS

0.2.3.1 Fehlen von Erzeugungsregeln der semantischen Repräsentationen

Die GS hat nicht erklärt, wie eine semantische Repräsentation

---

1 Vgl. Quine (1972:451): "When we move from verbal sentences to logical formulas we are merely retreating to a notation that has certain technical advantages, algorithmic and conceptual."
2 Siehe etwa Postal (1970:108,111).
3 Siehe McCawley (1972:540): "... the linguist's concerns and the logician's are consistent with each other."
4 Siehe die Kritik von Katz (1970:242, 246-247).
5 Siehe die Erläuterung für P26 in Kap.4.

entsteht.[1] Wenn die GS den Anspruch erhebt, eine bessere Alternative der IS zu sein, müßte sie in dieser Hinsicht eine deutlichere Darstellung anbieten, damit man die Unterschiede zwischen den beiden Theorien besser erkennen kann.

0.2.3.2 Fehlen von Selektionsregeln

Es wird in der GS viel über die semantische Selektion gesprochen.[2] Wie sie technisch gemeistert wird, darüber gibt die GS keine genauen Angaben.

0.2.3.3 Unklarer Status der semantischen Primitive

Die semantischen Primitive,[3] die die GS für ihre semantischen Repräsentationen verwendet, verdienen nicht, als semantische Primitive betrachtet zu werden. Semantiker und Logiker, die nicht zur GS gehören, würden nicht zustimmen, daß die Prädikate bei Lakoff (1970)

> every, some, possible, certain, probable, cause, come about, remain, believe, realize, intend, allow, require, hit, steal, kick, say, responsible for, innocent, quality, careful, liquid, bad, usw.

außer einigen Ausnahmen semantische Primitive sind. Lakoff hat nicht erklärt, warum sie schon als Primitive betrachtet werden und nicht durch Transformationen von noch grundlegenderen Primitiven abgeleitet werden. Bechert et al.(1970:57-60) kritisieren die Willkür der GS bei der Wahl von semantischen Primitiven. Wie man _geben_ aus _KAUS + bekommen_ ableiten könne, könne man auch _bekommen_ aus _KAUS + geben_ ('sich etwas geben lassen') ableiten. Ebenso seien die Paare _kaufen/verkaufen_, _folgen/vorangehen_, _sehen/erscheinen_. Man müsse sich aber in einer Grammatik für nur eine der beiden Möglichkeiten entscheiden, zumal es sich hier um die Kompetenz des Sprechers handelt. Noch aussichtloser sei es bei den Verwandtschaftswörtern: Sie können auf die drei Primitive _Vater von_, _Mutter von_ und _männlich_, auf die zwei Grundterme _Kind von_ und _männlich_, oder auf andere Primitive reduziert werden.

---

1 Siehe die Kritik von Katz (1970:242,246-247).
2 Siehe die Erläuterung für P26 in Kap.4.
3 Bei Lakoff (1970) auch "atomic predicate" genannt.

Deshalb kommen die Autoren zu der folgenden Schlußfolgerung:[1]

> Die Auswahl der lexikalischen Primitive kann nicht aus dem System begründet werden, sondern bleibt willkürlich oder zufällig.

Postal (1970:105-108) bemängelt den semantisch komplexen Charakter von pork, das die IS ohne Zweifel als Grundeinheit der Tiefenstruktur verwenden würde.[2] Aber wenn die IS annimmt, daß pork Grundeinheit der Tiefenstruktur ist, hat sie die Tatsache vor Augen, daß pork phonetisch wahrnehmbar ist, und daß es nicht in noch kleinere bedeutungstragenden Einheiten segmentiert werden kann. Man geht nicht in die uferlosen, unbestimmtbaren semantischen Primitive. Die Projektion wird auf Grund der Lexeme durchgeführt; nicht der Anfang, sondern das Ende (d.h. die Frage, wie weit man eine Bedeutungseinheit in noch kleinere Bedeutungseinheiten aufteilen soll), ist unbestimmt.[3] Aber die semantische Sprache wird sowieso künstlich konstruiert. Man behandelt ihre Aussagen auch auf logischer Basis.[4] Dagegen sind die semantischen Primitive der GS schon von der Lautform gelöst, und man könnte eine Bedeutungseinheit in noch kleinerere Bedeutungseinheiten aufteilen, ohne Rücksicht darauf, um welche Sprache es sich handelt. Es ist schon eine schwierige Aufgabe, ein Inventar von semantischen Primitiven zu schaffen; es ist aber noch viel schwieriger, aus diesen Primitiven durch prälexikalische Transformationen, die dem Natürlichkeitskriterium widersprechen,[5] abzuleiten.[6] Unbekümmert hat die GS Lexeme der natürlichen Sprachen in semantische Primitive verwandelt, ohne einmal diese Schwierigkeiten erwähnt zu haben.

0.2.3.4 Problematische Motivation der prälexikalischen Transformationen

Die Anwendung von prälexikalischen Regeln wird nicht durch die

---

1 Zitiert von Bechert et al.(1970:67).
2 Siehe 0.2.2.2.
3 Man denke etwa an die gewagte Hypothese von Wierzbicka (1972: 15): Es gebe nur zehn bis zwanzig semantische Primitive.
4 Siehe die Abschnitte 1.4 bis 1.7.
5 Siehe 0.2.3.7 über das Natürlichkeitskriterium.
6 Vgl. 0.2.3.5.

strukturelle Beschreibung der Eingabekette motiviert, sondern durch lexikalische Einsetzungsregeln, die später angewendet werden müssen, um aus einer komplexen Struktur ein Lexem abzuleiten. So ist z.B. die Transformation (G1) in (G2) in 0.2.1 schon durch (G5) vorprogrammiert. Deswegen meint Chomsky (1970c:6.1), daß die Forderung der lexikalischen Einsetzungsregeln, daß die Eingabe eine Konstituente sein müsse, keinen empirischen Inhalt habe. Bei manchen Lexemen seien die entsprechenden Konstituenten so kompliziert, daß es keinen sonstigen Anlaß gebe, prälexikalische Transformationen durchzuführen, außer dem Ziel, die erwünschte Lexeme zu erzeugen.

Betrachten wir einmal eine lexikalische Einsetzung, und zwar ein Beispiel von Lakoff (1970:604):[1]

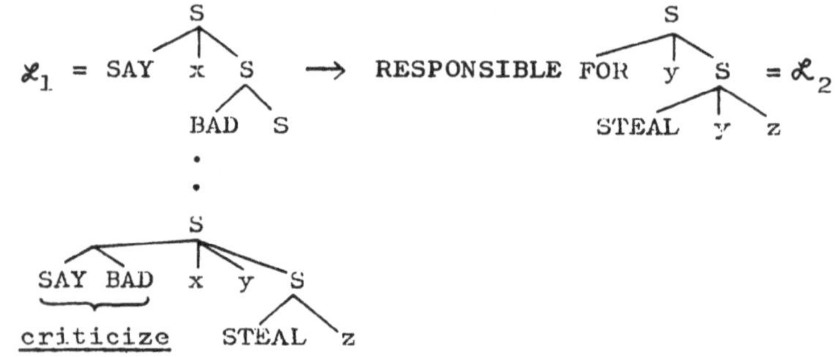

Die logische Form $\mathcal{L}_1$ soll durch durch die Relation "→ " ('präsupponieren') mit $\mathcal{L}_2$ verbunden sein; d.h., $\mathcal{L}_1$ präsupponiert $\mathcal{L}_2$. Durch Prädikatanhebung entsteht der Knoten

der durch das Lexem <u>criticize</u> ersetzt wird; dabei soll $\mathcal{L}_2$ eine notwendige Bedingung sein.

Es ist nicht ausreichend, eine lexikalische Einsetzungsregel wie folgende zu formulieren,

weil die korreferentiellen Beziehungen zwischen den Argumenten

---

1 Die Knoten PRED und ARG lasse ich weg.

auch ausgedrückt werden müssen. Wir formen die Regel so um:

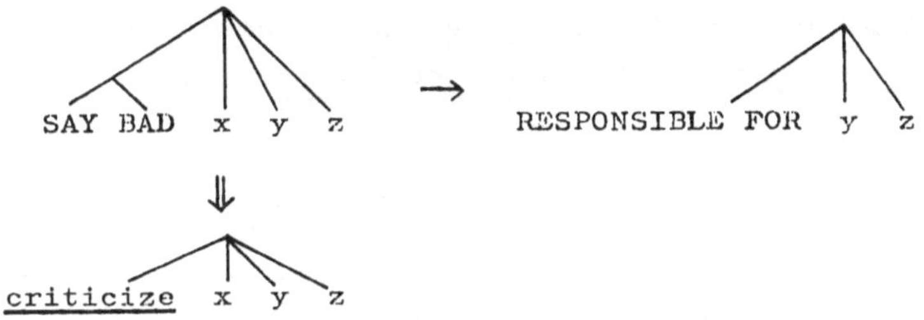

Dies ist das Mindeste, was die Einsetzungsregel enthalten muß. Da die Regel schon so kompliziert sein muß, könnte man nun fragen, warum die lexikalische Einsetzung nicht gleich die semantische Repräsentation als Eingabe haben kann. Die Forderung, daß der zu ersetzende Teil eine Konstituente sein muß, ist unwesentlich; die prälexikalischen Transformationen haben ja nur den Zweck, die Eingabe für die lexikalische Einsetzung zu bilden. Wenn man die prälexikalischen Transformationen einsparen wollte, wäre es naheliegend, die Konstituenten-Bedingung auch fallenzulassen.

0.2.3.5 Die Schwierigkeit, Entsprechungen für manche Lexeme zu finden

Lakoff (1970:613) meint, daß das GS-Modell die Unmöglichkeit eines Lexems voraussagen könne; z.B. finde man kein Lexem beschuldigen, derart, daß x beschuldigte y, daß S_1 die Bedeutung 'x sagte, daß x unschuldig sei und daß y schuldig sei' habe,

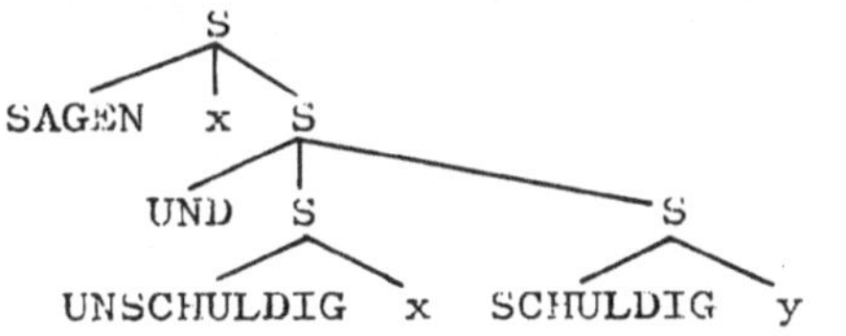

weil die Beschränkung für koordinierte Strukturen verhindere, daß SCHULDIG und UNSCHULDIG der Prädikatanhebung zu SAGEN unterzogen würden.[1] Darum könne keine natürliche Sprache ein Lexem mit dieser Bedeutung haben.

1 Die Prädikatanhebung bei einer koordinierten Struktur sei nur möglich, wenn alle eingebettete S korreferentielle NP enthalten.

Im Kantonesischen wird das Lexem lai derart gebraucht, daß x lai y z ('x beschuldigt y, daß er z tut, und meint zugleich, daß dies nicht seine Schuld sei', wobei 'x ist daran schuldig' präsupponiert wird) der folgenden Struktur entspricht:

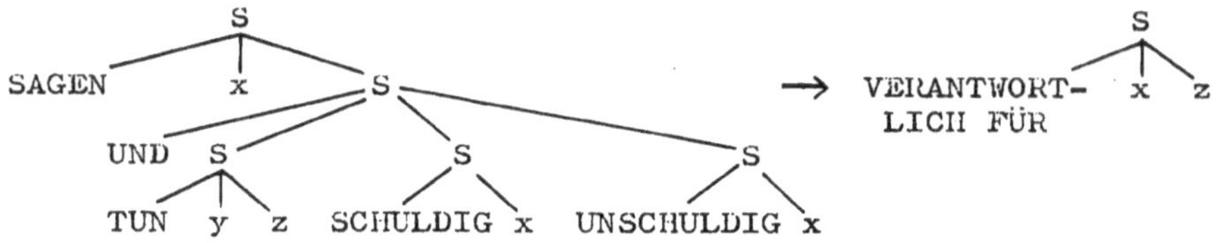

Obwohl die Prädikatsanhebung nicht stattfinden kann, kann der ganze Komplex (ohne daß man an der Konstituenten-Bedingung festhält) in

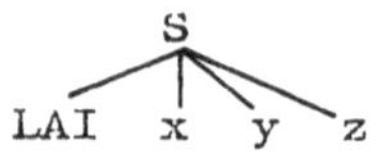

transformiert werden. Dieses Beispiel spricht gegen die Ansicht von Lakoff.

Und selbst wenn dieses Problem gelöst werden könnte, gäbe es immer noch kompliziertere semantische Strukturen, die nicht durch die vorhandenen Transformationsregeln in Prädikatenkomplexe verwandelt werden könnten, die jeweils durch ein entsprechendes Lexem ersetzbar wären. In der Tat sind die Entwicklungen der Lexeme der natürlichen Sprachen zu individuell; sie in die transformationistische Zwangsjacke einzustecken, gleicht einem Verstoß gegen das Natürlichkeitskriterium.[1] Man vergleiche das Beispiel von Bierwisch (1969:160):

Chase + X + Y : [[Physical]Activity∧[Fast]Motion]X
∧[Following]XY ∧ [Trying]X([Catch]XY) ∧ [Motion]Y

0.2.3.6 Unerwünschte Ergebnisse durch die prälexikalischen Transformationen

Eine semantische Repräsentation kann so transformiert werden, daß das Ergebnis keine lexikalische Entsprechung hat. Auf diese Möglichkeit hat schon McCawley (1968c:74) hingewiesen. Aus

---

1 Siehe 0.2.3.7 über das Natürlichkeitskriterium.

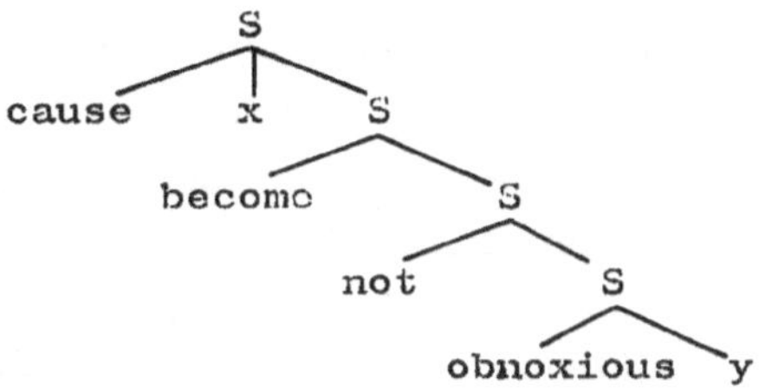

entsteht nach einigen Transformationen die Struktur

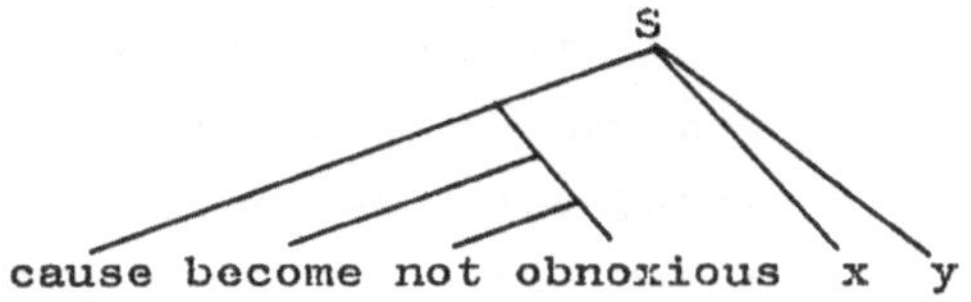

Man kann kein entsprechendes Lexem finden. Beschränkungen zu formulieren, die solche Fälle vermeiden, ist nach McCawleys Ansicht nicht möglich; und ohne solche Beschränkungen werden laufend Strukturen erzeugt, die keine Oberflächenstrukturen haben.

0.2.3.7. Unnatürlichkeit

Chafe (1970:66) hat sehr treffend ein Natürlichkeitskriterium formuliert:[1]

> All other things being equal, a theory of competence which is more closely related to performance is preferable to one which is more distinctly related.

Es ist gegen unsere Intuition, zu glauben, daß der Sprecher zuerst das 'semantische Material' erzeugt, und dann durch die prälexikalischen Transformationen Elemente, die vorher keine unmittelbare Konstituente sind, an einer Stelle zusammenbringt, und anschließend die zusammengefaßten Elemente durch eine lexikalische Einsetzungsregel in ein Lexem verwandelt. Die Unnatürlichkeit würde größer, wenn die GS sich so entwickelte, daß die Anzahl der semantischen Primitive immer kleiner würde. Man brauchte

---

1 Vgl. auch Zwicky (1968) über das Natürlichkeitskriterium in der Linguistik. Sowohl bei der Bildung einer Klasse als auch bei der Formulierung einer Regel meint er, daß dieses Kriterium maßgebend sei. Z.B. müßten phonologische und syntaktische Klassen phonetisch bzw. semantisch motiviert werden. Falls es im Konflikt mit dem Einfachheitskriterium stehe, müsse das Natürlichkeitskriterium höher bewertet werden. Durch dieses Kriterium werden die Erklärungskapazität der Grammatik gesteigert.

dann noch kompliziertere Strukturen, und die prälexikalischen Transformationen würden kein Ende nehmen.

Obwohl ein Modell der Sprache nie wirklichkeitstreu sein kann, muß es doch unser Bestreben sein, das Modell so adäquat wie möglich zu machen. Ich habe von Intuition gesprochen, weil ich noch keine Beweise aufführen kann, zumal die Beweise in hohem Masse psycholinguistisch sein müßten. Aber die Ansicht von Katz (1970:246), daß die Verbalphrase washes coats nicht aus der semantischen Repräsentation wie "removes adulterating matter from articles of clothing worn as outer garments fitting the upper part of the body by a process which causes the matter to enter solution with some liquid and then by withdrawing them from the liquid, leaving the matter behind" abgeleitet werden soll, ist nachdenkenswert.

0.3 Ein Vorschlag für diese Untersuchung

a. Auf Grund der Überlegungen im Abschnitt 0.2 übernehme ich die Konzeption der Interpretativen Semantik für diese Arbeit.

Weinreich (1966:468) kritisiert die strikte Trennung der syntaktischen und der semantischen Komponente. Er fordert eine starke Integration der beiden. Die syntaktischen und die semantischen Regeln sollten abwechselnd angewendet werden, und nicht in der Weise, daß die semantischen Regeln erst gebraucht werden, wenn die letzte syntaktische Regel auch schon angewendet worden ist. Diese Verflechtung wird auch in Kap.2 und 4 dieser Arbeit praktiziert.

Über die Bezeichnung "semantische Komponente" sagt Weinreich (1966:445 FN.79) sehr einleuchtend:

> We avoid the term 'semantic component' since the base as well as the dictionary contribute to the semantic structure of sentences.

Nur weil mir bessere Namen fehlen, benutze ich die Termini "semantische Komponente" und "syntaktische Komponente".

Man hat sich in den letzten Jahren viel Mühe gegeben, eine Semantik mit der Methode der formalen Logik zu schaffen.[1] Bezüg-

1 Siehe z.B. Bierwisch (1969 und 1970), Bellert (1969 und 1970), Brekle (1970) und Rohrer (1971).

lich der Projektion (der Übersetzung von einer syntaktischen Kette in eine semantischen Kette) sind die Linguisten, trotz des mutigen Versuchs von Katz, viel zurückhaltender. Vielleicht glaubte man, daß solche Versuche noch verfrüht seien, bevor man die syntaktischen und die semantischen Systeme genauer kennt. Ich glaube aber nicht, daß diese Zurückhaltung berechtigt ist. Wie kann man ein sprachgerechtes, logisches System entwerfen, wenn man dabei nicht auch überlegt, wie die Übersetzung durchgeführt werden soll? Und wie kann man ein einfaches, funktionierendes syntaktisches System bilden, wenn man sich keine Gedanken über den Vorgang der Projektion von syntaktischen Ketten auf semantische Ketten macht? Bierwisch (1967:4) hat diese wichtige Aufgabe der Semantik sehr gut formuliert:

> ... it is necessary to keep in mind that a semantic description of some natural language must contain not only the characterization of the lexical entries, i.e., the combination of the semantic markers within the words or morphemes, but also the rules that determine how the meanings of larger constituents and whole sentences are constructed out of the word meanings on the basis of the syntactic structure of these constituents.

b. Aber nicht nur die Projektionsregeln hat man vernachlässigt; auch die Erzeugungsregeln, die man in fast jeder frühen Arbeit der Transformationsgrammatiker finden kann, treten immer seltener auf. Vielleicht kommt es daher, daß man noch so sehr über die beiden Möglichkeiten (die IS und die GS) diskutiert.

c. Es wird in dieser Arbeit versucht, einen durchgehenden Mechanismus zu bilden, der den ganzen Ablauf der Generierung und Projektion einschließt. Die Generierung geschieht folgendermaßen: Durch die Erzeugungsregeln, die mit den Lexikonregeln gekoppelt werden, wird eine Kette auf der syntaktischen Ebene erzeugt. Ich nenne diese Kette die "Y-Kette" (das "Y" ist dem Wort "Syntax" entnommen), die syntaktische Ebene die "Y-Ebene", die zu beschreibene Sprache die "Sprache Y" (oder "Y-Sprache") usw. Durch die Anwendung der Projektionsregeln auf die Y-Kette entsteht eine semantische Kette, die eine Projektion der Y-Kette ist. Ich nenne diese Kette die "S-Kette" ("S" von "Semantik"). Die S-Kette steht auf der 'S-Ebene' und ist Ausdruck der 'Sprache S'. Die Y-Kette, die die Tiefenstruktur repräsentiert, wird anschließend durch

Transformationsregeln derart modifiziert, daß am Ende eine Y-Kette mit einer Oberflächenstruktur herauskommt.[1] Die S-Kette, die auch nicht ohne weiteres verstanden werden kann, kann noch durch Interpretationsregeln interpretiert werden.[2] Außerdem gibt es ein Register, wo alle Informationen aus den S-Ketten gespeichert werden. Die Informationen, die bei der S-Kette ablesbar sind, werden mit dem Informationsregister verglichen; die jeweils neuen Informationen werden vom Register aufgenommen. Schematisch können diese Vorgänge so dargestellt werden:

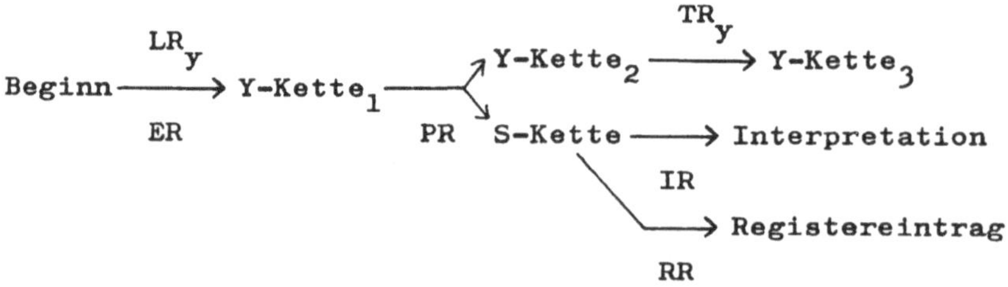

ER : Erzeugungsregeln

IR : Interpretationsregeln

LR_y : Lexikonregeln der Sprache Y

PR : Projektionsregeln

RR : Registrierungsregeln

TR_y : Transformationsregeln der Sprache Y

d. Die Y-Kette$_1$ ist in einem gewissen Sinn auch semantisch; sie hat eine eindeutige Bedeutung. Dies ist der Punkt, an dem die Interpretative Semantik am meisten mißverstanden wird. Z.B. meint Brekle (1969:80):

> ... in a Chomskyan type of grammar semantics comes into the picture solely in the form of an interpretative component, ...

Daher kann er sich nicht vorstellen, wie die 'unsemantische' Tiefenstruktur die semantische Struktur ein-eindeutig determinieren kann.[3] Dabei hat Brekle recht, daß eine solche Grammatik

---

1 Über das Problem, ob Transformationen die Bedeutung der Y-Kette ändern, siehe 6.0.

2 'Interpretation' im Sinne von Carnap und Tarski. Siehe hierzu die Erklärung in 0.3.h.

3 Brekle (1969:81): "It is not clear how admittedly nonsemantic grammatical (or syntactic) deep structures could determine "uniquely" the semantic structure of a sentence."

unvorstellbar ist. Er übersieht nur, daß die Chomskysche Tiefenstruktur nicht unsemantisch ist. Chomsky (1965:136) weist unmißverständlich auf den semantischen Charakter der Tiefenstruktur hin:[1]

> Notice that in this view a major function of the transformational rules is to convert an abstract deep structure that expresses the content of a sentence into a fairly concrete surface structure that indicates its form.

Leider sind solche Erklärungen bei Chomsky (1965) sehr selten; daher kommen wohl die Mißverständnisse.

Man könnte die Y-Kette$_1$ schon semantisch interpretieren.[2] Nur um die Interpretation zu erleichtern und expliziter zu machen, wird die Y-Kette$_1$ auf eine S-Kette projiziert (oder: übersetzt). Aber theoretisch, wenn nicht praktisch, ist es möglich, die Y-Kette$_1$ ohne den Umweg über eine S-Kette zu interpretieren. Die Motivierung der Projektion liegt also nicht darin, daß die Y-Kette$_1$ unsemantisch wäre, sondern darin, daß sie nicht einfach genug ist. Die Y-Kette$_1$ ist im Vergleich mit der S-Kette weniger detailliert und weniger präzis: jedes Lexem in der Y-Kette$_1$ entspricht einer Reihe von Prädikatoren. Der Umfang des Inventars der Lexeme ist auch viel größer als derjenige der Prädikatoren. Es ist unwesentlich, ob man die Y-Kette$_1$ "syntaktische Repräsentation", "semantische Repräsentation", oder "Tiefenstruktur" nennt; das ist nur eine terminologische Frage. Es ist vielleicht irreführend, von der 'syntaktischen' und der 'semantischen' Kette zu sprechen; ich ziehe die Bezeichnungen "Y-Kette" und "S-Kette" vor.

e. Im Gegensatz zur IS werde ich zur Bildung der Projektionsketten eine künstliche Sprache (die Sprache S) konstruieren. Die Motivierung ist folgende:[3] Es ist sehr schwierig und unökonomisch, für jede natürliche Sprache ein Interpretationssystem zu bilden. Es ist viel leichter, eine künstliche Sprache zu konstruieren, Interpretationsregeln nur für Ausdrücke dieser Sprache zu formulieren, Übersetzungsregeln (oder, in dieser Arbeit: Projektionsregeln) für die Übersetzung (oder: Projektion) von der

---

1 Siehe auch Chomsky (1965:152).
2 Siehe 0.3.h.
3 Über die Notwendigkeit der Sprache S siehe auch 1.4.

zu beschreibenden Sprache (der Sprache Y) in die Sprache S zu bilden, und die Interpretation der Ausdrücke der Sprache Y nur auf dem Umweg über die Sprache S zu vollziehen. Die Sprache S wird axiomatisch gebildet, jede Phase der Bildung ist überprüfbar, ihre Syntax ist einfach; die zu untersuchende natürliche Sprache (die Sprache Y) ist dagegen viel komplizierter.

Wenn man die Sprache S nicht voraussetzte, könnte man die Interpretation so vollziehen:[1]

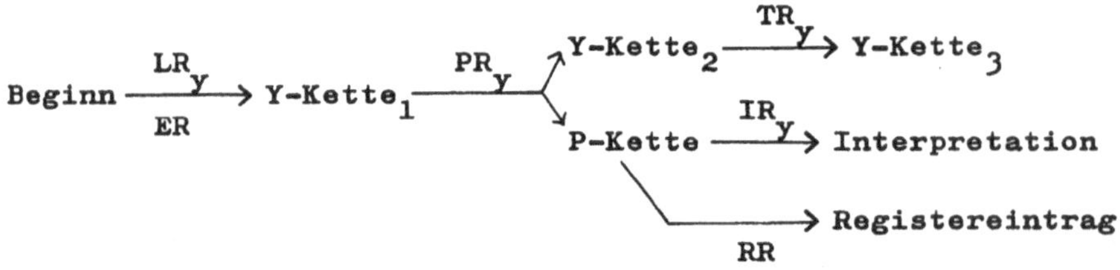

Es ist nicht schwer zu erkennen, daß diese Konzeption viel verschwenderischer ist, weil für jede Sprache ein spezifisches Interpretationssystem geschaffen werden muß, ohne daß die Projektionskette eine Sprachkette ist (d.h., die Kette besteht aus 'semantischen Merkmalen'[2]). Von den Nachteilen dieser Methode wird in der Einleitung von Kap.1 noch die Rede sein.

f. Die Projektionskette hat mit der Generierung der Oberflächenstruktur keine direkte Beziehung. Man muß sie aber voraussetzen, um die semantische Selektion, Deduktion, Synonymität, Homonymität und andere semantische Phänomene zu erklären. Die Elemente der S-Kette, die mit den semantischen Merkmalen der Interpretativen Semantik vergleichbar sind, liegen wahrscheinlich im Unterbewußtsein des Sprechers. Die Projektion kommt vor der Transformation, weil die Transformation die Struktur der Y-Kette zerstört, auf der eine einwandfreie Übersetzung in die Sprache S basiert.

g. Bei der Formulierung einer Lexikonregel muß die Transformation schon berücksichtigt werden.[3] Dies hat eine sehr wichtige

---

1 Die Abkürzungen werden auch bei dem Schema in 0.3.c gebraucht. "P-Kette" = "Projektionskette".
2 Siehe z.B. die Arbeiten von Katz.
3 Siehe Kap.2 über die Lexikonregeln.

Konsequenz: Die Erzeugungsregeln werden dadurch vereinfacht, und können universal formuliert werden; Sprachspezifisches wird in die Lexikonregeln verlegt. Sprachspezifisch sind in unserem Schema nur die Lexikonregeln und die Transformationsregeln der Sprache Y; die anderen Regeln sind universal.[1]

h. Zur Interpretation muß noch eine Erklärung gegeben werden. Mit Definitionsregeln kann man die Sprachausdrücke auf Grundterme reduzieren; wenn nichts weiteres geschieht, können — wie in dieser Arbeit — nur noch die Intuition oder die informellen Erklärungen dieser Grundterme als letzte Stützen zum Verständnis der S-Ketten benutzt werden. Dabei bin ich von der Annahme ausgegangen, daß, wenn auch die S-Ketten viel einfacher und eindeutiger sind, sie doch nicht ohne weiteres verständlich sind; sie sind ja ebenfalls Sprachausdrücke. Wir müssen eigentlich einen Weg finden, die Beziehungen zwischen den S-Ketten und der Außenwelt, deren Teilaspekte durch die S-Ketten ausgedrückt werden sollen, herzustellen. Dies ist die Aufgabe, die die logischen Semantiker sich stellen.[2] Für diesen Zweck hat Carnap 'Designationsregeln' und 'Wahrheitsregeln' formuliert,[3] die man auch "Interpretationsregeln" nennen kann. Es ist aber nicht meine Absicht, darauf einzugehen.

i. In diesem Modell verläuft die Generierung in einer Richtung; das kommt daher, daß dieses Modell hauptsächlich ein Modell für den Sprecher ist. Die Rolle des Hörers ist sekundär; der Hörprozeß soll nur die Begriffsstruktur des Sprechers anhand der pho-

---

1 Die Universalität der Erzeugungsregeln ist noch umstritten. Z.B. glaubt Chomsky (1965:141) 'to a large extent', Bach (1968:91) 'intend to suggest', und Katz (1970:259) 'have every reason to think', daß die Erzeugungsregeln universal sind. Neuerdings revidiert Katz (1972:115-116) seine frühere Auffassung, daß es für jede grammatische Relation eine spezifische Projektionsregel gebe, und behauptet jetzt, daß die Projektionsregel universal sei. Vgl. hierzu 4.0.1.

2 Siehe hierzu Tarski (1944:17): "Semantics is a discipline which, speaking loosely, deals with certain relations between expressions of a language and the objects (or "states of affairs") "referred to" by those expressions." Siehe auch die Unterscheidung 'extensionale Semantik' vs. 'intensionale Semantik' bei Kummer (1971:129).

3 Siehe Carnap (1942:32,33,50,51).

netischen Kette wiederherstellen.[1] Dies weicht von der Chomskyschen Meinung ab, daß die Generative Grammatik neutral (d.h. unabhängig vom Sprecher und vom Hörer) sein soll.[2] In diesem Punkt folge ich der Ansicht von Chafe (1970:57-59) über die Gerichtetheit der Sprache: Die Richtung von der Bedeutung zur Form sei viel wichtiger als die Richtung von der Form zur Bedeutung. Erstens seien der Umfang des semantischen Inventars und die Komplexität der semantischen Konfiguration größer als der Umfang des phonetischen Inventars bzw. die Komplexität der phonetischen Konfiguration. Zweitens komme man automatisch zu der phonetischen Repräsentation, wenn die semantische Struktur bekannt sei; das Gegenteil sei aber nicht der Fall. Bedeutungen stünden an den beiden Enden der Kommunikation, während der Laut in der Mitte stehe. Nur der Sprecher generiere die Sprachkette; der Hörer reproduziere sie.

Das Chomskysche Neutralitätsprinzip widerspricht den Definitionen der Begriffen 'Kompetenz' und 'generativ', weil dabei sowohl der Sprecher als auch der Hörer von der linguistischen Betrachtung ausgeschlossen würden; außerdem bedeutet diese freiwillige Selbstbeschränkung eine Unterschätzung der Fähigkeit des Grammatikers. Es mag eine Tugend sein, wenn man bescheiden ist, und dem, daß die Theorie der Grammatik noch weit von der Wirklichkeit entfernt ist, kann man auch nur zustimmen, aber den Wirklichkeitsbezug der Grammatiktheorie völlig abzustreiten, ist wiederum zu pessimistisch und zu entmutigend, und nicht im Interesse der Linguistik.

0.4. Erklärungen einiger grundlegender Begriffe

0.4.1 Prädikation

Der Begriff 'Prädikat' wird im Sinne der Prädikatenlogik (und nicht der klassischen Logik oder der traditionellen Grammatik)

---

1 Siehe Chafe (1970:59).
2 Siehe Chomsky (1965:9).

verstanden. Zu einem Prädikat stehen ein oder mehrere Argumente in einer Prädikat-Argument-Relation.[1]

0.4.2 Prädikator vs. Prädikativ

Ich unterscheide Prädikatoren von Prädikativen, und die beiden von Prädikaten. Ein Prädikat ist ein Zeichen, das mit einem oder mehreren Argumenten in der Prädikat-Argument-Relation steht, um die Eigenschaft eines Gegenstandes oder die Beziehung zwischen mehreren Gegenständen auszudrücken. Prädikatoren sind diejenigen Zeichen im Symbolinventar der Sprache S, die als Prädikate verwendet werden können. Prädikative sind ebenfalls Zeichen, die als Prädikate fungieren können; sie gehören aber zur Sprache Y.

0.4.3 Identifikator[2]

0.4.3.1 Definition

Man kann zwischen prädikativen und identifikatorischen Ausdrükken unterscheiden.[3] In (i) ist Lehrer prädikativ, Peter identifikatorisch.

(i) Peter ist Lehrer

Die identifikatorischen Ausdrücke dienen als Instruktionen für den Hörer zur Erkennung der Referenten; sie sind Indizien, die dem Hörer anzeigen, wovon die Rede ist. Ich werde solche Ausdrücke "Identifikatoren" nennen.[4] Durch einen Identifikator bezeichnet der Sprecher einen Gegenstand; durch denselben Identifikator wird der Referent vom Hörer 'identifiziert'. Obwohl der

---

1 Siehe hierzu die Erklärungen in Brekle (1970:61-62) und die dort erwähnte Literatur. Eine interessante, aber auch meines Erachtens richtige Erklärung für die Prädikat-Argument-Relation und eine Verteidigung der Analyse, nicht als Prädikat zu betrachten, finden sich bei Immler (1974:159-163).

2 Die Diskussion über 'Identifikator' gilt sowohl für die natürlichen Sprachen als auch für die künstlich konstruierten Sprachen, wovon auch die im Kap.1 beschriebenen Sprache S ein Beispiel ist.

3 Diese Unterscheidung wird z.B. von Strawson (1950:162) und Searle (1969:27) gemacht. Statt "identifikatorischer Ausdruck" oder "identifikatorischer Gebrauch" kann man auch "referentieller Ausdruck" bzw. "referentieller Gebrauch" sagen.

4 Wunderlich (1968:101-102) nennt sie "Deskriptoren"; und bei Bellert (1969:37) werden sie "identifying expressions" genannt. Zum Gebrauch von "Identifikator" und "Identifikat" siehe auch 0.4.4.2.

Name "Identifikator" hörer-orientiert ist, wird er hier in einem neutralen Sinn (d.h. sowohl für die Referenz als auch für die Identifikation) gebraucht. Der Sprecher nimmt an, daß der Identifikator dem Hörer schon genügt, um in der betreffenden Sprechsituation den Referenten zu erkennen.

Ein Identifikator besteht aus einer Deskription und einem Determinator. Die Deskription beschreibt die Eigenschaften des Referenten; der Determinator (z.B. der definite Artikel, alle, jede, diese), der das eigentliche Kennzeichen des Identifikators ist, enthält Informationen wie z.B. die Hörerbekanntheit des Referenten oder den Umfang des Referenten als eine Subklasse der Gegenstände, die der Deskription entsprechen. In dem Identifikator den Lehrer im Satz (ii) ist der Artikel den Determinator, das Wort Lehrer Deskription.[1]

(ii) Ich kenne den Lehrer

Betrachten wir noch einen Satz:

(iii) Ich kenne den, der Lehrer ist.

In (iii) hat das Wort Lehrer prädikative Funktion.

0.4.3.2 Argument vs. Identifikator

Den Unterschied zwischen Argumenten und Identifikatoren hat Bellert (1969:38) sehr klar beschrieben:

> The common semantic interpretation of arguments of type 1 [d.h. diejenigen mit dem 'Def-Operator', der in D38 in 1.3 erklärt wird] is the same as that of a linguistic index [d.h. Identifikator], the only difference between the two consisting in the role required of an argument in the LS structure of an utterance, an argument to which a logical predicate is applied and with which it makes up a proposition, whereas a linguistic index may also play a different role in the LS structure, ...

0.4.3.3 Zweifelhafte Identifikatoren

Kummer (1971:122) sagt: "Ist eine Präsupponierte Information [d.h.Identifikator] falsch, so wird die Gesamtaussage, in die sie eingebettet ist, sinnlos." Dazu wird ein Beispiel gegeben:

---

1 In der Tiefenstruktur eines Satzes (siehe z.B. Satz (1) in 3.1.2) sind alle NP Identifikatoren, alle det Determinatoren, und die S, die von NP dominiert sind, Deskriptionen in den jeweiligen NP.

The present king of France is bald[1]

Solche Sätze sind zwar irreführend, können aber doch sinnvoll sein, wenn ein Referent vorhanden ist; die Identifikation könnte u.U. sogar 'gelungen' sein (wenn der Hörer auf das richtige Objekt dirigiert würde, gleichgültig, ob er sich der Unangemessenheit des Identifikators bewußt ist oder nicht).[2] Der Kontext könnte schon genügend Anhaltspunkte für die Identifikation des Referenten gegeben haben, sodaß die Deskription überflüssig geworden ist, oder sogar, daß die falsche Deskription, die zum Kontext paßt, gerade eine gute gedankliche Stütze für den Hörer ist, um den richtigen Referenten zu identifizieren.[3]

0.4.3.4 Bewertung der Identifikatoren

Eindeutige Identifikatoren sind nicht immer gute Identifikatoren.[4] Angenommen, ich hätte zwei Freunde, die zufälligerweise beide Peter Niemann heißen; der eine wäre Maurer, der andere Lehrer, und unter meinen Freunden gäbe es nur einen Maurer und einen Lehrer. Für den Maurer Peter Niemann will ich nun einen Identifikator suchen. Zweifellos wäre der Maurer oder unser Maurer viel besser als Peter Niemann, obwohl ich nur zwei Menschen dieses Namens kennen würde, es aber zweifellos unzählige Maurer gibt.

Wie ich in 0.4.3.3 schon erwähnt habe, können Identifikatoren mit falschen oder unehrlichen Deskriptionen auch gute Identifikatoren sein. Wenn man die Deskription nur als Hilfe für die Identifikation betrachtet, und bei Bewertung der Qualität eines Identifikators nicht nur die Richtigkeit der Deskription, sondern auch die Sprechsituation in Betracht zieht, dann sind unsere Feststellungen über die scheinbar paradoxe Bewertungsweise verständlich.

---

1 Es versteht sich, daß dieser Satz von einem Menschen der heutigen Zeit gesprochen werden soll.
2 Siehe Searle (1969:89-90) und Linsky (1967:116-118).
3 Ebenda, S.90.
4 Siehe hierzu das einleuchtende Beispiel in Searle (1969:90-91).

0.4.4 Pragmatische Ausdrücke [1]

0.4.4.1 Definition

Pragmatische Ausdrücke sind Ausdrücke, die die Komponente der Kommunikation bezeichnen,[2] oder Ausdrücke, die aus den eben genannten abgeleitet sind (z.B. der Def-Operator).[3]

0.4.4.2 Sind pragmatische Ausdrücke Konstanten ?

Zuerst wollen wir die normalen Gegenstandsausdrücke ("a_1", " $_2$", ...) betrachten, die Gegenstände als Referenten haben. Sind sie Konstanten? Die Referenzbeziehungen dieser Ausdrücke zu den Gegenständen müssen bei jeder neuen Sprechsituation neu justiert werden; sie haben in verschiedenen Sprechsituationen verschiedene Referenten. Aber in derselben Sprechsituation sind die Referenzbeziehungen konstant, auch wenn das gleiche Symbol "a_1" in verschiedenen Sätzen erscheinen, oder sogar von verschiedenen Sprechern gesprochen würde. Einige Linguisten sind aber der Meinung, daß diese Ausdrücke Variablen seien.[4] Diese Auffassung ist zwar nicht abwegig, wenn man den Satz als 'Type', und nicht als 'Token' betrachtet. In der Tat interessieren sich die Linguisten nicht so sehr für die Struktur bestimmter Sätze, die von bestimmten Menschen geäußert werden, sondern für die Gesetzmäßigkeiten der Sätze im allgemeinen. Natürlich kann man ohne Konstanten, also nur mit Variablen, Identität oder Nicht-Identität der syntaktischen Elemente Transformationen wie Pronominalisierungen und Reflexivierungen durchführen; aber das vorliegende Modell soll ein generatives Modell sein, wobei die pragmatischen Gesichtspunkte eine bestimmte Rolle spielen. Es besteht jeweils keine Schwierigkeit, daß wir uns wirkliche Sprechsituationen

---

1 Andere Bezeichnungen sind: "ego-centric particulars" (Russell 1948:84), "indexical sign" (Bar-Hillel 1954:79), "token-reflexive word" (Reichenbach 1947:284), "Indikator" (Kamlah/Lorenzen 1967:110-115) usw. Bei Wunderlich (1970a:75-78) wird eine Reihe von pragmatischen Ausdrücken aufgezählt.

2 Siehe Abschnitt 1.1.1.1.1 und 1.1.1.1.2.

3 Siehe D38 in 1.3.

4 Z.B. sagt Bierwisch (1970:29): "Notice that all variables appearing in the reading of a given sentence (more precisely of a sentence type) indicate identity or distinctions of reference. They do not represent particular objects referred to."

vorstellen, in denen das Modell dazu gebraucht wird, Sätze zu erzeugen; dabei könnte man auch Konstanten wie "a_1", "a_2" gebrauchen, die bestimmte Gegenstände bezeichnen sollen. Sprachanalyse ist ähnlich wie ein Spiel oder, noch treffender vielleicht, ein Manöver. Die wirkliche Situation wird imitiert, und man versucht dabei, so echt wie möglich zu agieren. Nur so können wir bei der semantischen Interpretation Aussagen, und keine Aussageformen, als Eingabe haben. Ähnlich wie Reichenbach (1947: 274-284) von fiktiver und literarischer Existenz spricht,[1] können wir den Sprechsituationen und Objekten, die von den sprachlichen Ausdrücken bezeichnet werden, eine 'linguistische' Existenz verleihen. Wenn wir dann wirkliche Sätze analysieren wollen, können wir von der 'linguistischen' Existenz zu der 'physikalischen' oder 'realen' Existenz umschalten. Und wenn wir nur den formalen Charakter verschiedener Sätze vergleichen wollen (die Bezeichnungsfunktion wird den Konstanten entzogen), können wir die Konstanten wieder in Variablen verwandeln, die ohnehin auch die Identitätsbeziehungen der Argumente kontrollieren können. Zusammenfassend kann man sagen: Es steht dem Linguisten frei, die Argumente im Satz als Variablen oder als Konstanten zu betrachten. Es ist aber bequemer, den zweiten Weg zu wählen. Die Zeichen "a_1", "a_2" usw. werden als Eigennamen für Referenten gebraucht. Zum Schluß muß noch gesagt werden, daß die Zeichen "a_i", "x_i" normalerweise nicht vom Sprecher gebraucht werden.[2] Dies bedeutet aber nur, daß sie nicht in der Oberflächenstruktur erscheinen.

Jetzt können wir auch überlegen, ob andere pragmatische Ausdrücke Konstanten sind. Es wird angenommen, daß die Sprache in wirklichen Sprechsituationen gebraucht wird. Es ist auch klar, daß es nicht gleichzeitig zwei oder mehrere Sprechsituationen geben kann; daraus folgt, daß es für eine Kette von Sprachausdrücken in einem bestimmten Kontext nur einen Sprecher, einen Hörer (oder Hörergruppe), eine Sprechzeit, ... also kurz, eine feste Kombination von pragmatischen Elementen geben kann. So

---

1 Siehe auch Wunderlich (1970a:98) über das pragmatische Merkmal [Fiktion].

2 Aber nicht ausschließlich: In der Sprache der Mathematiker werden solche Ausdrücke öfter gebraucht.

dürfen die deiktischen Ausdrücke auch als Konstanten aufgefaßt werden.

Ich habe am Anfang dieses Abschnittes gesagt, daß Gegenstandskonstanten Gegenstände als Referenten haben. In 0.4.3.1 habe ich gesagt, daß Identifikatoren Instruktionen zur Erkennung der Referenten sind; d.h., durch sie werden Gegenstände identifiziert. Gleichzeitig kann man sagen, daß sie Gegenstände bezeichnen. In der Generativen Grammatik gibt es ein syntaktisches Element, das identifikatorische Funktion hat, nämlich die NP (Nominalphrase). In Beispiel (1) in Abschnitt 3.1.2 haben die Gegenstandskonstante "a_1" und NP_1 den gleichen Referenten. Um über die Beziehung zwischen "a_1" und NP_1 zu sprechen, gebrauchen wir den Wortstamm <u>identifik</u>-:

(i) NP_1 ist der Identifikator von "a_1".

(ii) "a_1" ist das Identifikat von NP_1.

0.4.4.3 Lexikonregeln und pragmatische Ausdrücke

Es gibt Lexikonregeln, die deiktische Ausdrücke enthalten.[1] Man könnte bezweifeln, daß sie dort noch Konstanten sind, da es unzählige Sprechsituationen geben kann, in denen das betreffende Lexem auftreten könnte. Lexikonregeln sind Gebrauchsanweisungen für Lexeme; was darin steht, sind keine Aussagen, sondern Aussageformen. Sobald das Lexem gebraucht wird, gibt es nur eine Sprechsituation für dieses Lexem; die Variablen in der Regel müssen durch Gegenstandskonstanten ("a_1", "a_2" usw.) ersetzt werden. Auch die deiktischen Ausdrücke, die im Definiens der Regel stehen, müssen sich automatisch der vorhandenen Sprechsituation anpassen, und sind tatsächlich Konstanten, die sich auf bestimmte Gegenstände beziehen.

0.4.4.4 Pragmatische Ausdrücke und der Wahrheitswert

Sätze, in denen keine pragmatischen Ausdrücke gebraucht werden, können unabhängig von den Sprechsituationen, in denen sie gesprochen werden, auf ihren Wahrheitswert hin geprüft werden, da die Gegenstandsausdrücke in diesen Sätzen immer die gleichen

1 Siehe 1.1.1.1.2.

Referenten haben.[1] Sätze mit pragmatischen Ausdrücken können dagegen verschiedene Wahrheitswerte haben, je nach dem, von wem, zu wem, wo, und wann sie gesprochen werden.[2] Es gibt jedoch eine Klasse von Sätzen, die auch pragmatische Ausdrücke enthalten, die aber in unserer Welt unabhängig von Sprechsituationen immer dieselbenWahrheitswerte haben,[3] z.B. der Satz

China wurde im Jahre 1912 Republik.

0.4.4.5 Vor- und Nachteile der pragmatischen Operatoren

Es kann nicht angenommen werden, daß zur Identifizierung der Referenten die Identifikatoren völlig ausreichen. Das Gegenteil ist die Regel. Identifikatoren (auch diejenigen mit dem Def-Operator oder Eigennamen) wären meist mehrdeutig für die Hörer, wenn keine nicht-linguistischenInformationen vorhanden wären.[4] Außer der Mehrdeutigkeit der Deskription, die wegen der Mehrdeutigkeit der dort verwendeten Lexeme oder der Mehrdeutigkeit der Oberflächenstruktur entsteht, gibt es noch eine weitere wichtige Quelle möglicher Mißverständnisse, nämlich die pragmatischen Operatoren,[5] die von der Sprechsituation abhängig sind. Mit diesen Operatoren ist es möglich, die Deskription innerhalb eines Identifikators zu verkürzen; aber auch wegen des pragmatischen Charakters solcher Operatoren (d.i. die relativ flexiblere Anwendungsweise) entsteht die Gefahr des Mißverständnisses in bezug auf die Referenz. Das ist der Preis, den man für die Bequemlichkeit, die solche Ausdrücke mit sich bringen, zahlen muß.

---

1 Siehe hierzu Bar-Hillel (1954:70).

2 Katz (1972:125) nennt sie "occasional propositions". Auch Sätze mit Eigennamen gehören zu dieser Kategorie. Sie sind nicht frei von der Sprechsituation, in der sie gesprochen sind, weil es mehrere Gegenstände geben kann, die den gleichen Eigennamen tragen.

3 Katz (1972:125) nennt sie "standing propositions". Der Name Peter Schmidt soll aus der a_i, der Peter Schmidt heißt abgeleitet werden, wo der ein pragmatischer Ausdruck ist.

4 Siehe hierzu Bar-Hillel (1954:80).

5 Z.B. der Def-Operator, dessen Definiens pragmatische Ausdrücke enthält.

0.4.4.6 Der Begriff 'e'

Zur Ableitung der pragmatischen Ausdrücke führt Reichenbach (1947:286-287) das Symbol "e" ein,[1] das in den Definitionen pragmatischer Ausdrücke eine wichtige Rolle spielt. Im folgenden werden einige wichtige Eigenschaften dieses Symbols beschrieben.

0.4.4.6.1 "e" bezeichnet einen Satz

Reichenbach (1947:286) sagt:

> Assume, for instance, that a man says, 'this boy is tall'; then the token used by the man (i.e., the whole sentence uttered by him) will be named 'e'.

Hier wird "e" als ein 'Satztoken' betrachtet. Man weiß aber nicht, ob man darunter einen Satz im strengsten Sinne, oder nur einen Sprachausdruck, der etwa den Umfang eines Satzes hat, aber auch etwas größer oder kleiner sein könnte, verstehen soll. Es muß geprüft werden, welcher Umfang für uns am zweckmäßigsten ist.

Die kommunikativen Komponenten werden innerhalb eines Satzes nicht gewechselt. Der Sprecher und der Hörer bleiben konstant, auch ist es unmöglich, innerhalb eines Satzes verschiedene Sprechzeiten und Sprechorte zu unterscheiden. Betrachten wir Satz (i):

(i) Jetzt kann ich dir sagen, daß ich jetzt seine Worte nicht mehr glaube

Das zweite jetzt macht den Satz zwar schwerfällig; es könnte aber noch zulässig sein. Offensichtlich sind die beiden jetzt korreferentiell. Betrachten wir ferner Satz (ii):

(ii) Ich sage dir jetzt, daß ich dir gerade etwas Falsches gesagt habe

Das Wort gerade kann mit jetzt nicht korreferentiell sein; vielleicht deswegen, weil sie innerhalb eines Hauptsatzes liegen. Nun betrachten wir noch einen Redeabschnitt:

(iii) Jetzt sage ich dir, daß du nur drei Mark gewonnen hast. — Oh, Verzeihung! Ich habe mich eben geirrt; du hast 80 Mark gewonnen.

In Satz (iii) haben jetzt und eben den gleichen Referenten. Sie stehen auch nicht in demselben Satz. So dürfte die Definition bei Reichenbach in dieser Hinsicht als angemessen betrachtet

---

1 Aus drucktechnischen Gründen schreibe ich "e" für Reichenbachs "θ".

werden. Daß der Referent von "e" nicht die ganze Äußerung sein kann, darüber wird noch in 0.4.4.6.3 zu sprechen sein.

0.4.4.6.2 "e" als Grundterm für die Ableitungen pragmatischer Ausdrücke

Ich habe oben festgelegt, daß "e" einen Satz bezeichnen soll, und ich werde es benutzen, um andere pragmatische Ausdrücke abzuleiten. Bevor ich seine Definition weiter präzisiere, ist es angebracht, ein paar Kostproben der Ableitungen zu geben. Wie bei Reichenbach (s.287) gezeigt wird, könnte man ich und hier die folgenden Definitionen geben:[1]

der x , der e spricht

der Ort, wo e gesprochen wird.

0.4.4.6.3 "e" bezeichnet den aktuellen Satz

Nach den vereinfachten Definitionen für ich und hier könnte man leicht die Tatsache übersehen, daß gleiche pragmatische Ausdrükke, die in derselben Sprechsituation vorkommen und auch scheinbar gleiche semantische Repräsentationen haben (z.B. jetzt: 'der Zeitpunkt, wo e gesprochen wird'), verschiedene Referenten haben können. Zuerst wollen wir einmal die folgenden Sätze, die von einem Sportberichterstatter gesprochen sein könnten, betrachten:

> Er bekommt jetzt einen harten Faustschlag am linken Auge (S1). Er stolpert ein bißchen (S2). Mit Mühe versucht er einen Konterschlag (S3), es war aber kein Treffer (S4). Jetzt wird es deutlich, daß er nicht mehr so gut sehen kann, weil er am linken Auge verletzt wurde (S5).

Wir haben sowohl in S1 und S5 das Wort jetzt. Beide Token von jetzt haben gleicherweise die Definition

der Zeitpunkt, wo e gesprochen wird ,

obwohl das jetzt in S1 (kurz: "$jetzt_1$") den Referenten t_1, das jetzt in S5 ("$jetzt_5$") den Referenten t_5 haben, wobei das Verhältnis 't_1 vor t_5' besteht. Der Grund kann nur bei e liegen: Die beiden e in den semantischen Repräsentationen von $jetzt_1$ und $jetzt_5$ haben verschiedene Referenten, die man besser mit e_1 und und e_5 bezeichnen sollte. Hier wird auch gezeigt, daß der Referent von e nicht die ganze Äußerung, sondern eine viel kleinere Einheit, nämlich den Satz, bezeichnet.

---

1 Die genauen Definitionen siehe D34 und D37 in 1.3.

Man könnte aber fragen, warum "●" nicht das betreffende Worttoken, sondern den Satz, der das betreffende Worttoken enthält, bezeichnet. In Satz (i) in 0.4.4.6.1 habe ich gezeigt, daß die beiden *jetzt* korreferentiell sind. *Jetzt* hat aber die Definition "der Zeitpunkt, wo ● gesprochen wird"; wir haben folglich zwei korreferentielle "●" in (i), obwohl sie zu verschiedenen Worttoken gehören. Daraus folgt, das "●" nicht das betreffende Worttoken, sondern den betreffenden Satz bezeichnen muß.

Wenn in der semantischen Repräsentation eines Wortes (W) das Zeichen "●" vorkommt, z.B. bei *ich* und *hier*, ist der Referent von "●" der Satz, der W enthält. Wir können diesen Satz den "aktuellen Satz" nennen. Er ist auch der Satz, den der Linguist gerade analysiert.

0.4.4.6.4 "●" ist ein Eigenname

Auf S.286 seines Werkes behauptet Reichenbach:

> The token denoted by '●' ist not the token used for the above formulation of the sentence (8), but another token of the same[1] sentence, namely, the one uttered by the man mentioned.

D.h., "●" ist der Name des Ausdrucks, der tatsächlich in der betreffenden Sprechsituation gesprochen wird. Dieser Ausdruck ist ein 'Token', und er ist nicht wiederholbar: er ist ein Satzindividuum. Die vom Linguist nachgemachte Reproduktion ist kein ●, sondern nur ein Abbild davon. Deswegen ist ● ein Eigenname, wie es auch in Reichenbach (S.286-287) festgestellt wird.

0.4.5 Präsupposition

Der Terminus "Präsupposition" hat in den letzten Jahren zunehmend die Aufmerksamkeit der Sprachwissenschaftler erregt. Trotz vieler Versuche, diesen Terminus angemessen zu definieren und die damit verbundenen Probleme zu klären, gibt es noch keine allgemein anerkannte Definition. Hier ist nicht der Ort, auf dieses Problem einzugehen; es soll nur gezeigt werden, wie dieses Wort in der vorliegenden Arbeit gebraucht wird.

---

1 "(8)" bezeichnet die Symbolisierung des Satzes *this boy is tall*: $t[(\iota x)\ b(x).rf(x,\bullet)]$. "t", "b" und "rf" stehen für *tall*, *boy* bzw. *referred to*.

Präsuppositionen eines Satzes S sind die impliziten Aussagen über spezielle Bedingungen (d.h. Bedingungen, die im Gegensatz zu den allgemeinen Bedingungen speziell für S gelten),[1] die der Sprecher bei seiner Erzeugung voraussetzt, falls er 'ehrlich' ist. Vom logischen Standpunkt aus kann man folgendes sagen: Wenn S wahr ist, muß auch seine Präsupposition S' wahr sein; es besteht zwischen ihnen die Implikationsrelation

$$S \supset S'$$

Diese Relation zwischen S und S' kann wiederum auf die Anwendung des Prädikates, das S enthält, zurückgeführt werden. Z.B. basiert die folgende Beziehung

> Der Arzt heilt den Jungen präsupponiert der Junge lebte (vor der Heilung)

auf

> Die Anwendung des Prädikative heilen (in x heilt y) präsupponiert y lebt (vor der Heilung)

In der vorliegenden Arbeit wird statt "Präsupposition eines Satzes" die Redeweise "Präsupposition eines Prädikativs" benutzt. Das, was präsupponiert wird, wird schon im Lexikon angegeben. Die Präsupposition eines Prädikativs findet sich im Präsuppositionsteil des Lexikoneintrags dieses Prädikativs.[2] Die Präsuppositionen, die durch die Erzeugungsregeln mitproduziert werden,[3] nehmen an der Selektion teil.[4] Wenn die Präsuppositionen nicht erfüllt werden, muß S nicht unbedingt ungrammatisch sein. So kann ein Jäger sagen: Ich habe einen Löwen getötet, obwohl in Wirklichkeit der Löwe, den er gerade geschossen hat, schon längst gestorben ist. Die Präsupposition der Löwe lebte vor der Handlung des Jägers ist also falsch, aber genauso falsch ist auch der gesprochene Satz. Trotzdem ist der Satz grammatisch.

---

1 Die allgemeinen Bedingungen entsprechen etwa den 'normal input and output conditions' bei Searle (1969:57) (z.B., daß sowohl der Sprecher als auch der Hörer die Sprache beherrschen, daß sie physisch und psychisch imstande sind, an der sprachlichen Kommunikation teilzunehmen). Vgl. auch Garner (1971:37-40).

2 Siehe 2.1.

3 Siehe 3.1.4.E5.

4 Siehe 4.1.3.P26.

Nur wenn etwas gesprochen wird, das im Widerspruch zu den Informationen aus anderen Ausdrücken in demselben Satz steht, haben wir einen ungrammatischen Satz, und die Generierung dieses Satzes muß blockiert werden.[1]

0.4.6 Einheit: Individuum, Gruppe, Teil [2]

0.4.6.1 Die Quantitätsangabe setzt die Qualitätsangabe voraus

Man spricht oft von Individuen, Gruppen oder Teilen, ohne zu erwähnen, von welcher Art sie sind, so, als ob sie rein quantitätsmäßig bestimmbar wären. Wenn man genauer überlegt, wird man sich darüber klar sein, daß es ein Individuum, das nicht von einem Begriff abhängig ist, gar nicht gibt. Ein Tisch ist ein Tisch-Individuum, und gleichzeitig eine Molekülen-Gruppe. So sind die Fragen <u>Was ist ein Individuum?</u> , <u>Wie erkennt man eine Gruppe?</u> , <u>Ist das ein Individuum oder eine Gruppe?</u> irreführend. Um sie zu beantworten, braucht man die Information, wie der bezeichnete Gegenstand begriffen werden soll; erst wenn die Kategorie des Gegenstandes festgelegt ist, ist die Mengenangabe möglich.[3] Aber die Fragen <u>Welche Gemeinsamkeit haben ein Tisch und ein Mensch, daß sie als 'ein Individuum' betrachtet werden können?</u> oder <u>Was ist die Definition des Wortes "Individuum"?</u> können noch gestellt werden.[4] Es ist aber nicht meine Absicht, sie hier zu beantworten.

0.4.6.2 Die Quantitätsangabe setzt die Einheitsangabe voraus

Im Chinesischen und vielen ostasiatischen Sprachen macht man reichlich von Einheitswörtern Gebrauch, die die Einheit bezeichnen, wenn die Menge der Objekte angegeben werden soll. So sagt man sinngemäß:

---

1 Siehe 4.1.3.P26.

2 Vgl. auch 8.2 über Mengenangabe; ich werde dort statt "Individuum" die Bezeichnung "Konstrukt" verwenden.

3 Siehe z.B. auch Ellis (1968:158): "To specify a group, we must always say what it is a group of ___ ...".

4 Siehe hierzu die Diskussion über die Unhaltbarkeit des Kriteriums der Kontinuität im Raum für den Begriff 'Individuum' in Reichenbach (1947:266-267).

drei Stück Mensch (drei Menschen)
drei Gruppe Mensch (drei Gruppen von Menschen)
drei Teil Apfelsine (drei Teile von Apfelsinen)
drei Tropfen Öl.

Wir wissen alle, daß es sinnlos ist, drei Öle zu sagen; vielmehr muß noch die Einheit angegeben werden: drei Löffel Öl, drei Tropfen Öl, drei Liter Öl, drei Arten von Öl usw. Ebenso sagt man: drei Gruppen von Menschen, drei Teile vom Kuchen. Bei all diesen Beispielen gebraucht man Einheitswörter wie Löffel, Tropfen, Gruppe, Teil usw. Aber noch häufiger kommen Verbindungen wie drei Menschen, drei Häuser usw. vor, wobei kein Einheitswort vorhanden ist. Man weiß aber stets, daß es in solchen Fällen nicht um Gruppen oder Teile, sondern um Individuen geht; so ist es nicht schwer einzusehen, daß das ursprünglich vorhandene Wort Stück nur durch eine Ellipse weggelassen ist. Im Chinesischen, wo die Einheitswörter vielfältigere Gestalt haben, findet man tatsächlich die Kombination drei Stück Mensch, drei Stück Haus. Nachdem man die Kategorie und die Einheit des Objektes bestimmt hat, ist die Anzahl auch bestimmbar. [1]

0.4.7 Gegenstand

"Gegenstand" wird hier als "Objekt der Wahrnehmung" verstanden. Es ist unwesentlich, ob der Gegenstand ein Individuum, eine Gruppe von Individuen, oder ein Teil eines Individuums ist. Es ist auch irrelevant, wieviel es sind. Ein Gegenstand könnte also drei Menschen, zehn Ananasscheiben, oder ein Auto umfassen. Diese Festsetzung widerspricht zweifellos dem normalen Sprachgebrauch. Wir brauchen aber ein Wort, das den Referenten als ein Ganzes bezeichnet. Entsprechend können die Termini "Gegenstandsvariable", "Gegenstandskonstante" die Termini "Individuenvariable" bzw. "Individuenkonstante" ersetzen. Für diesen Zweck ist "Gegenstand" immerhin besser als "Individuum".

---

1 Vgl. Ellis (1968:39): "If we have a rule for making numerical assignments, we also have a scale of measurement."

0.5 Flußdiagramm als Darstellungsmittel

Um die Erzeugungsregeln,[1] die Projektionsregeln[2] und die Informationsregistrierungsregeln[3] darzustellen, ist die einfache Aufstellung der Regeln wie bei Chomsky (1965) nicht geeignet. Der lineare Charakter der Sprachausdrücke ist für die Darstellung komplizierter Sachverhalte nicht immer angemessen. Es gibt aber eine andere Methode, nämlich die graphische Methode der Programmierung,[4] wobei man mit einem 'Flußdiagramm' die Prozesse der Informationsverarbeitung beschreibt, damit die Zusammenhänge und die Rekursivität der Regeln viel leichter zu erkennen und zu verfolgen sind.

Die Symbolik, die hier verwendet wird, ist problem- und nicht maschinenorientiert. Sie ist nicht normiert, und kann daher nicht mechanisch in Maschinensprache übersetzt werden.

Die Diagramme, die in Kap.3 - Kap.5 gezeigt werden, sind nicht nur Hilfsmittel, sondern der Kern des Generierungsmechanismus. Sie werden durch Texte ergänzt, und nicht umgekehrt.

Wie in den Flußdiagrammen der Programmierung üblich, stehen die Befehle (d.h. Instruktionen) in rechteckigen Rahmen. Der Programmablauf wird durch die Pfeile gezeigt.

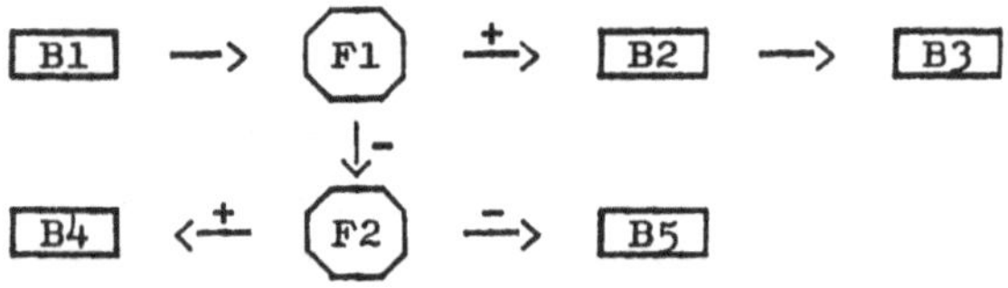

Außer den Befehlen gibt es Fragen, die in einem achteckigen Rahmen stehen; sie entsprechen etwa den Kontextbedingungen der Phrasenstrukturregeln der Transformationstheorie. Für positive und negative Antworten müssen normalerweise verschiedene Operationen durchgeführt werden, deswegen werden die Zeichen "+" bzw. "-" hinter den Fragen und neben den Pfeilen angesetzt.

---

1 Siehe Kap.3.
2 Siehe Kap.4.
3 Siehe Kap.5.
4 Rescher (1966:43-51) hat ebenfalls diese Methode benutzt, um erstens Befehle verschiedener Arten zu repräsentieren, und zweitens die Klassifizierung der Befehle zu veranschaulichen.

Ich zeige zuerst das Flußdiagramm, und gebe anschließend Erklärungen über die einzelnen Schritte. Um Verweise zu erleichtern, werden die Fragen und Befehle der Reihenfolge nach numeriert; da die Reihenfolge nicht linear ist, kann die Numerierung nur mehr oder weniger willkürlich geschehen. Der Verlauf der Operationen ist nach den Pfeilen gerichtet; die Numerierung dient nur zum Verweis. Um die Redeweise zu vereinfachen, nenne ich außer den Befehlen auch die Fragen "Regeln". In den Erläuterungen werden Erzeugungsregeln der Y-Kette mit "E" bezeichnet (also: "E1", "E2" usw.), die Projektionsregeln und die Registrierungsregeln werden in ähnlicher Weise mit "P" bzw. "R" gekennzeichnet.

1 Semantisches System

1.0 Einleitung

Daß die sprachlichen Ausdrücke auch semantisch interpretiert werden sollen, ist schon ein Gemeinplatz geworden. Um unmißverständliche semantische Interpretationen zu ermöglichen, braucht man einen kontrollierbaren, ökonomischen Apparat, dessen Symbole einen hohen Grad von Verallgemeinerung besitzen, eindeutig definiert und leicht zu handhaben sind.[1] Im übrigen muß das System auch linguistisch motiviert sein.

Reichenbach (1947) und andere haben versucht, die sprachlichen Äußerungen mit dem prädikatlogischen System zu symbolisieren. Aber eine klare Korrelation zwischen den logischen Symbolen und den syntaktischen Einheiten ist in diesen Werken nicht vorhanden. Unter den Transformationalisten haben z.B. schon Bierwisch (1966:144-145) und McCawley (1967:38-42 und 1968b:138) die Möglichkeit angedeutet, die Prädikatenlogik für die semantische Repräsentation anzuwenden. Bierwisch (1970) bemängelt die Art und Weise, wie Katz und seine Mitstreiter mit den semantischen Merkmalen umgehen,[2] und kommt zu dem Schluß, daß im bisherigen Rahmen einwandfreie Interpretationen der semantischen Merkmale nicht möglich seien. Inspiriert von der symbolischen Logik schlägt er ein neues Verfahren vor, wo die semantischen Merkmale als Prädikatoren mit einer festgelegten Zahl von Argumenten begriffen werden sollen. Auch Brekle (1970), Rohrer (1971), Bartsch (1971) u.a. machen ähnliche Versuche. Da noch kein einigermaßen ausgereiftes System vorhanden ist, möchte ich in dieser Richtung auch meinen eigenen Weg gehen. Im folgenden werde ich den semantischen Apparat, der auf der Prädikatenlogik basiert,[3] "die Sprache S" nennen. Diese Sprache unterscheidet sich nicht wesentlich von den-

---

1 Über die Notwendigkeit eines solchen Apparates siehe auch Meier (1966:129) und Kamlah/Lorenzen (1967:132).

2 Z.B. Katz/Postal (1964) und Katz (1966 und 1967). Siehe auch 2.1 und die Kritiken von Weinreich (1966) und Bar-Hillel (1967:175-176) an den Arbeiten von Katz. Es muß aber gesagt werden, daß Katzs Werke trotz ihrer Mängel der Entwicklung der Semantik große Impulse gegeben haben.

3 Eine sehr gute Erläuterung der Grundgedanken der Logistik und der axiomatischen Methode findet sich bei Church (1956:47-58).

jenigen der erwähnten Autoren. Wegen der abweichenden Schreibweisen und einiger hier erstmalig vorkommende Begriffe muß das System kurz aufgeführt werden. Ausdrücke einer natürlichen Sprache können durch Projektionsregeln, die im Kap.4 beschrieben werden, in Ausdrücke der Sprache S übersetzt werden.

1.1 Symbolinventar

1.1.1 Konstanten

Ausdrücke können in Konstanten und Variablen unterteilt werden. Eine Konstante ist ein Ausdruck, dessen Bedeutung stets unverändert bleibt. Eine Variable hat dagegen keine feststehende Bedeutung; sie zeigt eine Leerstelle an, für die eine Konstante oder eine andere Variable eingesetzt werden kann.[1] Die Variablen dienen dem Identitätshinweis für verschiedene Argumente.[2]

1.1.1.1 Gegenstandskonstanten

Gegenstandskonstanten sind Ausdrücke, die Gegenstände bezeichnen.[3]

1.1.1.1.1 Normale Gegenstandskonstanten [a_1, a_2, ...] [4]

Normale Gegenstandskonstanten sind nicht deiktisch. Eigentlich gehören sie gar nicht zum System der Sprache S. In den Definitionsregeln und den Deduktionsregeln der Sprache S sowie den Lexikonregeln der Sprache Y kommen sie nicht vor. Sie werden erst bei der Erzeugung der Y-Ketten gebildet,[5] und durch die Projektionsregeln in die Sprache S übertragen.

---

1 Vgl. die Definitionen in Bochenski/Menne (1962:17). Diskussionen über pragmatische Ausdrücke als Konstanten siehe 0.4.-4.2 und 0.4.4.3. Eine Unterteilung von Konstanten und Variablen findet sich in 1.1.1 bzw. 1.1.2.

2 Vgl. Quine (1951:70): "they [die Variablen] serve merely to indicate cross-references to various positions ... Such cross-references could be made instead by curved lines or bonds; ... But these 'quantificational diagrams' are too cumbersome ... hence the use of variables."

3 Vgl. 0.4.4.2 und 0.4.4.3.

4 Die mit "[ ]" eingeklammerten Symbole sind Grundterme.

5 Siehe 0.4.4.2 und 0.4.4.3 über ihre Beziehung zur Sprechsituation, und Kap.3 über ihre Erzeugung.

1.1.1.1.2 Deiktische Gegenstandskonstanten [•] [1]

Deiktische Gegenstandskonstanten sind Ausdrücke, die die Komponenten der Sprechsituation bezeichnen. Es sind z.B. die personaldeiktischen Ausdrücke, die lokaldeiktischen Ausdrücke, die temporaldeiktischen Ausdrücke, und "•". Außer "•" werden sie alle aus Grundtermen abgeleitet,[2] und dienen auch zur Definition anderer Terme.[3]

1.1.1.1.3 Eigennamen

Die Eigennamen werden als Argumente gebraucht, und zwar nur bei einigen Prädikatoren (z.B. die mit den Bedeutungen 'heißen', 'nennen', usw.). Obwohl die Eigennamen nicht erst beim Sprechen ad hoc gebildet, sondern fest mit einzelnen Gegenständen verbunden sind, sind sie weniger universal als die Prädikatoren. Es gibt zwar Eigennamen, die fast allen Mitgliedern einer Sprachgemeinschaft bekannt sind; aber im allgemeinen sind die Eigennameninventare einzelner Sprecher sehr verschieden.

1.1.1.2 Prädikatoren

1.1.1.2.1 Logische Prädikatoren

Für die Unterscheidung zwischen 'logisch' und 'deskriptiv' gibt es wahrscheinlich noch keine befriedigende Lösung (siehe hierzu Carnap (1942:59)). Das Begriffspaar spielt hier auch keine wichtige Rolle, und wird mehr oder weniger intuitiv verwendet. Man könnte vielleicht sagen, logisch seien diejenigen Terme, die nicht aus deskriptiven Prädikatoren direkt oder indirekt abgeleitet sind. Mit anderen Worten, sie seien nur aus den Junktoren "∼", "v" und dem Quantor "∃" abgeleitet.

1.1.1.2.2 Deskriptive Prädikatoren

Die Aufstellung von Prädikatoren ist die Aufgabe der Semantiker.[4]

---

1 Über "•" siehe 0.4.4.6.
2 Siehe z.B. D34-D37 in 1.3.
3 Siehe z.B. D38-D39 in 1.3.
4 Zur Geschichte des Begriffs 'semantische Primitive' seit dem 17. Jahrhunderts siehe das Referat von Wierzbicka (1972:3-12).

Ob eine universale Menge von Grundprädikatoren,[1] aus der andere Prädikatoren, die für die Definitionen von Prädikativen natürlicher Sprachen gebraucht werden, abgeleitet werden können, existiert und entdeckt werden könnte, ist nur nach umfassenden und sorgfältigen Untersuchungen zu beantworten. Es ist nicht die Absicht dieser Arbeit, einen solchen Versuch zu machen.[2]

Obwohl die Definitionen der Prädikatoren Festsetzungen sind, sind sie keineswegs willkürlich.[3] Sie setzen semantische, grammatikalische und andere Kenntnisse voraus. Die Angemessenheit des semantischen Systems wird durch die Definitionen der sprachlichen Ausdrücke geprüft, deren Definientia Ausdrücke des semantischen Systems enthalten,[4] und dementsprechend korrigiert und verbessert werden.

1.1.1.2.3 Funktionale Prädikatoren

Bei der Prädikatenlogik wird normalerweise die funktionale Beziehung zwischen dem Argument und dem Prädikat nicht mehr berücksichtigt. Brekle (1970:70) ist mit diesem Zustand nicht zufrieden, und greift auf die Begriffe 'Affizieren', 'Effizieren' usw. der traditionellen Grammatik zurück. Für den Satz

Einige Männer schlagen einige Hunde

gibt er statt

$(\exists x)(\exists y)[M(x).H(y).xSy]$

die folgende Symbolisierung:

$(\exists x)(\exists y)[M(x).H(y).CAUS(x,S).AFF(S,y)]$ [5]

Und um die beiden Aussagen "CAUS(x,S)" und "AFF(S,y)" in einen Zusammenhang zu bringen, kombiniert er die beiden Aussagen:

$CAUS[x,AFF(S,y)]$ [6]

Dadurch, so meint Brekle (S.74), könnten die feineren 'satzse-

---

1 Die positive Haltung teilen z.B. Meier (1966:129), Postal (1966:179), Bierwisch (1967:4), Bever/Rosenbaum (1970:5) und Wierzbicka (1972:25).

2 Einen intensiven Versuch macht Wierzbicka (1972), wonach es nur zehn bis zwanzig semantische Primitiven geben soll.

3 Carnap (1966:59) ist der Meinung, daß "nature provides factors in the situation that are outside our controls." Vgl. auch Hempel (1952:18-20) über Nominaldefinitionen.

4 Siehe 2.1 über die Lexikonregeln.

5 Siehe Brekle (1970:72). AFF: Affizieren, CAUS: Verursachen.

6 Siehe ebenda, S.73.

mantischen Substrukturen' erfaßt werden. Durch eine 'holistische Transformation' sind die beiden Strukturtypen aufeinander abbildbar:

R(w,y) ⇛ CAUS[w,AEFF(R,y)] [1]

Dabei sei zu beachten, daß das erste "R" ein Relator sei, während das zweite "R" (in "AEFF(R,y)") keine Relatorfunktion habe, sondern wie "y" ein Argument sei. Zusammenfassend sagt Brekle (1970:76):

> Wir nehmen nun an, daß die im grammatischen Sinn "aktive" Relation, die im Relationsterm des Ausdrucks R(w,y) implizit vorhanden ist, durch die Relationskonstanten CAUS und AEFF repräsentiert wird.

Brekle weist auch darauf hin, daß seine 'Relationskonstanten' den Kasus bei Fillmore (1968) entsprechen.[2]

Um die Funktionen der Argumente eines Prädikators zu verdeutlichen, braucht man die Begriffe 'EXK', 'AFF' usw.[3] Aber ich verfahre anders als Brekle: Er betrachtet dort (S.75) die Kette "R(w,y)" als primär, die durch eine holistische Transformation zu "CAUS[w,AEFF(R,y)]" wird. Ich dagegen betrachte "R" als grundlegend, dessen Anwendung durch eine Definition bestimmt wird:

schlagen (w,y) =df CAUS[w,AEFF(schlagen,y)]

oder in meiner Symbolik:

(schlagen)xy =df (∃f) f ⊂ schlagen.(EXK)xf.(AFF)fy

Prädikatoren wie "(EXK)", "(AFF)" usw., die die Funktionen der Argumente der deskriptiven Prädikatoren spezifizieren sollen, nenne ich "funktionale Prädikatoren"; sie werden als Grundterme vorausgesetzt. Nur durch unerbittliche Versuche, Beobachtungen und Vergleiche können wir eine Liste von ihnen zusammenstellen; aber ihre Berechtigung als eine Klasse ist noch lange nicht klar. Hier haben wir ungefähr die gleiche Schwierigkeit wie die Kasustheorie von Fillmore.[4]

---

1 Ebenda, S.75. "AEFF" heißt "affizierend/effizierend".
2 Siehe Brekle (1970:80 Fn.61).
3 "EXK" heißt "Exekutiv"; "(EXK)xy" bedeutet 'x führt y aus'.
4 Ich glaube, daß der Fillmoresche Versuch, universale Kasusrelationen zu finden, nicht gelungen ist. Daß dies auf der Y-Ebene geschieht, ist vielleicht ein fundamentaler Fehler. Wenn man solche Versuche auf die S-Ebene verlegt, begegnet man Begriffen, die nicht so kompliziert wie die Lexeme sind, und die Chance des Gelingens wird größer.

Ich bringe jetzt eine Aufstellung der funktionalen Prädikatoren, die wegen der noch fehlenden Definitionen der deskriptiven Prädikatoren, die in der vorliegenden Arbeit nicht mehr ausgeführt werden kann, natürlich nur einen hypothetischen Charakter haben:

(EXK)xf	x ist das Exekutiv von f (d.h. x führt f aus). Das Symbol "KAUS" ist dafür weniger geeignet; "KAUS", das man mit "verursachen" übersetzen kann, ist indirekter als "EXK". Eine Kombination mit den beiden ist sogar denkbar: (KAUS)z((EXK)xf.(AFF)fy)* [1] (Lies: z verursacht, daß x die Handlung f ausführt, die y affiziert.)
(AFF)fx	x ist das Affektiv von f (d.h. x wird durch f beeinflußt).
(EFF)fx	x ist das Effektiv von f (d.h. die Existenz von x wird durch f ermöglicht).
(INSTR)xf	x ist das Instrument für f.
(EIG)fx	f ist eine Eigenschaft von x.
(KAUS)xy	x ist die Ursache von y.
(DUR)xy	x ist die Dauer von y.
(IN)xy	x befindet sich in y (y ist ein Raum im zeitlichen oder lokalen Sinne).

Man kann bei der Definition jedes deskriptiven Prädikators genau angeben, welche Funktionen die Argumente haben (siehe das Beispiel für "(schlagen)"). Es gibt aber eine Methode, die solche Definitionen bei den deskriptiven Prädikatoren überflüssig macht; man kann nämlich bei jedem deskriptiven Prädikator angeben, zu welcher Funktionsklasse er gehört. Nehmen wir an, der oben genannte Prädikator gehört zur Klasse 1; für ihn brauchen wir statt einer Definition nur die Zahl 1 anzugeben. An einer anderen Stelle steht eine Regel für alle Prädikatoren, die zur Funktionsklasse 1 gehören:

$$(\forall F)F \subset P_1 \supset [(\forall x)(\forall y)(F)xy \supset (\exists f)f \subset F.(EXK)xf.(AFF)fy]$$

Diese Regel kann noch vereinfacht werden:

$$F \subset P_1 \supset [(F)xy \supset (\exists f)f \subset F.(EXK)xf.(AFF)fy]$$

---

1 Siehe 1.1.1.4.3 über "*".

Damit kann das System erheblich vereinfacht werden. Auch die Klassenzugehörigkeit der Prädikatoren wird deutlicher.

Um die Anzahl der Argumente besonders hervorzuheben, bezeichne ich eine Funktionsklasse mit der Anfangsziffer 1, wenn die Prädikatoren dieser Klasse einstellig sind, und mit der Anfangsziffer 2, wenn die Prädikatoren dieser Klasse zweistellig sind. Die oben genannte Regel können wir dann weiter vereinfachen:

P_{21} : (EXK)xf.(AFF)fy

P_{21} ist die Klasse 1 der zweistelligen Prädikatoren.

Ich zeige im folgenden eine Tabelle der Funktionsklassen, die nicht auf gründliche Untersuchungen basiert, sondern nur ad hoc gemacht wurde, und nur einen demonstrativen Zweck hat.

Klasse	Definition	Beispiele
P_{11}	(EIG)xf	rot, tot, offen
P_{12}	(EXK)xf	laufen, schlafen, bewegen
P_{13}	(AFF)fx	sterben, verrückt
...		
P_{21}	(EXK)xf.(AFF)fy	schlagen, ändern, schneiden
P_{22}	(EXK)xf.(EFF)fy	bauen, zeugen
...		

Für eine Funktionsklasse kann man anhand ihrer Definition auf Grund der Tabelle ohne Schwierigkeit die ausführlichere Definition rekonstruieren.

1.1.1.3 Junktoren [~, v] [1]

Ein Junktor bildet aus einer oder zwei Propositionen eine neue, komplexe Proposition. Die Grundjunktoren sind "~" und "v", der Negator und der Disjunktor.

~P : 'nicht P'

P v Q : 'P oder Q, oder beide zugleich'

---

1 Die Junktoren werden reichlich in den fundamentalen Lehrbüchern der formalen Logik behandelt, deswegen verzichte ich hier auf ausführliche Erklärungen. Neuerdings versucht Lorenzen, die Junktoren und Quantoren durch Dialogverläufe, in denen Aussagen angegriffen oder verteidigt werden, einzuführen. Einzelheiten siehe Kamlah/Lorenzen (1967:157-162).

1.1.1.4 Operatoren [1]

Operatoren bilden aus Propositionen Gegenstandsausdrücke, Prädikate, oder wieder Propositionen. Die Proposition innerhalb des Dominanzbereichs eines Operators wird "Operand" genannt.

1.1.1.4.1 Quantoren [∃]

Quantoren zeigen an, in welchem Umfang eine Beschaffenheit einer Variable zugeordnet wird. Der Existenzquantor ("∃") wird als Grundterm vorausgesetzt.

(∃x)(F)x : 'Es gibt mindestens ein x, für das gilt: (F)x'

Eine Variable ist gebunden, wenn sie direkt hinter einem Quantor steht, oder wenn sie mit einer Variable, die direkt hinter einem Quantor steht, isomorph ist,[2] und sie selbst im Operand dieses Quantors steht. Variablen ohne diese Eigenschaft sind freie Variablen.

1.1.1.4.2 Determinatoren

Jeder Gegenstandsausdruck braucht einen Identifikator.[3] Der Identifikator besteht aus einer Deskription des Gegenstandes, die Quantität und Eigenschaften des Gegenstandes angibt, und einem Determinator, der das eigentliche Kennzeichen des Identifikators ist, und darüber hinaus noch etliche Informationen beinhaltet (z.B. Hörerbekanntheit, Allgemeingültigkeit, u.a.), für die ich leider noch kein gemeinsames Merkmal finden kann. Alle Determinatoren sind abgeleitet.[4]

1.1.1.4.3 Asta-Operator [*] [5]

Dies ist ein Operator, der eine Proposition in ein Prädikat um-

---

1 Näheres über Operatoren siehe bei Reichenbach (1947:96-105).
2 Ich übernehme hier die Definition von Bochenski/Menne (1962: 17): "zwei Ausdrücke heißen "isomorph", wenn sie die gleiche graphische Gestalt haben, d.h. wenn man in der Umgangssprache sagt 'das ist derselbe Ausdruck'."
3 Siehe auch 0.4.3.
4 Siehe D38-D41 in 1.3.
5 Da ich keinen passenden Namen finden konnte, nenne ich diesen Operator nach seiner äußerlicher Form (der Asteriskus). Analog zu den Namen "Iota-Operator" und "Lambda-Operator" wird der Name "Asta-Operator" gebildet.

formt.[1]

$((F)y)*x$: 'x ist der Sachverhalt $(F)y$'

Die Motivation eines solchen Operators ist folgende: Eine Aussage drückt einen Sachverhalt aus. Man möchte aber manchmal über die Eigenschaften des Sachverhaltes oder über die Relationen zwischen Sachverhalten reden. Am bequemsten verwendet man einen Gegenstandsausdruck, der mit dem komplexen Ausdruck, der den Sachverhalt bezeichnet, referenz-identisch ist. Diese Beziehung soll explizit in einer Proposition ausgedrückt werden, in der der neue Gegenstandsausdrück als Argument fungiert, während der komplexe Ausdruck das Prädikat ist. Die Aussage "Es ist möglich, daß a_1 rot ist" kann so symbolisiert werden:

$(\text{möglich})a_2.[(\text{def } a_2)((\text{rot})a_1)*a_2]$ [2]

Weiteres über diese Ausdrucksweise siehe 3.0.2.g.

1.1.1.5 Funktoren [3]

Funktoren sind Ausdrücke, die aus Prädikatoren und Gegenstandsausdrücken neue Ausdrücke (aber keine Propositionen) bilden, die wieder als Argumente oder Prädikate fungieren.

1.1.1.6 Zahlen

Die Zahlen werden als Grundterme der Sprache S vorausgesetzt. Sie sind gewiß aus ganz wenigen Grundtermen ableitbar; vielleicht sind sie auch Prädikatoren. Auf diese Probleme will ich hier nicht eingehen.

1.1.2 Variablen

1.1.2.1 Gegenstandsvariablen [x,y,z,w ...]

Eine Gegenstandsvariable ist eine Variable, für die eine Gegenstandskonstante oder eine andere Gegenstandsvariable substituiert werden kann.

---

1 Siehe hierzu die 'event splitting' und die dazu gehörige 'holistic transformation' in Reichenbach (1947:269-272). Dort ist der Asta-Operator jedoch nicht als Operator aufgefaßt.
2 Über "def" diehe D38 in 1.3.
3 Siehe D7-D12 und D29-D33 in 1.3.

1.1.2.2 Prädikatenvariablen [F,G ...]

Für eine Prädikatenvariable kann ein Prädikat (siehe 1.2.1) substituiert werden.

1.1.2.3 Aussagenvariablen [P,Q ...]

Eine Aussagenvariable ist eine Variable, für die eine Proposition (siehe 1.2.2) substituiert werden kann.

1.1.2.4 Determinatorenvariable [d]

Eine Determinatorenvariable ist eine Variable, für die ein Determinator substituiert werden kann.

1.1.2.5 Variablen für beliebige Ausdrücke [A,B ...]

1.1.3 Hilfssymbole

1.1.3.1 Klammern

( ) : umklammern die Prädikate oder die Quantoren.

[ ] und { } : umklammern Propositionen, um Unklarheiten zu vermeiden. "{ }" steht immer außerhalb eines "[ ]". Man kann diese Klammern weglassen, wenn die eingeklammerte Kette

a. nur Konjunktoren umfaßt,[1]

b. selbst Argument eines Disjunktors oder eines Implikators ist, und nur Konjunktoren und Disjunktoren umfaßt,[2]

c. selbst Argument eines Äquivalentors ist, und nur Konjunktoren, Disjunktoren oder Implikatoren, aber keinen Junktor anderer Typen enthält.[3]

Beispiele:

i. [P.Q].R zu P.Q.R

ii. {[P.Q]v R}.R zu {P.Q v R}.R

iii. {[P.Q].R}v{[P v Q]v R} zu P.Q.R v P v Q v R

---

1 Siehe die Beispiele (i)-(iii). Über den Konjunktor und den Implikator siehe D1 bzw. D2 in 1.3.

2 Siehe Beispiel (iii).

3 Über den Äquivalentor siehe D3 in 1.3.

1.1.3.2 Punkte und Striche

".. A .." ist die Abkürzung für eine Proposition oder einen Propositionskomplex, wo "A" ein- oder mehrmals auftritt. Wenn alle "A" in ".. A .." durch "B" ersetzt werden, erhalten wir ".. B ..". ".. A .." kann auch wie "-- A --" geschrieben werden. Aber wenn ".. A .." und "-- A --" kontrastieren, sind sie nicht äquivalent.[1]

1.2 Formationsregeln

Die Symbole der Sprache S werden nach den Formationsregeln zusammengesetzt. Die Formationsregeln sind nicht für die Generierung der S-Ketten bestimmt; die S-Ketten entstehen schon wohlgeformt nach der Anwendung der Projektionsregeln, ohne sich nach den Formationsregeln zu richten. Aber die Lexikonregeln (siehe Kap.2), die die Beziehung zwischen der Sprache Y und der Sprache S herstellen, und bei dem Projektionsvorgang unentbehrlich sind, werden nach den Formationsregeln gebildet; ebenfalls dürfen die Definitionsregeln, die Deduktionsregeln, die Axiome und die Theoreme nicht von den Formationsregeln abweichen.

1.2.1 Formationsregeln für Prädikaten

Ein Prädikat kann auf folgende Weise gebildet werden:

i. aus einem Prädikator (der Prädikator wird mit "( )" eingeklammert).
ii. mit Hilfe eines Operators.[2]
iii. mit Hilfe eines Funktors (das Resultat wird wie (i) mit "( )" eingeklammert).[3]
iv. aus einer Prädikatenvariable.

1.2.2 Formationsregeln für Propositionen

Um Formationsregeln für Propositionen zu formulieren, muß zuerst die Methode der Typenbezeichnung erklärt werden, die ich von Carnap (1958:82,84) übernehme:

---

1 Siehe z.B. die Fälle (i)-(iv) bei D41 in 1.3.
2 Siehe Abschnitt 1.1.1.4.3 über den Asta-Operator.
3 Siehe D8-D12 und D38-D40 in 1.3.

Gegenstandsausdrücke sind vom Typus O.

Prädikatenausdrücke, die einen, zwei oder drei Ausdrücke vom Typus O als Argumente haben, sind vom Typus (O), (OO) bzw. (OOO).

Prädikatenausdrücke, die einen Ausdruck vom Typus (O), (OO) oder (OOO) als Argument haben, sind vom Typus ((O)),((OO)) bzw. ((OOO)).

Propositionen sind vom Typus S.

Junktoren sind vom Typus (S) oder (SS).

Funktoren- oder Operatorenausdrücke,[1] die aus einem Ausdruck vom Typus t_i oder aus zwei Ausdrücken vom Typus t_i und t_j einen neuen Ausdruck vom Typus t_k bildet, sind vom Typus $(t_i:t_k)$ bzw. $(t_i t_j:t_k)$.

Eine Proposition kann auf folgende Weise gebildet werden:[2]

i. aus einer Aussagenvariable.

ii. durch Verbindung eines Prädikats mit den erforderlichen Argumenten. Dabei gibt es folgende Bestimmungen:

a. Das Prädikat steht unmittelbar vor den Argumenten. Wie bei Bierwisch (1970) wird statt (1) die Schreibweise (2) gebraucht:

(1) F(x,y, ...)

(2) (F)xy ...

b. Die Anzahl und Typen der Arguments werden vom Prädikat bestimmt.

Beispiel 1: (zeugen)a_1a_2

"(zeugen)" ist ein Prädikator vom Typus (OO), also müssen die beiden Argumente, die hinter "(zeugen)" stehen, zum Typus O gehören.

Beispiel 2: (Leiter"Schiff)a_1

Der Funktor """ ist vom Typus ((OO)(O):(O));[3] d.h., mit seiner Hilfe kann aus einem Prädikator des Typus (OO) und einem Prädikator des Typus (O) ein Prädikat des Typus (O) gebildet werden.

---

1 Die Bezeichnungsweise für Funktoren und Operatoren ist hier etwas anders als bei Carnap.

2 Wenn von 'einer Proposition' gesprochen wird, ist es unwesentlich, ob sie einfach oder komplex ist. Vgl. Tarski (1944: 24) über 'recursive procedures'.

3 Siehe D12 in 1.3.

iii. durch Verbindung eines Quantorenausdrucks mit einer Proposition, die mindestens eine Variable enthält, die der Variable, die direkt hinter dem Quantor steht, isomorph ist. Beispiel: (∃x) (Mensch)x

iv. durch Negation einer Proposition.
Beispiel: ~(∃x) (Einhorn)x
~(∃x) ~(I)xx [1]

v. durch Verbindung zweier Propositionen durch einen Junktor.
Beispiel: (Mensch)a_1.(männlich)a_1

1.3 Definitionsregeln

Mit Hilfe einer Definitionsregel kann ein neues Symbol durch Zusammensetzung einiger schon vorhandener Symbole gebildet werden. Eine Definitionsregel hat die Form:

A =df <C> B

Lies: "A" ist eine Abkürzung für "B". Man nennt "A" das Definiendum, "B" das Definiens. Das Definiendum kann außer der neuen Konstante noch freie Variablen enthalten, die normalerweise auch frei im Definiens vorkommen.[2] Außerdem darf es rechts von "=df" keine freie Variable geben, die nicht auch im Definiendum vorkommt. Die im Definiens erscheinenden Konstanten müssen entweder Grundterme, oder schon vorher definierte Terme sein. Die Präsupposition "C", die die Voraussetzungen angibt, die beim Gebrauch des zu definierenden Ausdrucks erfüllt werden müssen, steht in den Klammern "< >".

Jede Definitionsregel wird mit einem "D" versehen, gleich dahinter steht die Numerierung der Regel; anschließend wird die Typusbezeichnung und eventuell die Eigenschaften des zu definierenden Ausdrucks eingeklammert angegeben. Z.B. hat der Prädikator ">" in 1.5.2.4.DV1 die folgenden Eigenschaften: i. ">" ist vom Typus (0)(0); ii. es gelten: (trans)> und (as)>. Anschließend kommt die eigentliche Definition und die Erklärungen.

---

1 Über den Prädikator "(I)" siehe D5 in 1.3.
2 Eine Variable, die im Definiendum vorkommt, muß nicht auch im Definiens vorhanden sein: die Definition für den All-Operator (D40) ist ein Beispiel dafür.

D1 (SS) Konjunktor

$P.Q \ =df \ \sim[\overline{P} \vee \overline{Q}]$

Lies: P und Q.

D2 (SS) Implikator

$P \supset Q \ =df \ \overline{P} \vee Q$

Lies: Wenn P, so Q.

D3 (SS) Äquivalentor

$P \equiv Q \ =df \ [\overline{P} \vee Q].[P \vee \overline{Q}]$

Lies: Entweder P und Q, oder $\overline{P}$ und $\overline{Q}$.

D4 (OS:S) Allquantor

$(\forall x)(F)x \ =df \ \sim(\exists x)\sim(F)x$

Lies: Für alle x gilt, (F)x.

D5 (OO...)[1]

$(I)xy \ =df \ (\forall f)(f)x \equiv (f)y$

Lies: x und y sind identisch.

D6 (OO...)[1]

$(J)xy \ =df \ \sim(I)xy$

Lies: x und y sind nicht identisch.

D7 ((O):(O))

$(\overline{F})x \ =df \ \sim(F)x$

D8 ((O)(O):(O))

$(F \vee G)x \ =df \ (F)x \vee (G)x$ [2]

D9 ((O)(O):(O))

$(F \,.\, G)x \ =df \ (F)x \,.\, (G)x$ [2]

D10 ((OO)(OO):(OO))

$(F/G)xy \ =df \ (\exists z)(F)xz.(G)zy$ [3]

Beispiel: Vorausgesetzte Prädikatoren sind

(zeugen)xy 'x zeugt y'

(Ehepartner)xy 'x ist Ehepartner von y'

Mit dem Funktor "/" kann das folgende Prädikat gebildet werden:

---

1 Die Anzahl der Argumente kann auch mehr als zwei sein.
Z.B. $\left\{\begin{matrix}I\\J\end{matrix}\right\}xyz \ =df \ \left\{\begin{matrix}I\\J\end{matrix}\right\}xy.\left\{\begin{matrix}I\\J\end{matrix}\right\}yz.\left\{\begin{matrix}I\\J\end{matrix}\right\}xz$
Weiteres siehe bei Carnap (1958:112) und Tarski (1966:67).

2 Diese Ausdrucksweise stammt von Carnap (1958:106-107). Obwohl die Funktoren "v" und "." die gleichen Formen wie die Junktoren "v" bzw. "." haben, sind sie wegen der verschiedenen Umgebungen unverwechselbar.

3 Siehe auch Carnap (1958:114-116).

(zeugen/Ehepartner)xy 'x ist Schwiegervater oder Schwiegermutter von y'

D11 ((OO):(OO))

$(F^{n})xy =df (F^{n-1}/F)xy$ [1]

Es wird vorausgesetzt, daß $F^{1} = F$.

Beispiel: $(zeugen^{2})xy$ 'x ist Großvater oder Großmutter von y'

D12 ((OO)(O):(O))

(F"G)x =df (∃y)(F)xy.(G)y [2]

Beispiel: Setzen wir den zweistelligen Prädikator "(Leiter)" und den einstelligen Prädikator "(Schiff)" voraus, dann können wir das einstellige Prädikat "(Leiter"Schiff)" bilden, das 'Schiffskapitän' bedeutet.

D13 ((OO))

(sym)F =df (∀x)(∀y)(F)xy ≡ (F)yx [3]

Lies: Die Relation F ist symmetrisch.

D14 ((OO))

(as)F =df (∀x)(∀y)(F)xy ≡ $(\bar{F})$yx

Lies: Die Relation F ist asymmetrisch.

D15 ((OO))

(mes)F =df [(∃x)(∃y)(F)xy ⊃ (F)yx].[(∃x)(∃y)(F)xy ⊃ $(\bar{F})$yx]

Lies: Die Relation F ist mesosymmetrisch.

D16 ((OO))

(trans)F =df (∀x)(∀y)(∀z)(F)xy.(F)yz ⊃ (F)xz

Lies: Die Relation F ist transitiv.

D17 ((OO))

(intr)F =df (∀x)(∀y)(∀z)(F)xy.(F)yz ⊃ $(\bar{F})$xz

Lies: Die Relation F ist intransitiv.

D18 ((OO))

(met)F =df [(∃x)(∃y)(∃z)(F)xy.(F)yz ⊃ (F)xz].
[(∃x)(∃y)(∃z)(F)xy.(F)yz ⊃ $(\bar{F})$xz]

Lies: Die Relation F ist mesotransitiv.

---

1 Siehe auch Carnap (1958:114-116).
2 Siehe auch Carnap (1958:127) und Bochenski/Menne (1962:82).
3 Näheres über die Prädikatoren "(sym)", "(trans)", "(refl)" usw. siehe Reichenbach (1947:118-119), Carnap (1958:120) und Bochenski/Menne (1962:90).

D19 ((oo))

$(refl)F =_{df} (\forall x)(F)xx$

Lies: Die Relation ist reflexiv.

D20 ((oo))

$(irr)F =_{df} (\forall x)(\overline{F})xx$

Lies: Die Relation F ist irreflexiv.

D21 ((oo))

$(mer)F =_{df} (\exists x)(\exists y)(F)xx.(\overline{F})yy$

D22 ((ooo))

$(sym12)F =_{df} (\forall x)(\forall y)(\forall z)\ (F)xyz \equiv (F)yxz$

Die Prädikatoren von D13 bis D21 haben nur zweistellige Prädikatoren als Argument. Für dreistellige Prädikatoren können wir analog zu D13 "(sym12)", "(sym23)" und "(sym13)" bilden (Die Definitionen finden sich in D22 bis D24). Auch mit den anderen Prädikatoren dieser Reihe kann man auf ähnliche Weise verfahren; die Definitionen von "(as12)", "(as 23)", "(as13)", "(mes12)", "(mes23)", "(mes13)", "(trans12)", "(trans23)", "(trans13)" usw. werden jedoch nicht mehr aufgeführt.

D23 ((ooo))

$(sym23)F =_{df} (\forall x)(\forall y)(\forall z)\ (F)xyz \equiv (F)xzy$

D24 ((ooo))

$(sym13)F =_{df} (\forall x)(\forall y)(\forall z)\ (F)xyz \equiv (F)zyx$

D25 ((oo))

(—<)F $=_{df}$ $(\forall x)(\forall y)(\forall z)\ (F)xz.(F)yz \supset (I)xy$

Z.B. hat der Relator "(Mutter)" diese Eigenschaft.

D26 ((oo))

(>—)F $=_{df}$ $(\forall x)(\forall y)(\forall z)\ (F)xy.(F)xz \supset (I)yz$

D27 ((oo))

(≍)F $=_{df}$ (—<)F.(>—)F

Beispiel: Der Relator "(Ehepartner)" hat diese Eigenschaft. "(—<)", "(>—)" und "(≍)" entsprechen "Un_1", "Un_2" bzw. "$Un_{1,2}$" bei Carnap (1958:75). Vgl. auch Reichenbach (1947: 117) über die 'one-many', 'many-one' und 'one-one functives'.

D28 (os:o) Iota-Operator [1]

---

1 Siehe Reichenbach (1947:258-261), Carnap (1958:142-143) und Bochenski/Menne (1962:66-67).

(G)(x)(F)x =df (x)[(Vy)(F)y = (I)xy](G)x

Lies: Das x, für das allein gilt: (F)x.

D29 ((00)0:0)

$I_{(F)'y}$ =df (ιx)(F)xy [1]

Lies: Der Gegenstand x, der in der Relation F zu dem Gegenstand y steht (wobei x im Vorbereich und y im Nachbereich von F stehen).

Es liegt nahe, statt "$I_{(F)'y}$" die Schreibweise "(F)'y" zu benutzen. Da dieser Ausdruck kein Prädikatenausdruck sein soll, halte ich die erste Ausdrucksweise für deutlicher und weniger irreführend, obwohl eine gewisse Redundanz vorhanden ist. Die Anzahl der Argumente kann auch drei sein; z.B. bei "$I_{(F)'yz}$" in D30. Analog zu D29 und D30 kann man auch D31-D33 bilden.

D30 ((000)0:0)

$I_{(F)'yz}$ =df (ιx)(F)xyz

D31 ((00)0:0)

$II_{(F)x'}$ =df (ιy)(F)xy

D32 ((000)0:0)

$II_{(F)x'z}$ =df (ιy)(F)xyz

D33 ((000)0:0)

$III_{(F)xy'}$ =df (ιz)(F)xyz

D34 (0)

a_{sp} =df <($\exists$y)> $I_{(sprechen)'y\bullet}$ [2]

Zur Definition des Ausdrucks "a_{sp}" ('Sprecher') wird der Prädikator "(sprechen)" vorausgesetzt. "(sprechen)xyz" bedeutet 'x spricht z zu y'. Dabei wird präsupponiert, daß y, der Angesprochene (oder die Angesprochenen) existiert. Mit "a_{sp}" kann das Pronomen <u>ich</u> definiert werden.

D35 (0)

a_{hr} =df <($\exists$x)> $II_{(sprechen)x'\bullet}$

---

1 Dieser Ausdruck entspricht dem Ausdruck "H'y" bei Carnap (1958 :145) und "R'y" bei Bochenski/Menne (1962:81). Auch bei Bierwisch (1970:46) ist die Symbolisierung ähnlich, mit dem Unterschied, daß "R'x" je nach Bedarf das erste oder das zweite Argument sein kann. Aber für die Ausdrücke in D31-D33 haben diese Autoren keine Vorschläge gemacht.

2 Über "$I_{(F)'yz}$" siehe D30. Über "$\bullet$" siehe 0.4.4.6. Vgl. auch 0.4.4.2, 0.4.4.3 und 1.1.1.1.2 über pragmatische Ausdrücke.

Lies: Der Angesprochene.

D36 (00)

(TEMP)xy =df <(Zeitraum)x> (IN)yx [1]

Lies: x ist die Zeit, wo der Sachverhalt y stattfindet (oder: y ist im Zeitraum x). Daß y ein Sachverhalt ist, gehört schon zur Präsupposition von "(IN)", und braucht nicht hier angegeben zu werden.

D37 (0)

a_{ts} =df <(∃x)(∃y)((sprechen)xye)*v>$I_{(TEMP)'v}$

D38 (OS:(0)) Def-Operator

((def y) .. y ..)x =df .. x .. (kennen)a_{hr}x [2]

Das Definiens kann so paraphrasiert werden: Für x, das der Hörer auch kennt,[3] gilt: .. x ..

Der Grund, warum die Definition nicht auch eine Präsupposition enthält, die auf folgende Weise paraphrasiert werden kann,

> x ist der einzige Gegenstand, den der Sprecher mit "x" bezeichnet

ist folgender: Man setzt schon in der Metatheorie der Sprache S voraus, daß durch einen Gegenstandsausdruck "x" ein einziger Gegenstand bezeichnet wird.

"((def y) ..y..)" ist der Identifikator von "x",[4] wobei "def" der Determinator, ".. y .." die Deskription ist.

Der komplexe Ausdruck "((def y) ..y..)" ist analog zu dem λ-Ausdruck gebildet.[5] Da in der Symbolik dieser Arbeit

---

1 Siehe 1.1.1.2.3 über "(IN)".

2 Den Namen "def" habe ich von Bellert (1969:40) übernommen. Weitere Modifizierungen siehe D41. Über "a_{sp}" und "a_{hr}" siehe D34 und D35.

3 Den Hörerbekanntheitsfaktor hat Kummer (1971:123-124) eingehend diskutiert; dabei führt er den 'Hörerbekanntheits-Operator' ein, der dem Def-Operator einigermaßen entspricht. Die Hörerbekanntheit setzt natürlich wieder voraus, daß der Eindruck von x irgendwann vor der Sprechzeit ins Bewußtsein des Hörers eingedrungen ist, und zur Zeit des Sprechens noch in seinem Bewußtsein existiert. Oft ist ein Einführungsprozeß notwendig. Vgl. auch Chafe (1970:187-188).

4 Siehe 0.4.3.1 und 0.4.3.2 über Identifikator.

5 Einzelheiten über den λ-Operator siehe bei Carnap (1958:129-134). Der λ-Operator hat den Zweck, aus einer oder mehreren Propositionen ein Prädikat zu bilden. Normalerweise ist er auf folgende Weise symbolisiert:

[(λy)[.. y ..]]x oder (λy)[.. y ..]x

das Prädikat mit "( )" eingeklammert wird, ist es wegen der Einheitlichkeit besser, nicht der üblichen Schreibweise des λ-Operators, sondern der Formationsregel in 1.2.1 zu folgen.

Da der Ausdruck "((def y)) .. y ..)" ein Prädikat ist, ist sein Operationsbereich unbeschränkt. Er braucht nur einmal aufzutreten, auch wenn das Symbol, das sein Argument ist, mehrere Male im Satz erscheint.

Wir brauchen den Def-Operator für die Repräsentation des bestimmten Artikels. Für diesen Zweck ist der Iota-Operator unbrauchbar:[1] Die pragmatischen Bedingungen werden in der Definition des Iota-Operators nicht berücksichtigt. Es genügt nicht, wie Bellert (1969:39-40) vorschlägt, "(ιx)(F)x" die folgende Interpretation zu geben:

> das x, das der Sprecher im Augenblick des Sprechaktes erwähnt, für das gilt: (F)x

Denn Interpretation und Definition sind schließlich nicht dasselbe; was zusätzlich in der Interpretation eingeschoben wird, muß auch in der Definition erscheinen. Es ist klar, daß der bestimmte Artikel kein rein logischer Ausdruck ist. Außerdem setzt die Definition für den Iota-Operator voraus, daß nur ein Objekt mit dem Operand beschrieben werden kann, was dem Gebrauch des bestimmten Artikels nicht entspricht. Im allgemeinen reicht der Operand für die exakte Bezeichnung nicht aus; er ist meist vieldeutig für den Hörer, wenn die extralinguistische Situation nicht oder ungenügend berücksichtigt wird.[2] Aber für den Sprecher wie für den Hörer ist dies eine Selbstverständlichkeit. Die Verwendung eines bestimmten Artikels verlangt ja vom Hörer, daß er außer dem Operand noch andere Mittel (z.B. Sprechsituation, Vorkenntnisse) gebrauchen soll, um den Referenten zu identifizieren.

---

1 Vgl. Kummer (1971:122-124).

2 Vgl. Searle (1969:84) über <u>the</u>: "I suggest that in its definite referring use it is a conventional device indicating the speaker's intention to refer to a single object, not an indication that the descriptor [der Ausdruck, der nach <u>the</u> steht] which follows is true of only one object." Vgl. auch die ähnliche Ansicht bei Linsky (1967:118-119): "for one to refer correctly to something as 'the such and such' it is not necessary that the thing referred to be the sole possessor of the 'property signified' by the phrase ..."

Es ist auch gerade der Vorzug des bestimmten Artikels, daß der Operand nicht sehr präzis sein muß. Quine (1951:146) glaubt, daß der tägliche Gebrauch des Iota-Operators oft elliptisch ist:

> We may say simply 'the yellow house' (i.e. '$(\iota x)(x \in$ yellow, $x \in$ house)') when what is to be understood is rather 'the yellow house in the third block of the Lee Street, Tulsa'.

Aber bei einer Ellipse kann man immer das Original finden. Was Quine für <u>the yellow house</u> vorschlägt, ist nicht das, was der Sprecher nicht ausgesprochen hat, sondern nur das, was er zur Rechtfertigung seiner Theorie ad hoc konstruiert. Bei Anwendung des bestimmten Artikels ist es nicht nötig, eine solche Ergänzung parat zu haben.

D39 (OS:(O))

$((\overline{\text{def}}\ y)\ ..y..\ )x \quad =\text{df} \quad ..x..\ (\overline{\text{kennen}})a_{hr}x$ [1]

Lies: Für x, das der Hörer noch nicht kennt, gilt: ..x..

In der Umgangsprache wird dieser Operator oft von der indefiniten NP impliziert; z.B. bei

> Er hat dort <u>zwei Häuser</u> gesehen
> Es gibt <u>einen Ort</u>, den ich schon lange besuchen wollte.

Eine Gegenstandskonstante, falls sie in der vorhandenen Sprechsituation noch nicht aufgetreten ist, oder falls sie nicht gerade aktuell ist,[2] muß zuerst durch einen $\overline{\text{Def}}$-Operator eingeführt werden. Z.B. in

> Es gibt <u>einen Ort</u>, <u>den</u> ich schon lange besuchen wollte. Vorgestern fand ich endlich Zeit, mit meinem Freund hinzufahren; und wir verbrachten <u>dort</u> ein schönes Wochenende.

D40 (OS:(O)) All-Operator

$((\text{All}\ y)\ ..y..\ )x.\ --x-- \quad =\text{df} \quad \langle(\exists y)\ ..y..\ \rangle.\ (\forall y)\ ..y.. \supset --y--$ [3]

Lies: Es wird präsupponiert, daß es mindestens ein y gibt,

---

1 Vgl. Bierwisch (1970:32)('spec-operator'), Bellert (1969:49) ('referential operator') und Reichenbach (1947:265)('eta-operator'). Zur weiteren Modifizierungen siehe D41.

2 Der Gebrauch des Def-Operators setzt nicht voraus, daß der Referent gerade erwähnt worden ist. Z.B. kann eine Frau, die beim Aufstehen ihren Mann fragt: "Gehst du heute ins Büro?", den Def-Operator ohne jegliche Kontexte benutzen.

3 Den Namen "All" habe ich von Bellert (1969:44) übernommen. Im Definiens könnten wir statt "y" auch "z" benutzen. Zur weiteren Modifizierungen siehe D41.

für das gilt: .. y .. . Für alle y, wenn es gilt: .. y .. , dann gilt auch: -- y -- .

Man bemerke, daß die Variable "x" des Definiendums nicht mehr im Definiens erscheint. Diese Maßnahme muß im Zusammenhang mit dem Generierungsmechanismus der Ausdrücke der Sprache Y, der im Kap.3 noch aufgeführt werden soll, erklärt werden. Dort gibt es eine Regel (E30 in 3.1.3), die fordert, daß jede NP einen det enthält, das dem Determinator der Sprache S entspricht. Sollte der Determinator ein All-Operator sein, so sähe die Projektion einer NP etwa so aus:

$((\text{All } y)\ ..y..\ )a_i$

Wir nehmen weiter an, daß der Satz <u>Alle Einwohner der Insel sind arm</u> die Projektionskette

$((\text{All } y)(E)y)a_1.(A)a_1$

hat, wobei E = Einwohner der Insel, A = arm. Nach der Definition für den All-Operator hat die Projektionskette die Bedeutung

$(\forall y)(E)y \supset (A)y$

und die Präsupposition

$(\exists y)(E)y.$

Es ist also gleichgültig, was für einen Index die Konstante hat. Die Konstante "a_1" entpuppt sich als eine Variable, und hat nur eine Platzhalterfunktion. Es ist natürlich unwesentlich, ob die Variable in der Projektion "x", "y", oder "z" ist. Wenn wir aber statt unserer Definition die folgende hätten,

$((\text{All } y)\ ..y..\ )x\ .\ --x--$

$=\text{df}\ \langle(\exists x)\ ..x..\ \rangle\ (\forall x)\ ..x..\ \supset\ --x--$

würde die Projektion unseres Beispiels so aussehen:

$(\forall a_1)\ (E)a_1 \supset (A)a_1$

Diese Kette ist zweifellos nicht wohlgeformt, weil hinter dem Allquantor nur eine Variable stehen darf.

Wir haben oben bei der Definition des All-Operators gesehen, daß im Definiens keine Konstante eingesetzt werden kann. Es ist naheliegend zu sagen, daß in unserem Beispiel "a_1" eine verkleidete Variable sei. Aber immer wenn man "a_1" benutzt, ist der Referent die Klasse der Objekte, die die Eigenschaft E haben; es handelt sich um alle Mitglieder

der Klasse. Ist es nicht ausreichend, "a_1" als eine Konstante zu betrachten? Es wird hier nicht versucht, eine endgültige Antwort herauszufinden, obwohl ich vermute, daß "a_1" in diesem Fall eine Konstante ist.

D41 [(dx) .. x ..] =df ((dy) .. y ..)x [1]

Durch diese Regel werden die Ausdrücke

((def y) .. y ..)x

(($\overline{\text{def}}$ y) .. y ..)x

((All y) .. y ..)x usw.

so umgeschrieben:

[(def x) .. x ..]

[($\overline{\text{def}}$ x) .. x ..]

[(All x) .. x ..]

Es gibt verschiedene Möglichkeiten, Determinatoren zu präsentieren. Vergleichen wir einmal die folgenden Schreibweisen:

i. F[(℩x)(.. x ..)].G[(℩x)(.. x ..).(℩x)(-- x --)]

ii. F(℩x)(.. x ..).G(℩x)(.. x ..)(℩x)(-- x --)

iii. (℩x)(.. x ..)=a_1.(℩x)(-- x --)=a_2.Fa_1.Ga_1a_2

iv. ((def x).. x ..)a_1.((def x)-- x --)a_2.(F)a_1.(G)a_1a_2

v. [(def a_1).. a_1 ..].[(def a_2)-- a_2 --].(F)a_1.(G)a_1a_2

Die Schreibweise (i) stammt von Reichenbach (1947:260), (ii) von Carnap (1958:143), (iii) ist eine Modifizierung von (ii). Die Komplexe "(℩x)(.. x ..)" und (℩x)(-- x --)" sind Ausdrücke des Typus O. In (iv) ist der Def-Operator ein Analogon des ℩-Operators. (v), das in dieser Arbeit benutzt wird, ist eine Modifizierung von (iv).

In (i) bis (iv) werden hinter dem Determinator Variablen benutzt. Ich habe absichtlich alle Variablen "x" genannt, um zu zeigen, daß sie beschränkte Operationsbereiche haben. In (i) zum Beispiel kann man die Variablen des zweiten Argumentes von "G" auch "y" nennen. Wir haben dann

F[(℩x)(.. x ..)].G[(℩x)(.. x ..),(℩y)(-- y --)]

---

1 Das Klammerpaar hat wahrscheinlich die Funktion eines Operators. Mir ist aber noch nicht ganz klar, welchen Typus es hat. "d" ist eine Determinatorenvariable. Über Determinatoren siehe 1.1.1.4.2.

In (i) und (ii) tritt der Komplex "(ɿx)(.. x ..)" zweimal auf; und sobald im Text oder in der Rede wieder der Gegenstand erwähnt wird, muß der Komplex wieder in der vollen Länge erscheinen. Die Umständlichkeit ist deutlich zu erkennen. (iii) und (iv) können solche Redundanz vermeiden. Aber für die Projektion und die Informationsregistrierung [1] sind sie wegen der mehrmaligen Substitutionen zwischen "x" und "a" viel zu umständlich. In (v) treten die Konstanten "a_1" und "a_2" anstelle von "x" auf. Die eckigen Klammern betonen den identifikatorischen Charakter der eingeklammerten Ausdrücke. Und weil die überflüssige Variable "x" nicht mehr vorhanden ist, und die Konstanten "a_1" und "a_2" direkt eingesetzt werden, wird die Anschaulichkeit erhöht und die Projektion erleichtert. Daß eine Konstante hinter dem Operator steht, ist zwar gegen den normalen Gebrauch; dennoch ist es keineswegs irreführend. Es handelt sich doch um einen einzigen Gegenstand, und dies entspricht der Definition für "Konstante". Es besteht kein Anlaß, daß man nicht statt "(def a_i)" schreiben sollte.

1.4 Deduktion

Ich habe den semantischen Apparat (d.i. die Sprache S) konstruiert, nicht nur um die Ausdrücke der Sprache Y leichter interpretieren zu können, sondern auch um die Möglichkeit der Feststellung der Äquivalenz- und Implikationsbeziehungen zwischen diesen Ausdrücken zu schaffen, die auch für die Selektion notwendig ist.[2]

Um zwei Y-Ketten zu vergleichen, projizieren wir sie zuerst auf die S-Ebene.[3] Die beiden entstandenen S-Ketten können noch nicht ohne weiteres verglichen werden; man modifiziert sie durch die Deduktionsregeln und Informationen aus den Axiomen, Definitionsregeln, Implikationsregeln und Theoremen,[4] um eine Vergleichsbasis zu schaffen. Aus dem Ergebnis des Vergleichs kann man

---

1 Über die beiden Prozesse siehe Kap.4 und Kap.5.
2 Siehe das Beispiel in 1.5.1.5.
3 Über die Projektion wird in Kap.4 noch gesprochen.
4 Über die Implikationsregeln und die dazu gehörigen Theoreme siehe 1.5.

dann Schlüsse über die ursprünglichen Y-Ketten ziehen. Die Schaffung der Sprache S hat den Vorteil, daß der Deduktionsvorgang sowie ein großer Teil der notwendigen Regeln nicht sprachspezifisch, sondern universal sind. Da die vorliegende Arbeit keine Arbeit über die Logistik ist, werde ich auf den Deduktionsvorgang und die dazu gehörigen Axiome und Deduktionsregeln nicht eingehen.

1.5 Implikation

Es gibt Beziehungen zwischen den Prädikatoren, die für die Selektion (siehe Kap.4) sehr wichtig sind, die aber in den Definitionsregeln nicht angegeben werden. Sie müssen besonders formuliert werden, und diese Angaben sind als Gesetze zu betrachten. Da sie von vornherein postuliert werden, könnten wir sie eigentlich "Axiome" nennen; ich tue es nicht, weil sie nicht rein logisch sind. Um sie leichter zu bezeichnen, nenne ich sie "Implikationsregeln". Wir haben zwei Typen von solchen Regeln, nämlich die Klassifikationsregeln (abgekürzt: K-Regeln), die die Klasseninklusionsbeziehung ausdrücken, und die V-Regeln,[1] die die 'Teil-von-Beziehung'[2] oder die 'inalienable inclusion'-Beziehung[3] ausdrücken. Wegen der Transitivität der beiden Beziehungsarten sowie ihrem hierarchischen Charakter (es gibt eine 'K-Hierarchie' und eine 'V-Hierarchie') können wir die K-Regeln und die V-Regeln unter den Begriff 'Implikationsregeln' zusammenfassen.

Es gibt mindestens zwei Gründe, die die Existenz der Implikationsregeln rechtfertigen:[4]

a. Grammatikalität. Die Grammatikalität oder Ungrammatikalität mancher Ketten können mit Hilfe der K-Regeln (siehe 1.5.1.5 und die Erläuterung zu P23 in 4.1.3) oder der V-Regeln (siehe 1.5.2.1) erklärt werden.

b. Ökonomie. Man könnte zwar die K-Beziehungen oder die V-Beziehungen durch die Lexikonregeln ausdrücken; aber viel ökonomischer ist die Anwendung der Implikationsregeln (über die Vor-

---

1 Zum Namen "V" siehe 1.5.2.4.
2 Bezeichnung von Bierwisch 1965.
3 Bezeichnung von Bever/Rosenbaum 1970.
4 Siehe Katz (1967:165) und Bierwisch (1965:53 und 1969:169).

teile der K-Regeln siehe 1.5.1.4 und 1.5.1.6; über die Vorteile der V-Regeln siehe 1.5.2.2.3.a).

c. Explizitheit des semantischen Systems. Durch die K- und V-Regeln kann man die K- bzw. V-Hierarchie ganz leicht rekonstruieren (siehe 1.5.1.6 und 1.5.2.4).

1.5.1 Klassifikation

1.5.1.1 Notwendigkeit der K-Regeln

Ich werde in Kap.3 zeigen, wie eine Y-Kette generiert wird. In Kap.4 zeige ich dann, wie die generierte Y-Kette mit Hilfe der Lexikonregeln auf eine S-Kette projiziert wird. Aber in den Lexikonregeln (siehe Kap.2) wird die Menge der Prädikatoren, die im Definiens stehen, auf ein unentbehrliches Minimum reduziert, um Redundanz zu vermeiden. Beispielsweise steht im Definiens des Lexems Pflanze der Prädikator "(Pflanze)", aber nicht der Prädikator "(organisch)", obwohl jede Pflanze auch organisch sein muß. Diesen Prädikator brauchen wir aber für die Selektion und die Interpretation, deswegen ist eine Regel notwendig, die die Implikationsbeziehung zwischen "(Pflanze)" und "(organisch)" spezifiziert; ich nenne solche Regeln "K-Regeln".[1] Durch eine Redundanzregel (siehe 1.5.1.4) wird diese K-Regel auf "(Pflanze)x" in der S-Kette angewendet, wodurch die S-Kette um die Proposition "(organisch)x" erweitert wird. Im Beispiel von 1.5.1.6 wird gezeigt, wie die Menge der erforderlichen Prädikatoren in einer Lexikonregel radikal reduziert werden kann.

1.5.1.2 Negative Prädikatoren

Bevor die K-Regeln formuliert werden, müssen wir die Charakteristik der negativen Prädikatoren näher betrachten. Bierwisch (1969:166) stellt zwei mögliche Interpretationsweisen der negativen Merkmals "(Nicht-Mensch)" zur Diskussion:

i. Wenn ein Element das Merkmal "(Nicht-Mensch)" hat, hat es auch das Merkmal "(lebendig)".

---

1 Sie werden von den Transformationalisten "semantische Redundanzregeln" genannt.

ii. Das Element mit "(Nicht-Mensch)" kann "(lebendig)" haben
oder nicht haben.

Er ist der Ansicht, daß die zweite Interpretation eliminiert werden könne. Aber dies muß mit Einschränkung getan werden, wie auch Bierwisch es tut. Er unterscheidet zwei Arten von K-Verzweigungen:[1]

a. wo das Paar nach der An- und Abwesenheit einer Eigenschaft gebildet wird, z.B. (Mensch) : (Nicht-Mensch);
b. wo keine einfache Negation festgestellt werden kann, z.B. (männlich) : (weiblich).

Beim Typ b ist es unmöglich zu entscheiden, welches Element positiv, und welches negativ sein soll. Die Entscheidung kann nur willkürlich getroffen werden, daher sind Bezeichnungen wie "(Nicht-männlich)", "(Nicht-weiblich)" usw. nicht zu empfehlen. Negative Prädikatoren sind nur für Typ a sinnvoll. Statt "(Nicht -)" zu sagen, benutze ich den Ausdruck "(N-)", z.B. (erwachsen) : (N-erwachsen). Ich akzeptiere Bierwischs Vorschlag, Wörter wie *Haus*, *Stein* usw. nicht mit "(N-Mensch)" zu spezifizieren; ich möchte aber die Möglichkeit nicht ausschließen, diese Wörter mit "($\overline{\text{Mensch}}$)" zu charakterisieren, wobei "($\overline{\text{Mensch}}$)x" nichts anderes als "~(Mensch)x" heißt. Ausdrücke wie *der Stein ist kein Mensch* sind durchaus normal.

Obwohl die Anwendung der negativen Prädikatoren die Anzahl der Prädikatoren sowohl im Symbolinventar als auch in den Lexikonregeln verringern kann, ist sie mnemotechnisch nicht befriedigend. Nehmen wir z.B. die folgende K-Hierarchie an:

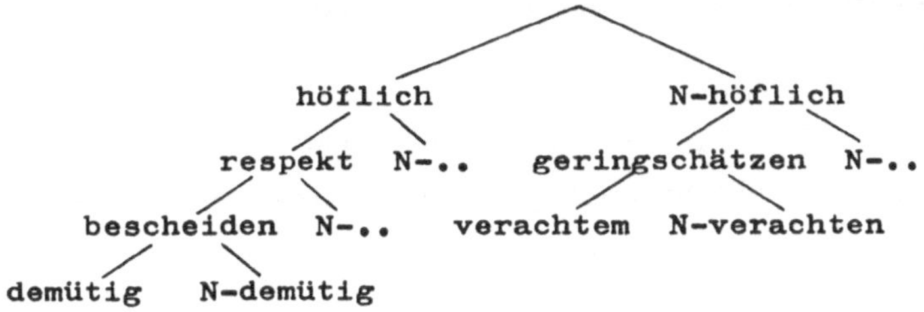

1 Rescher (1964:48): "A division [d.h. K-Verzweigung] of a term divides or partitions the entire extention of this term into two or more distinct compartments (or categories) according to a definite principle." (S.49): "A classification is a connected series of (one or more) consecutive divisions."

Bei "(N-demütig)xy" kommt man nicht auf den Gedanken, daß x sich bescheiden gegenüber y verhält, und bei "(N-verachten)xy" kommt man nicht auf die Idee, daß x unhöflich zu y ist, wenn man diese K-Hierarchie nicht genau kennt. Die Bezeichnungen mit "N-" sind irreführend. Vielleicht ist die Anzahl der Lexeme, die negative Prädikatoren in ihrem Definiens haben, relativ gering. Die Frage, ob man die scheinbar größere Ökonomie auf Kosten der besseren Verständlichkeit unbedingt erzielen soll, muß offen bleiben, bevor man mehr empirische Untersuchungen durchgeführt hat.

1.5.1.3 Form der K-Regeln

Nehmen wir an, daß wir die K-Verzweigung (G1) haben.

(G1)

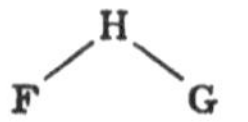

Danach können wir die folgende Aussagen bilden:

(i) $(F)x \supset (H)x$

(ii) $(G)x \supset (H)x$

(iii) $(\overline{\exists x})\ (F)x.(G)x$

Statt (i) und (ii) kann man

$(F) \subset (H)$

$(G) \subset (H)$

schreiben. Wir haben die folgende Definition:

<u>DK1</u> ((O...)(O...)) (trans)

$(F) \subset (H) \quad =df \quad (\forall x)\ (F)x \supset (H)x$ [1]

(i), (ii) und (iii) können auch in einer Aussage zusammengefaßt werden:

$(F) \succ\!\prec (G) \subset (H)$

Dafür haben wir die folgende Definition:

<u>DK2</u> $(F) \succ\!\prec (G) \subset (H) \quad =df \quad (F) \subset (H) \,.\, (G) \subset (H) \,.\, (\overline{\exists x})(F)x.(G)x$ [2]

Den Prädikator "(H)", der rechts von "⊂" steht, nenne ich "Implikat"; die links von "⊂" stehenden Prädikatoren "(F)" und "(G)"

---

1 Dies entspricht etwa dem Gebrauch der Klassenlogik. Wenn "F" und "H" zweistellig sind, ist die Definition sinngemäß zu
$(F) \subset (H) \quad =df \quad (\forall x)(\forall y)\ (F)xy \supset (H)xy$
abzuändern.

2 "$(\overline{\exists x})\ (F)x.(G)x$" heißt: "(F)" und "(G)" sind unverträglich. Über den Begriff 'Unverträglichkeit' ('Incompatibility') siehe Lyons (1963:59-63).

nenne ich "Implikans". "(F)" und "(G)" sind 'Ko-Implikans'.

K-Verzweigungen vom Typ a in 1.5.1.2

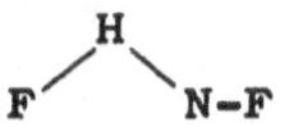

werden derart dargestellt:

$\pm(F) \subset (H)$

und auf folgende Weise definiert:

<u>DK3</u> $\pm(F) \subset (H) \quad =_{df} \quad (F) \succ\!\prec (N\text{-}F) \subset (H)$

Außer den Formen in DK1, DK2 und DK3 gibt es auch K-Regeln, die nicht "⊂", sondern "⊃", enthalten. Sie werden in 1.5.1.8 beschrieben.

1.5.1.4 Redundanzregel

Die Anwendungsweise der K-Regeln muß noch durch eine Regel festgelegt werden; ich nenne diese Regel "Redundanzregel".[1] Sie gehört eigentlich zu den Projektionsregeln, die in Kap.4 noch näher beschrieben werden; um aber die Funktion der K-Regeln zu zeigen, wird die Redundanzregel hier vorweggenommen. Die Redundanzregel lautet:

> Alle Prädikatoren der S-Kette werden mit den K-Regeln der Reihenfolge nach verglichen.[2] Sobald man eine K-Regel findet, deren Implikans mit dem zu vergleichenden Prädikator P (wenn er ein negativer Prädikator ist, wird das Präfix "N-" nicht mitberücksichtigt) isomorph ist, erhält die S-Kette hinter der Proposition, die P enthält, zusätzlich eine Proposition, die vom Implikat der K-Regel und den gleichen Argumenten gebildet ist. Wenn die K-Regel zwei Implikantia hat, d.h. die Form
>
> $(F) \succ\!\prec (G) \subset (H)$
>
> und nicht die Form
>
> $\pm(F) \subset (H)$
>
> hat, erhält die Kette noch eine Proposition, die vom negierten Ko-Implikans[3] des mit P isomorphen Implikans und den gleichen

1 Es muß beachtet werden, daß dieser Terminus sich von der gleichlautenden Bezeichnung, die unserer "K-Regel" entspricht, unterscheidet.

2 Über die Anordnung der K-Regeln siehe 1.5.1.6.

3 Der Zweck der Angabe des negierten Prädikators wird in 1.5.1.5 erklärt.

Argumenten gebildet sind.[1] Der gerade entstandene Prädikator, sofern er nicht negiert ist, wird mit den weiteren K-Regeln verglichen und eventuell auf dieselbe Weise erweitert, bis alle K-Regeln durchgelaufen sind.

Diese Redundanzregel kann erneut auf die folgenden Prädikatoren in der S-Kette angewandt werden. Vielleicht ist die Formulierung oben nicht ohne weiteres verständlich; sie wird durch das folgende Beispiel veranschaulicht:

Es gibt die folgende K-Regeln:

(männliches Wesen) $\succ\!\prec$ (weibliches Wesen) $\subset$ (Tier)

(Pflanze) $\succ\!\prec$ (Tier) $\subset$ (Lebewesen)

und wir haben die S-Kette

... (männliches Wesen)x ...

Nach der Anwendung der ersten K-Regel haben wir

... (männliches Wesen)x.($\overline{\text{weibliches Wesen}}$)x.(Tier)x ...

Nach der Anwendung der anderen K-Regel haben wir

... (männliches Wesen)x.($\overline{\text{weibliches Wesen}}$)x.(Tier)x.
($\overline{\text{Pflanze}}$)x.(Lebewesen)x ...

In 8.2 wird über eine Aussageform

(U:F)x

gesprochen, mit deren Hilfe sowohl die Zähleinheit (U) als auch die Kategorie des bezeichneten Gegenstands (F) spezifiziert werden können. Z.B. kann <u>a_1 ist Teil eines Baums</u> durch

(Teil:Baum)a_1 [2]

repräsentiert werden. Nehmen wir jetzt an, es gilt die folgende K-Regel:

(Baum) $\subset$ (Pflanze)

Aus dieser Regel und der Aussage "(Teil:Baum)a_1" kann man "(Baum)a_1", sondern "(Teil:Baum)a_1" ableiten; d.h., der Teil eines Baums ist keine Pflanze, sondern Teil einer Pflanze. Wir brauchen eine Regel, die diese Ableitung ermöglicht. Diese Regel lautet:

Wenn gilt: (H:F)x . (F) $\subset$ (G)
dann gilt: (H:G)x

---

1 Fall 1: (F)x ⇒ (F)x.($\overline{\text{G}}$)x.(H)x [Regel: (F) $\succ\!\prec$ (G) $\subset$ (H)]
Fall 2: (F)x ⇒ (F)x.(H)x [Regel: ±(F) $\subset$ (H)]
Fall 3: (N-F)x ⇒ (N-F)x.(H)x [Regel: ±(F) $\subset$ (H)]

2 Siehe die Erläuterung zu P17 in 4.1.3 über die Herkunft einer solchen Aussage.

Diese Regel kann gleich in die Redundanzregel eingegliedert werden. In unserem Beispiel wird die S-Kette "(Teil:Baum)a_1" durch die Anwendung der Redundanzregel und der K-Regeln zuerst in "(Teil:Baum)a_1.(Teil:Pflanze)a_1", und dann in "(Teil:Baum)a_1.(Teil:Pflanze)a_1.(Teil:Lebewesen)a_1" erweitert.

1.5.1.5 Begründung der Angabe von negierten Prädikatoren

Wir werden bei der Erläuterung zu P26 in 4.1.3 sehen, daß nur die Widerspruchsfreiheit die Bedingung der Selektion ist. So ist der Satz

My neighbor is the father of two

möglich, obwohl in der Projektionskette von <u>my neighbor</u> der Prädikator "(männlich)" nicht vorhanden ist. Aber wodurch werden die Sätze

* My buxom neighbor is the father of two

* My sister is the father of two

ausgeschlossen? Woher weiß man, daß die Prädikatoren "(männlich)" und "(weiblich)" kontradikatoisch sind? Um Platz zu sparen, möchte ich hier nicht die verschiedenen Lösungsmöglichkeiten diskutieren, die bisher vorgeschlagen wurden, oder noch ausgedacht werden könnten. Statt dessen biete ich folgende Lösung an: Lassen wir die folgende Hierarchie gelten:

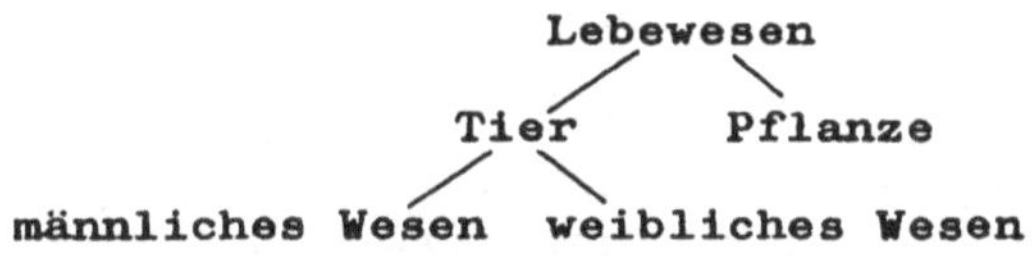

und bilden danach die Regeln:

(männliches Wesen) $\succ\!\prec$ (weibliches Wesen) $\subset$ (Tier)

(Tier) $\succ\!\prec$ (Pflanze) $\subset$ (Lebewesen)

Die Projektionen von <u>my buxom neighbor</u> und <u>my sister</u> enthalten den Prädikator "(weibliches Wesen)", der den Prädikator "$\overline{\text{(männliches Wesen)}}$" impliziert; die NP <u>father of two</u> setzt aber "(männliches Wesen)" voraus, deswegen sind die Sätze

* My buxom neighbor is the father of two

* My sister is the father of two

nicht zulässig.

1.5.1.6 Anordnung der K-Regeln

Die K-Regeln brauchen nicht geordnet zu sein. Aber um den Gebrauch der Regeln zu erleichtern, kann man sie so anordnen, daß für jeden Prädikator die K-Regeln nur einmal durchlaufen zu werden brauchen. Wir haben zunächst nur ein Prinzip: Der im Baum am weitesten links stehende Prädikator soll zuerst erweitert werden. Für den Baum

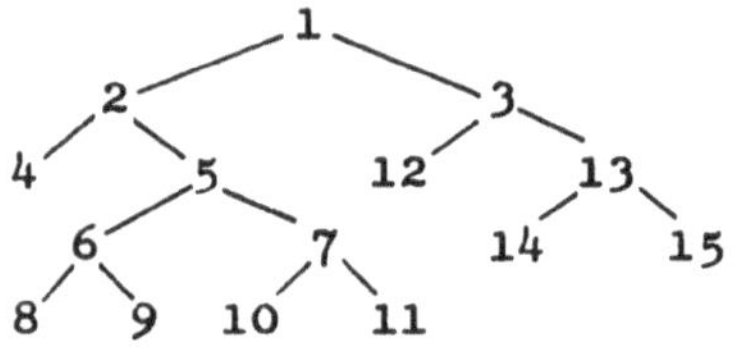

haben wir dann K-Regeln in dieser Reihenfolge:

$(2) \succ\!\prec (3) \subset (1)$
$(4) \succ\!\prec (5) \subset (2)$
$(6) \succ\!\prec (7) \subset (5)$
$(8) \succ\!\prec (9) \subset (6)$
$(10) \succ\!\prec (11) \subset (7)$
$(12) \succ\!\prec (13) \subset (3)$
$(14) \succ\!\prec (15) \subset (13)$

Wir stellen die Regeln um, und haben dann

(i) $(14) \succ\!\prec (15) \subset (13)$
(ii) $(12) \succ\!\prec (13) \subset (3)$
(iii) $(10) \succ\!\prec (11) \subset (7)$
(iv) $(8) \succ\!\prec (9) \subset (6)$
(v) $(6) \succ\!\prec (7) \subset (5)$
(vi) $(4) \succ\!\prec (5) \subset (2)$
(vii) $(2) \succ\!\prec (3) \subset (1)$

Das ist die Reihenfolge, die wir brauchen. Nehmen wir jetzt an, daß es die Aussage "(10)x" in einer S-Kette gibt. Nach der Regel (iii), (v), (vi) und (vii) haben wir die Kette

$(10)x.(\overline{11})x.(7)x.(\overline{6})x.(5)x.(\overline{4})x.(2)x.(\overline{3})x.(1)x$

Bei der Erweiterung brauchen wir die K-Regeln nur einmal zu durchlaufen.

1.5.1.7 Eine besondere K-Regel

Es gibt Lexeme (z.B. <u>wahr</u>, <u>möglich</u>), deren Argumente Sachverhalte bezeichnen müssen. Z.B.

Es ist möglich, daß er nicht mehr lebt
Ich hoffe, daß du bald gesund wirst

Der Präsuppositionsteil der Lexikonregel solcher Lexeme muß den Prädikator "(Sachverhalt)" enthalten, etwa wie

$$\text{möglich} + x_1 \quad =: \langle .. \ (\text{Sachverhalt})x_1 \ .. \rangle ..$$
$$\text{hoffen} + x_1 + x_2 \quad =: \langle .. \ (\text{Sachverhalt})x_2 \ .. \rangle ..$$ [1]

Diese Angabe fordert, daß das entsprechende Argument einen Sachverhalt bezeichnen soll. Dies ist ein Teil des Selektionsvorgangs, den wir in Kap.4 noch eingehend beschreiben werden.[2] Aber in der S-Kette wird unser Argument nur von einem Prädikator mit dem Asta-Operator spezifiziert,[3] z.B.

$$((\overline{\text{lebendig}})a_2)*a_1$$

Der Prädikator "(Sachverhalt)" muß noch mit "a_1" kombiniert werden. Dies wird durch die K-Regel

$$(...)* \quad (\text{Sachverhalt})$$

ermöglicht. Durch Anwendung der Redundanzregel, die wir im Abschnitt 1.5.1.4 beschrieben haben, wird die S-Kette so erweitert:

$$((\overline{\text{lebendig}})a_2)*a_1.(\text{Sachverhalt})a_1$$

Diese Kette entspricht der Präsupposition von <u>möglich</u>. Bei dem Lexem <u>atmen</u> besteht diese S-Kette den Selektionstest nicht mehr, weil im Präsuppositionsteil seines Lexikoneintrages die Aussage "(Lebewesen)x_1" vorhanden ist, aus der die Aussage "$(\overline{\text{Sachverhalt}})x_1$" unter Anwendung der Redundanzregel entsteht, die mit "(Sachverhalt)a_1" im Widerspruch steht.

1.5.1.8 Quantitätstypen und K-Regeln

In 8.1.2 wird über die Notwendigkeit der Angabe der Quantitätstypen als Präsuppositionen in den Definitionen der graduierbaren Prädikatoren gesprochen. Z.B. haben wir die folgende Definition für "(+breit)",

$$(+\text{breit})xy \quad =df \quad \langle (\text{Q-Länge})y \ .. \rangle \ ..$$

wobei y ein Quantum bezeichnen soll. Nehmen wir an, wir haben die Aussage

$$(+\text{breit})a_1a_2$$

(Lies: a_1 hat die Breite a_2). Nehmen wir ferner an, daß a_1 auf folgende Weise spezifiziert wird:

$$(\text{I})a_2Q_4\text{"Meter}$$

---

1 Über die Lexikonregel siehe Kap.2.
2 Um diesen Abschnitt leichter zu verstehen, ist es zu empfehlen, zuerst Kap.4 zu lesen.
3 Über den Asta-Operator siehe 1.1.1.4.3.

Aus dieser Aussage wissen wir, daß a_2 eine Länge ist:[1]

(Q-Länge)a_2

und der Präsupposition der Definition von "(+breit)" entspricht; dabei spielt "Meter" die entscheidene Rolle. Dieser Sachverhalt wird durch die folgende K-Regel beschrieben:

$(I)xQ_{z\text{"Meter}} \supset (Q\text{-Länge})x$

Wenn "x" durch "a_2" und "z" durch "4" ersetzt werden, entsteht

$(I)a_2Q_{4\text{"Meter}} \supset (Q\text{-Länge})a_2$;

und weil "$(I)a_2Q_{4\text{"Meter}}$" behauptet werden kann, kann auch "(Q-Länge)a_2" behauptet werden.[2] Auf ähnliche Weise haben wir die K-Regeln

$(I)xQ_{z\text{"Zentimeter}} \supset (Q\text{-Länge})x$

$(I)xQ_{z\text{"Pfund}} \supset (Q\text{-Gewicht})x$

$(I)xQ_{z\text{"Minute}} \supset (Q\text{-Zeit})x$

usw. Wie sie aber systematisiert werden sollten, darauf möchte ich hier nicht eingehen.

1.5.2 Teil-von-Relation

1.5.2.1 Notwendigkeit der Teil-von-Relation

Bierwisch (1965 : 29) bemerkt, daß Sätze wie (1)a und (2)a syntaktisch sowie semantisch normal sind, während (1)b und (2)b syntaktisch normal, aber semantisch abweichend sind.[3]

(1)a Der Präsident hat einen verletzten Arm

b * Der verletzte Arm hat einen Präsidenten

(2)a Die Hand hat vier Finger

b * Vier Finger haben eine Hand

Er gibt die folgende Erklärung: In (1)b und (2)b seien gewisse Selektionsbeschränkungen verletzt worden. Daraufhin stellt er den Begriff der 'Teil-von-Hierarchie' vor, womit unsere Beispiele erklärt werden können: "Falls ein Satz die Teil-von-Variante von haben enthält, dann müssen die beiden Substantive auch zu den passenden Klassen gehören ..."[4] nämlich, sie stehen in einer Teil-von-Relation, wobei das erste Substantiv das zweite domi-

---

1 Vgl. die Erläuterung zu P7 in 4.1.3.
2 Siehe auch P7.
3 Vgl. hierzu auch Bever/Rosenbaum (1970 : 7).
4 Zitiert von Bierwisch (1965 : 38).

niert. Die 'Teil-von-Relation', 'Teil-von-Hierarchie', 'Teil-von-Paar' usw. nenne ich in dieser Arbeit "V-Relation", "V-Hierarchie", "V-Paar". Die Motivierung für diese Bezeichnungsweise findet sich in 1.5.2.4.

1.5.2.2 Zwei Darstellungsmethoden

1.5.2.2.1 Die Numerierungsmethode [1]

Bierwisch zeichnet den Baum (G1) als Beispiel auf, der dem durchnumerierten Baum (G2) entspricht.

(G1)

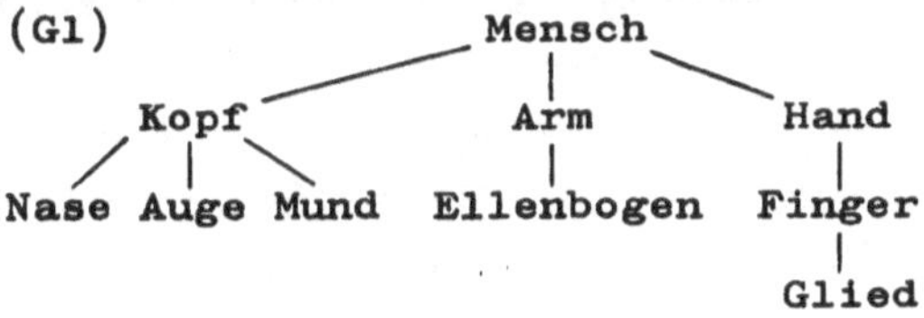

(G2)

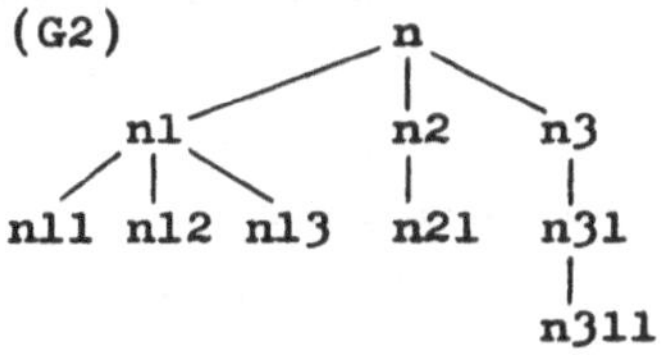

Wenn ein Substantiv in irgendeinem Baum der V-Relation auftritt, bekommt es eine Nummer. Wenn man nun A hat B sagt (z.B. Der Arm hat einen Ellenbogen), müssen die folgende Bedingungen erfüllt werden:

i. Die Nummer von A muß kürzer als die Nummer von B sein.

ii. Die Nummer von A deckt sich völlig mit dem Vorderteil der Nummer von B.

Beispielsweise könnte A die Nummer n3, und B die Nummer n311 haben. Wie Bierwisch auch bemerkt hat, hat diese Methode den Nachteil, daß bei Konvergenz dieser Beziehung (z.B. bei (G3)) ein Element mehrere Nummern zugleich haben muß; dadurch kommt es zu einem Anschwellen des Lexikons.[2]

(G3)

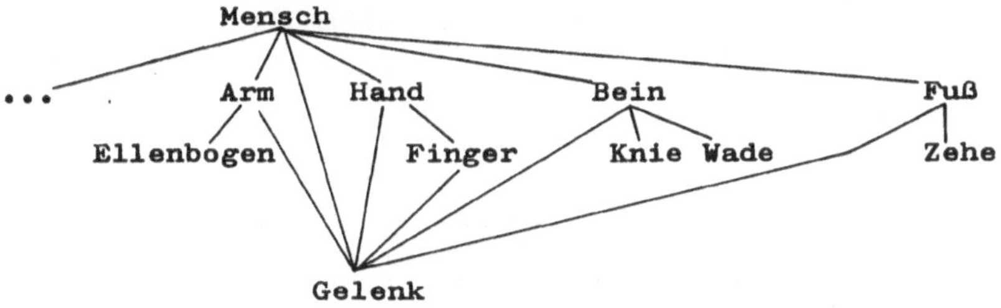

1 Siehe Bierwisch (1965:39-48).
2 Ebenda, S.48-51 und S.54.

1.5.2.2.2 Der Vorschlag von Bierwisch

Bierwisch stellt eine Alternative vor, die ich hier nur kurz durch ein Beispiel erläutere.[1] Nehmen wir an, wir haben zwei lexikalische Einheiten: L_1 und L_2. L_1 hat das semantische Merkmal (Nase), L_2 hat das Merkmal (Kopf). Weiter besteht die V-Relation zwischen den Merkmalen (Mensch) und (Kopf), und zwischen (Kopf) und (Nase). Diese Sachverhalte werden in den Lexikonregeln derart dargestellt:

L_1 [(Nase), Pars(Kopf),[2]...]
L_2 [(Kopf), Pars(Mensch), ...]

Es gibt außerdem eine rekursive Redundanzregel,[3] die es erlaubt, den Merkmalskomplex von L_1 durch die erwähnte Spezifizierung in der Lexikonregel von L_2 zu erweitern, bevor L_1 in einen syntaktischen Stammbaum eingebettet wird.[4] Das Ergebnis ist folgendes:

L_1 [(Nase), Pars(Mensch), Pars(Kopf), ...]

Und wenn es noch ein L_3 mit dem folgenden Eintrag gäbe,

L_3 [(Mensch), Pars(Z), ...]

würde L_1 wieder durch die Redundanzregel erweitert:

L_1 [(Nase), Pars(Z), Pars(Mensch), Pars(Kopf), ...]

Der Vorgang wiederholt sich, bis keine Erweiterung mehr möglich ist.

1.5.2.2.3 Kritik am Bierwischschen Vorschlag

a. Bierwisch vermutet, daß die Argumente der V-Relation semantische Merkmale seien. Aber es ist möglich, daß mehrere Lexeme das gleiche Merkmal haben, z.B. haben wir:

Daumen	:	[(Finger), Pars(Hand), ...]
Zeigefinger	:	[(Finger), Pars(Hand), ...]
Mittelfinger	:	[(Finger), Pars(Hand), ...]

Das Merkmal (Pars(Hand)) tritt mehrere Male auf; man sieht, wie unökonomisch es ist, eine solche Spezifikation in den Lexikon-

---

1 Zur genaueren Charakterisierung der Methode siehe ebenda, S.54-63, 69-71. Wir haben hier nur einen Teilaspekt davon aufgegriffen, um zu zeigen, daß diese Methode noch nicht befriedigend ist.
2 Lies: Teil eines Kopfes.
3 Siehe ebenda, S.57.
4 Siehe ebenda, S.69.

regeln anzugeben. Übrigens sind die Lexikonregeln, die solche Angaben enthalten, nicht dicht nacheinander gruppiert, was die Anwendung der Redundanzregel erheblich erschwert.

b. Bierwisch deutet an, daß die K- und V-Hierarchie miteinander verflochten seien. Er behauptet:[1]

> Wenn die Elemente von M [2] zugleich semantische Merkmale sind, die mindestens teilweise ihrerseits durch entsprechende Redundanzregeln [3] in die lexikalischen Einheiten eingeführt werden können, dann verlangt das eine Ordnung für die Anwendung der Redundanzkonventionen ...

Er hat nicht näher spezifiziert, wie diese Ordnung aussehen soll. Nehmen wir an, wir hätten die Merkmale (Y) und (X), die in der V-Relation stehen; ferner hätten wir ein Lexem L, das das semantische Merkmal (Z) enthielte. Es gäbe die Klasseninklusionsregel

Z ⟶ X [4],

die jedes (Z) mit (X) erweiterte. Wir wollen jetzt den Merkmalskomplex von L mit dem Merkmal (Pars(Y)) erweitern. Der Entwicklungsgang ist folgender:

L [... , (Z), ...]
L [... , (Z), (X), ...]

Die Merkmalsfolge [... , (X), Pars(Y), ...] steht nicht in den Lexikonregeln, deswegen können wir nicht von (X) durch die Anwendung der Redundanzregel zu (Y) gelangen, um

L [... , (Z), (X), Pars(Y), ...]

zu bilden, oder die Klasseninklusionsregel müßte so aussehen:

Z ⟶ X, Pars(Y)

die natürlich nicht der Absicht von Bierwisch entspricht.

c. Bei Bierwisch müssen die Spezifizierungen über die V-Relation in den lexikalischen Einheiten zuerst durch Redundanzregeln erweitert werden, bevor sie eingebettet werden, und erst dann kommt die Selektion, bei der solche Informationen notwendig sein könnten. Es gibt einige Argumente gegen dieses Verfahren:

(i) die V-Merkmale der Substantive haben nur selektionale Funktion, und zwar auch nur bei bestimmten Prädikaten. Im Satz

Ich sehe den Finger

---

1 Ebenda, S.66.
2 M ist die Menge der Elemente, die Argumente der V-Relation sein können.
3 Das sind unsere K-Regeln.
4 Vgl. ebenda, S.53.

haben die V-Merkmale von Finger, nämlich (Pars(Mensch)) und (Pars(Hand)), keinen Einfluß auf die Selektion. Sie sind für die semantische Interpretation auch überflüssig.
(ii) Die Erweiterung hat nur einen Sinn, wenn die V-Merkmale selektional gebraucht werden, sonst wäre die ganze Arbeit umsonst. Dagegen sind die durch die Klasseninklusionsregeln erweiterten Merkmale sowohl für die Selektion als auch für die semantische Interpretation notwendig. Man kann sich überlegen, ob man die V-Merkmale immer erweitern soll, oder nur dann, wenn bestimmte Prädikate (z.B. haben) verwendet werden.

d. Im Gegensatz zu der Hierarchie der Klasseninklusion wäre die V-Hierarchie nur durch mühsames Nachsuchen bei den Lexikonregeln zu ersehen; die Übersichtlichkeit läßt viel zu wünschen übrig.

Angesichts der erwähnten Mängel bin ich zu der Überzeugung gelangt, daß eine Änderung der Darstellungsmethode der V-Hierarchie notwendig ist.

1.5.2.3 Eine neue Methode zur Darstellung der V-Hierarchie

Schon wegen der Ökonomie [1] und der Forderung nach Klarheit über das semantische System,[2] wovon am Anfang von 1.5 die Rede war, müssen wir analog zu der K-Hierarchie für die Darstellung der V-Hierarchie ein kompaktes System von V-Regeln bilden, die allerdings nicht, wie die K-Regeln, dazu dienen, die S-Kette zu erweitern,[3] sondern nur im Bedarfsfall als Informationsquelle für die Deduktionen fungieren, die die Widerspruchsfreiheit der kombinierten Elemente kontrollieren.[4]

Über die Form der V-Regeln werde ich in 1.5.2.4 sprechen. Einige Theoreme im Zusammenhang mit der Verflechtung der K- und V-Hierarchie werden in 1.5.2.5 angegeben. In 1.5.2.6 wird die Anwendung dieser Regeln und Theoreme demonstriert.

---

1 Vgl. 1.5.2.2.3.a.
2 Vgl. 1.5.2.2.3.d.
3 Vgl. 1.5.1.4.
4 Vgl. 1.5.2.6.

1.5.2.4 Form der V-Regeln

Ich gebrauche das Zeichen ">", das die V-Relation ausdrückt. So haben wir für (G1) in 1.5.2.2.1 die Regeln

(Mensch) > (Kopf)
(Kopf) > (Nase)
(Kopf) > (Auge)
(Kopf) > (Mund) usw.

Wenn das Zeichen ">" umgekippt wird, wird es zum Buchstaben "V". Analog zu dem Präfix "K" der Bezeichnungen "K-Regel", "K-Hierarchie", "K-Relation" usw. gebrauche ich den Buchstaben "V" als Präfix in den Bezeichnungen "V-Regel", "V-Hierarchie", "V-Relation" usw. Ich habe vorgeschlagen, statt "Teil-von-Relation" die Bezeichnung "V-Relation" zu gebrauchen. Dies tue ich nicht nur der Kürze wegen: Die Argumente dieser Relation sind keine Gegenstandausdrücke, sondern Prädikatoren. Die Redeweise, "die Eigenschaft, Nase zu sein, ist ein Teil der Eigenschaft, Kopf zu sein", ist offensichtlich absurd. Nach meinem Sprachgefühl sollte man eher sagen, "der Gegenstand, der eine Nase ist, ist ein Teil des Gegenstandes , der ein Kopf ist". Genau genommen haben wir also keine 'Teil-von-Relation' zwischen den Eigenschaften 'Nase sein' und 'Kopf sein'. Ich kann augenblicklich keinen passenden Namen finden, deswegen wähle ich die nicht-sagende Bezeichnung "V-Relation".

Bierwisch betrachtet "Pars" (d.i. unsere "V-Relation") als primitives Element.[1] Wir können aber diesen Prädikator von dem Prädikator "(Teil)" ableiten. Ich setze "(Teil)" als primitives Zeichen voraus, das dem Typus (OO) angehört. Er ist transitiv, asymmetrisch und irreflexiv. "(Teil)xy" heißt "x ist ein Teil von y". Zu beachten ist, daß "x" und "y" keine Prädikatoren, sondern Gegenstandsausdrücke sind; diese Relation entspricht nicht der 'Teil-von-Relation' im Bierwischschen Sinn.

Die Definition für das Zeichen ">" lautet:

<u>DV1</u> ((O)) (trans) (as)

$$(F) > (G) =df [(\overline{\exists x})(\overline{\exists y})\ (F)x.(G)y.(Teil)xy] .[(\exists x)(\exists y)\ (F)x.(G)y.(Teil)yx]$$

---

1 Siehe Bierwisch (1965:68).

(Lies: Es gibt keine F, die Teile von G sind (d.h., es gibt kein x und kein y, für die gilt: x hat die Eigenschaft F, y hat die Eigenschaft G, und x ist ein Teil von y); es gibt aber G, die Teile von F sind.)

Um das Definiens zu veranschaulichen, nehmen wir die folgende Regel

(Mensch) > (Hand)

als Beispiel. Diese Regel besagt, daß es keine Menschen gibt, die Teile von Händen sind, und daß es Menschen gibt, die Hände haben. Man kann das Definiens jedoch nicht auf folgende Weise formulieren:

$(\forall x)(\exists y)\ (F)x.(G)y.(\mathrm{Teil})yx$

(Lies: Alle F haben G als ihre Teile), weil es durchaus Menschen geben kann, die keine Hände haben. Auch das Definiens

$(\forall y)(\exists x)\ (F)x.(G)y.(\mathrm{Teil})yx$

(Lies: Alle G sind Teile von F) ist unangemessen, weil es Hände (z.B. abgetrennte Hände) gibt, die nicht mehr zu Menschen gehören; übrigens haben auch Affen Hände.

Mit DV1 ist es möglich, das Theorem TV1 abzuleiten.

<u>TV1</u> $(F) > (G) \supset [(\forall x)(\forall y)\ (F)x.(G)y \supset (\overline{\mathrm{Teil}})xy]$ [1]

Wir sehen bei DV1, daß die V-Regeln transitiv sind; demnach kann TV2 abgeleitet werden:

<u>TV2</u> $(F) > (G)\ .\ (G) > (H) \supset (F) > (H)$ [2]

Mit TV2 können wir

(Mensch) > (Finger)

aus den V-Regeln

(Mensch) > (Hand)

(Hand) > (Finger)

ableiten.

Genau wie die K-Regeln sind die V-Regeln postulierte Gesetze, die wir aber nicht a priori, sondern empirisch feststellen müssen. Mit der Form der V-Regeln sind wir aber noch nicht zufrieden: Es ist unökonomisch, daß die V-Hierarchie

---

1 Im Beispiel von 1.5.2.6 wird dieses Theorem angewandt.

2 Dieses Theorem wird auch im Beispiel von 1.5.2.6 angewandt.

in mehrere Regeln aufgeteilt wird. Analog zu DK2 in 1.5.1.3 können wir die Gruppe von Regeln, deren links stehende Elemente gleich sind, in eine Regel zusammenfassen:

(Kopf) > (Nase) $\rtimes\!\ltimes$ (Auge) $\rtimes\!\ltimes$ (Mund) ...

Wir haben dafür die folgende Definition:

DV2 $\quad (F) > (G) \rtimes\!\ltimes (H) \;=_{df}\; (F) > (G) \,.\, (F) > (H) \,.\, \sim[(G) > (H)] \,.\, \sim[(H) > (G)]$

Natürlich können rechts von ">" auch mehr als zwei Prädikatoren stehen.

1.5.2.5 Verflechtung der K- und V-Hierarchie

Bierwisch (1965:65-66) hat die Verflechtung der beiden Hierarchien schon angedeutet.[1] Auch Bever/Rosenbaum (1970:7-8) haben dieses Phänomen beachtet; sie versuchen sogar, es graphisch darzustellen. Ich zeige hier einige 'Theoreme'; leider kann hier kein Beweis gegeben werden. Sie sind deshalb Theoreme mit einem Fragezeichen; ihre Gültigkeit hängt sicherlich auch von der Definition der V-Relation ab. Ich bin aber davon überzeugt, daß die Existenz dieser Theoreme die Formulierung des semantischen Apparates erheblich vereinfachen kann.

TV3 $\quad (F) \subset (G) \supset \overline{(F) > (G)} \,.\, \overline{(G) > (F)}$

Vgl. die Worte von Bierwisch (S.65):"Zunächst kann ein Merkmal (S_i) [entspricht unserem Prädikator], das einem Merkmal (S_j) in der Relation der Klasseninklusion untergeordnet ist, offenbar nicht dem gleichen Merkmal in einer Teil-von-Kette untergeordnet sein." Ich zitiere hier seine Beispiele:

* Der Baum hat eine Eiche
* Das Auto hat ein Fahrzeug

TV4 $\quad (F) \subset (G) \,.\, (G) > (H) \supset (F) > (H)$

(Lies: Wenn ein Prädikator (F) einem anderen Prädikator (G) in der Klasseninklusion untergeordnet ist und (G) wiederum mit einem dritten Prädikator (H) in der V-Relation steht (und zwar (G)>(H)), so gilt: (F)>(H).) Bierwisch hat dieses Theorem ganz deutlich erkannt.[2] Man kann nach seinen Worten die folgenden Regeln angeben:

---

1 Siehe 1.5.2.2.3.b.
2 Siehe Bierwisch (1965:66).

1. (Stuhl) ⊂ (Sitzmöbel)
2. (Bank) ⊂ (Sitzmöbel)
3. (Sessel) ⊂ (Sitzmöbel)
4. (Sitzmöbel) ⊂ (Möbel)
5. (Schrank) ⊂ (Möbel)
6. (Tisch) ⊂ (Möbel)
7. (Möbel) > (Bein)
8. (Sitzmöbel) > (Lehne)

Mit diesem Theorem und den Regeln 1-8 können die folgenden Aussagen abgeleitet werden:

(Tisch) > (Bein) [aus 6 und 7]
(Schrank) > (Bein) [aus 5 und 7]
(Stuhl) > (Lehne) [aus 1 und 8]
(Stuhl) > (Bein) [aus 1, 4 und 7]

Ein Beispiel der Anwendung von TV4 findet sich in 1.5.2.6.

TV5 (F) ⊂ (G) . (H) > (G) ⊃ (H) > (F)

(Lies: Wenn ein Prädikator (F) einem anderen Prädikator (G) in der K-Relation untergeordnet ist und mit einem dritten Prädikator (H) in der V-Relation auf folgende Weise steht: (H) > (G), so gilt: (H) > (F).) Dieses Theorem wird schon von Bever/Rosenbaum vorgeschlagen. Sie zeichnen zuerst den Baum (G1)

(G1)
body
|
limb ... arm

und geben danach das Beispiel

a body has an arm.

Von (G1) können die Aussagen

(arm) ⊂ (limb) . (body) > (limb)

gebildet werden. Mit TV5 leiten wir die folgende Aussage ab:

(body) > (arm)

die mit dem Satz a body has an arm im Einklang steht.

1.5.2.6 Anwendung der V-Regeln und der V-Theoreme

Ich habe in 1.5.2.1 das Lexem haben im Zusammenhang mit der V-Relation erwähnt.[1] In 1.5.2.2.3.c habe ich gesagt, daß die V-Relation in die Lexikonregeln nicht einbezogen werden soll. Ich möchte jetzt zeigen, wie die Beispielsätze in 1.5.2.1 akzeptiert oder verworfen werden können.

---

1 Ich berücksichtige hier nur das haben, das so interpretiert werden kann:
A hat B = B ist ein Teil von A .

Zuerst geben wir dem Lexem <u>haben</u> die folgende Definition:

$$\text{haben} + x_1 + x_2 \; =: \; (\text{Teil})x_2x_1$$

Wir können unter die Projektionsregeln eine solche Regel aufnehmen:

> Jedes Mal, wenn der Prädikator "(Teil)" verwendet wird, müssen die V-Regeln und eventuell auch die K-Regeln berücksichtigt werden. Die Aussage mit "(Teil)" wird anhand dieser Regeln auf ihre Widerspruchsfreiheit geprüft.

Wie es sich im Detail verhält, zeigen wir durch ein Beispiel:
Der Satz

Der Finger hat einen Präsidenten

muß geprüft werden. Der Deduktionsvorgang ist folgender: Wir ha- die folgenden V-Regeln

(Mensch) > (Hand)

(Hand) > (Finger)

und das Theorem TV2:

$$(F) > (G) \,.\, (G) > (H) \supset (F) > (H)$$

Daraus wird die folgende Aussage abgeleitet:

(Mensch) > (Finger)

Gegeben ist auch die K-Regel

(Präsident) ⊂ (Mensch)

und TV4:

$$(F) > (G) \,.\, (G) > (H) \supset (F) > (H)$$

Daraus wird abgeleitet:

(Präsident) > (Finger) .

Wir nehmen an:

$(\text{Finger})a_1$, $(\text{Präsident})a_2$;

durch TV1 kann abgeleitet werden:

$(\overline{\text{Teil}})a_2a_1$

Da die Projektion des Beispielsatzes (nämlich $(\text{Teil})a_2a_1$) mit diesem Ergebnis im Widerspruch steht, ist dieser Satz ungrammatisch.

1.6 Zerlegung der Prädikatoren

Die Prädikatoren in einer S-Kette, sofern sie keine Grundprädikatoren sind, können durch die Zerlegungsregel zerlegt werden, und zwar anhand der Definitionsregeln. Wenn wir z.B. die Definitionsregel D

(essen)xy =df <(leben)x.(fest)y> (einnehmen)xy [1]

und die Kette S

(essen)x_1x_2

haben, können wir "x" und "y" in D durch "x_1" bzw. "x_2" ersetzen; es entsteht die Definition D':

(essen)x_1x_2 =df <(leben)x_1.(fest)x_2> (einnehmen)x_1x_2

Dann ersetzen wir S durch das Definiens von D'; wir bekommen dann S':

<(leben)x_1.(fest)x_2> (einnehmen)x_1x_2 .

Diese Kette kann natürlich durch andere Definitionsregeln weiterzerlegt werden. Die Zerlegungsregel formulieren wir so:

> Wenn es eine Proposition mit einem abgeleiteten Prädikator gibt, kann sie auf folgende Weise zerlegt werden: Man ersetzt die Gegenstandsvariablen der Definitionsregel, deren Definiendum den gleichen Prädikator enthält, durch die entsprechenden Variablen der Proposition. Die Proposition wird dann durch das Definiens der modifizierten Definitionsregel ersetzt.

Die Zerlegungsregel ist ein Teil der Projektionsregeln, die ich in Kap.4 beschreiben werde Es ist unklar, ob die K-Regeln nur Grundprädikatoren enthalten, oder auch abgeleitete Prädikatoren. Wenn sie auch abgeleitete Prädikatoren enthielten, wäre es nicht angebracht, daß alle abgeleiteten Prädikatoren durch Grundprädikatoren ersetzt würden, weil die K-Regeln noch angewandt werden müssen, und die Eingabe nicht schon vorher elidiert werden soll. Wenn es zutrifft, daß die K-Regeln auch abgeleitete Prädikatoren enthalten, müssen wir die Zerlegungsregel so ändern, daß statt einer Ersetzung eine Hinzufügung stattfinden muß.

Es gibt einige noch wichtigere Fragen, deren Antwort ich leider nicht kenne: Ist es möglich, K-Regeln wie

(Tier) $\succ\prec$ (Pflanze) $\subset$ (Lebewesen)

durch Definitionsregeln anzugeben, etwa derart:

(Tier)x =df (Lebewesen)x ..

(Pflanze)x =df (Lebewesen)x --

---

1 Diese Regel dient nur zur Veranschaulichung. Ihre Angemessenheit ist unwesentlich. Die Prädikatoren im Definiens sind natürlich noch keine Grundprädikatoren.

oder derart:

(Tier)x =df <(Lebewesen)x> ..

(Pflanze)x =df <(Lebewesen)x> --

oder sollen Präsuppositionen nur bei mehrstelligen Prädikatoren auftreten ? Nach welchen Kriterien soll man die Entscheidung treffen ? Ist dies ein beschreibungs-technisches oder ein sprachimmanentes Problem ?

1.7 Suggestion

Es gibt Aussagen, die andere Aussagen suggerieren (aber nicht logisch implizieren, weil eine Suspendierung oder eine Annullierung der Suggestion möglich ist). Z.B. suggeriert (1)a die Wahrheit von (1)b, obwohl (1)c, das die Negation von (1)b impliziert, als Fortsetzung von (1)a denkbar ist.

(1)a Ich habe vergessen, das Licht auszumachen.
b Das Licht wurde nicht ausgemacht
c Glücklicherweise hat er das getan

Dieses Phänomen wird unter den Namen "Invited Inference" (Geis/Zwicky 1971), "Conversational Implicature" (Grice 1967), "Indirekte Sprechhandlung" (Wunderlich 1972:29-33)usw. behandelt.

Es gibt Suggerierungen, die auf gesellschaftlichen Vorurteilen oder Lebenserfahrungen basieren. Z.B. könnte (2)a den Satz (2)b suggerieren.

(2)a Sie ist eine Ministerin
b Sie ist alt und häßlich

Es gibt jedoch Suggerierungen, die regelmäßig, und in Regeln gefaßt werden können, die ich "Suggerierungsregeln" nenne. Unter normalen Umständen bestehen diese Regeln, wenn sie nicht ausdrücklich suspendiert oder annulliert werden. Einige Suggerierungsregeln werden unten genannt.

a. Eine Aussage mit der Form "$p \supset q$" suggeriert die Aussage "$\sim p \supset \sim q$". Z.B. suggeriert (3)a (3)b.

(3)a Wenn es morgen regnet, bleibe ich zu Haus
b Wenn es morgen nicht regnet, bleibe ich nicht zu Haus
c Wenn es nicht regnet, bleibe ich auch zu Haus. Einen Ausflug zu machen? Dafür habe ich keine Zeit!

Daß es hier nur um eine Suggestion geht, sieht man bei der möglichen Fortsetzung (3)c für (3)a. Lilje (1972) bringt einige Gegenbeispiele, bei denen diese Regel nicht gilt. Z.B. suggeriert (4)a nicht (4)b.

(4)a Wenn Sie den Ball berühren, verlieren Sie das Spiel
b Wenn Sie den Ball nicht berühren, verlieren Sie das Spiel nicht

Diese Regel muß vielleicht noch weiter eingeschränkt werden; aber gerade weil sie nur eine Suggerierungsregel ist, kann man nicht vermeiden, daß es Fälle gibt, wo diese Regel nicht gilt. Hier hat man die Möglichkeit, irreführende Aussagen zu machen, ohne dafür verantwortlich zu sein. In der Sprache der Werbung, Politik und Literatur, aber auch bei Wortspielen und Scherzen, kommen solche paradoxen Anwendungen sehr oft vor. Es ist auch zu vermuten, daß es Suggerierungsregeln von unterschiedlicher Stärke gibt.[1]

b. Wenn zwei Sachverhalte in der Relation von einfacher Zeitsequenz stehen, suggeriert der komplexe Satz, der sie bezeichnet, oft auch eine kausale Beziehung zwischen ihnen.[2] Z.B. wird (5)b von (5)a suggeriert.

(5)a Nach dem Streit habe ich Peter nicht mehr besucht
b Wegen des Streits habe ich Peter nicht mehr besucht

c. Eine Äußerung, die einen vom Sprecher nicht erwünschten Zustand bezeichnet, suggeriert den Wunsch des Sprechers, daß der Angesprochene oder sonst jemand diesen Zustand bald ändert.[3] Z.B. suggerieren die folgenden (a)-Sätze die (b)-Sätze.

(6)a Ich habe Hunger
b Du sollst mir etwas kochen
(7)a Ich habe ein Problem
b Du sollst mir helfen, dieses Problem zu lösen
(8)a Wie siehst du aus ! [gesprochen von einer Mutter zu ihrem Kind]
b Du sollst dich waschen

Die (a)-Sätze sind keine Befehle;[4] man kann sie nicht mit <u>nein</u> oder <u>ich habe keine Lust</u> beantworten.

d. Wenn zwei Eigenschaften oder zwei Relationen auf einer Be-

---

1 Näheres über diese Regel siehe Geis/Zwicky (1971:561-562). Sie nennen diese Suggerierung "conditional perfection" und weisen darauf hin, daß dies oft bei Prophezeiungen, Versprechungen, Drohungen, gesetzähnlichen Aussagen, Befehlen usw. verwendet wird. Vgl. auch Karttunen (1971b).
2 Siehe Geis/Z icky (1971:564) unter "inferred causation".
3 Näheres siehe bei Wunderlich (1972:32-33).
4 Ganz anders sind die von Sadock (1970 und 1971) erwähnten indirekten Performative. Siehe hierzu 3.0.2.h.

wertungsskala stehen, suggeriert die Erwähnung der schwächeren die Negation der stärkeren.[1] Z.B. werden die folgenden (b)-Sätze von den (a)-Sätzen suggeriert.

(9)a Er mag mich nicht
b Er haßt mich nicht
(10)a Er hat drei Kinder
b Er hat nicht mehr als drei Kinder
(11)a Einige Schüler sind faul
b Nicht alle Schüler sind faul

e. Viele weltbildende Prädikate (z.B. träumen, phantasieren) suggerieren die Unwahrheit des Komplementsatzes.[2] Z.B. suggeriert (12)a (12)b; diese Suggestion kann aber durch (12)c annulliert werden.

(12)a Er glaubte, daß ich im Lotto gewonnen habe
b Ich habe nicht im Lotto gewonnen
c Und es stimmte auch, was er glaubte

Die Wahrscheinlichkeit der Nicht-Wahrheit ist bei denken, sagen, annehmen, hoffen usw. geringer; noch unwahrscheinlicher ist die Nicht-Wahrheit bei fühlen, hören und sehen.

Weil Suggestionen auch vom Sprecher intendiert werden können, ist es erforderlich, daß sie auch durch die Projektionskette eines Satzes repräsentiert werden. Es ist möglich, die folgende Regel unter die Projektionsregeln einzuordnen:[3]

Erweitere die S-Kette mit Hilfe der Suggerierungsregeln. Dabei kann man auch vorschreiben, daß eine Suggerierungsregel angewendet oder nicht angewendet werden kann. Die Ergebnisse können besonders gekennzeichnet werden, weil sie nicht zur eigentlichen Bedeutung des Satzes gehören. Bei der Informationsregistrierung [4] kann man auch eine gewisse Freiheit haben, suggerierte Aussagen zu akzeptieren oder zu ignorieren.

---

1 Horn (1972:47) nennt sie "scalar predicates". Die von ihm gegebenen Beispiele sind: pretty / beautiful, good / excellent, warm / hot, happy / ecstatic, cool / cold, like / love, intelligent / brilliant, dislike / hate. Die vorderen sind die 'Schwächeren', die hinteren sind die 'Stärkeren'.

2 Siehe 3.0.2.i über weltbildende Prädikate.

3 Nämlich bei P17 in 4.1.3.

4 Siehe Kap.5.

2 Lexikon

2.0 Einleitung

Ich habe oben eine künstliche Sprache (die Sprache S) nach der axiomatischen Methode konstruiert. Die nicht-logischen Grundterme und die daraus abgeleiteten Terme entsprechen den semantischen Merkmalen der Transformationsgrammatik. Sie dienen der semantischen Interpretation der umgangsprachlichen Ausdrücke. Jedes Lexem einer natürlichen Sprache (der Sprache Y) entspricht einer Reihe von solchen Prädikatoren der Sprache S; die Korrelationen werden in den Lexikonregeln explizit angegeben, die Gebrauchsanweisungen für die Lexeme sind. Durch die Projektionsregeln werden Ausdrücke der Sprache Y durch Ausdrücke der Sprache S repräsentiert. Es muß aber betont werden, daß Formen, die identische phonologische Gestalten, aber verschiedene Bedeutungen (auch wenn die sehr ähnlich sind) haben, nicht als gleiche Lexeme gezählt werden dürfen.[1]

2.1 Form der Lexikonregeln

Wir wollen jetzt die Lexikoneinträge (d.h. Lexikonregeln) näher betrachten. Sie haben die Form

$$A \;=: \;\langle B \rangle \; C \; D$$

A ist die Kette: Prädikativ + Variablen; B und C bestehen aus Propositionen (B ist die Präsupposition, C ist die eigentliche 'Bedeutung'), D steht für die syntaktischen Merkmale, die Einflüsse auf die Transformationen haben.[2] Z.B.[3]

$$\text{fahren} + x_1 \;=:\; \langle(\text{Mensch})x_1\rangle\; (\exists v)(\exists y)((\text{fortbewegen})x_1)*v.\,(\text{Instr})yv.(\text{Verkehrsmittel})y$$

---

1 Vgl. die gleiche Ansicht bei Weinreich (1966:418) und McCawley (1968b:125-127). Ein Lexem kann ein Wort (im Sinne des normalen Gebrauches dieses Wortes), Teil eines Wortes, oder Verbindung mehrerer Wörter sein.

2 Mehr über syntaktische Merkmale siehe in 6.0.2.

3 Da noch keine intensive Untersuchung von Prädikatoren und Lexemen gemacht wurde, ist die Darstellung dieser Lexikonregeln nur ad hoc gemacht. Es geht hier nur darum, zu zeigen, wie eine Lexikonregel aussehen soll. Die syntaktischen Merkmale werden im Beispiel nicht angegeben.

Man kann aus dem Beispiel sehen, warum die semantischen Merkmale für die semantische Repräsentation nicht geeignet sind. Denn bei zwei- oder dreistelligen Prädikatoren würden erhebliche Schwierigkeiten entstehen, wenn statt der Prädikatoren semantische Merkmale benutzt würden.

Auf ähnliche Weise hat Heidolph (1970:89) die folgende Konzeption für das Lexikon: Er unterscheidet Elementarpropositionen von lexikalischen Propositionen. Zu jeder lexikalischen Proposition

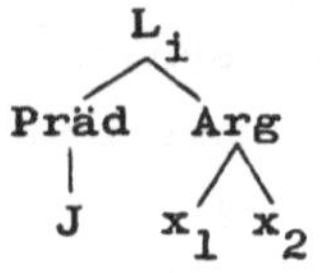

gebe es eine Reihe von Elementarpropositionen:

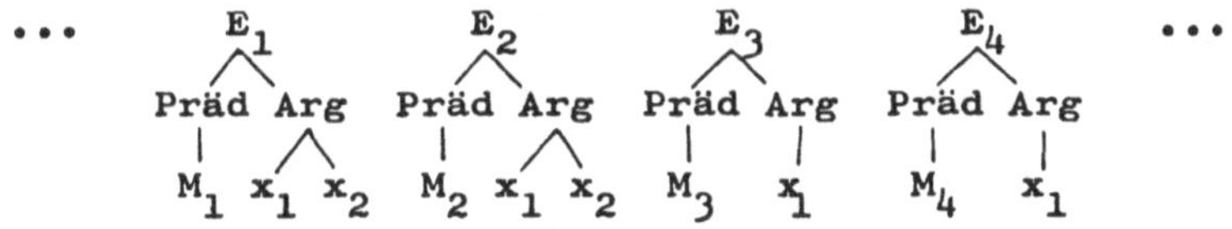

Im Lexikon werde die Korrelation zwischen der lexikalischen Einheit J und den semantischen Merkmalen M_1, M_2 usw. angegeben.

2.2 Lexikonregeln vs. Definitionsregeln

Das Zeichen "=:" entspricht dem Zeichen "=df" in der Definitionsregel der Sprache S; d.h., der Lexikoneintrag ist auch eine Art von Definitionsregeln. Die Unterschiede zwischen den Lexikonregeln und den Definitionsregeln der Sprache S sind:

a. Lexikonregeln, falls sie richtig beschrieben sind, sind traditionelle Vorschläge für den Gebrauch von Lexemen;[1] Modifizierungen bei der Anwendung in wirklichen Sprechsituationen sind möglich.[2] Aus dem Grund, daß sie nur Vorschläge sind, können sie angemessen oder nicht angemessen sein. Die Angemessenheit ist nur empirisch feststellbar. Im Gegensatz zu den Lexikonregeln sind die Definitionsregeln streng einzuhalten.

b. Die Funktion der Lexikonregeln ist die Angabe der Korrelationen zwischen Ausdrücken der Sprache Y (im Definiendum) und

1 Vgl. Lorenzen (1965:9).
2 Siehe E6 in 3.1.3.

Ausdrücken der Sprache S (im Definiens). Sie unterscheiden sich von den geläufigen lexikographischen Definitionen dadurch, daß im Definiens der lexikographischen Definitionen auch Ausdrücke der Sprache Y benutzt werden. Bei den Definitionsregeln sind sowohl im Definiendum als auch im Definiens Ausdrücke der Sprache S angewandt.

c. Die Lexikonregeln setzen ein semantisches System voraus. Da im Definiens kein Ausdruck der Sprache Y gebraucht wird, ist die Reihenfolge der Regeln irrelevant. Auch die Gefahr des Definitionszirkels kann vermieden werden.[1] Auf dieser Stufe brauchen wir keine Unterscheidung zwischen Grundtermen und abgeleiteten Termen zu machen. Die Tatsache, daß die Menge der Lexeme offen ist, bereitet uns auch keine Schwierigkeit. Die Definitionsregeln dagegen haben Ausdrücke der Sprache S auf den beiden Seiten des Definitionszeichens. Sie haben daher eine strikte Reihenfolge, weil eine auf der anderen basiert.

2.3 Funktion der numerierten Variablen in den Lexikonregeln

In der Definition eines Lexikoneintrages können die gleichen Variablen sowohl im Definiendum als auch im Definiens auftreten.[2] Diese Variablen dienen dazu, die Ausdrücke der Sprache Y mit den Ausdrücken der Sprache S zu verbinden. Zu Veranschaulichung benutzen wir am besten ein Beispiel. Wir nehmen an, daß im Lexikon folgende Einträge stehen:

$$\text{Vater} + x_1 + x_2 \quad =: \quad (\exists v)((\text{zeugen})x_1x_2)*v.(\text{vor})va_{ts}.(\text{männlich})x_1$$

$$\text{Sohn} + x_1 + x_2 \quad =: \quad (\exists v)((\text{zeugen})x_2x_1)*v.(\text{vor})va_{ts}.(\text{männlich})x_1$$

(a_{ts} = Sprechzeit)

Bis jetzt habe ich den Erzeugungsmechanismus der Sprache Y (näheres siehe Kap.3) noch nicht behandelt; ich muß jetzt aber schon etwas vorwegnehmen. In der Sprache Y wird der Knoten "prop" generiert; durch eine weitere Regel dominiert "prop" die Knoten "P^2",

1 Vgl. Hempel (1952:15) über den Definitionszirkel.
2 Es kann aber vorkommen, daß eine im Definiens erscheinende Variable nicht im Definiendum vorhanden ist. Aber jede im Definiendum erscheinende Variable muß auch im Definiens auftreten.

"x_1" und "x_2". Im Lexikon wird dann ein zweistelliges Prädikativ gewählt; lassen wir es _Vater_ sein. Im weiteren Verlauf werden die Gegenstandskonstanten "a_m" und "a_n" an "x_1" bzw. "x_2" gehängt.

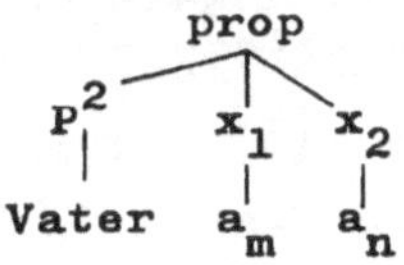

Die Formel "$(zeugen)x_1x_2$" hat die Wirkung, daß die Konstanten, die von "x_1" und "x_2" dominiert werden, die Funktionen des ersten bzw. des zweiten Argumentes übernehmen. Wir bekommen daher durch die Projektion (siehe Kap.4) die S-Kette

$$(\exists v)((zeugen)a_m a_n)*v.(vor)va_{ts}.(männlich)a_m$$

Wenn statt _Vater_ das Lexem _Sohn_ gewählt wird, haben wir die folgende Struktur:

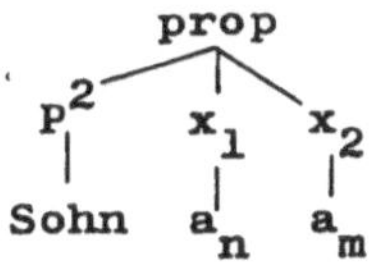

Die entsprechende Projektionskette ist

$$(\exists v)((zeugen)a_m a_n)*v.(vor)va_{ts}.(männlich)a_n$$

Wir sehen, daß die Projektionsketten der beiden Y-Strukturen fast gleich sind.

2.4 Schwierigkeit bei der Auswahl des Definiens

Es ist nicht leicht zu entscheiden, ob Satz (i) logisch oder faktisch falsch ist und ob Satz (ii) logisch oder faktisch richtig ist.

(i) * Dieser Elefant hat achtzig Beine [1]
(ii) Der Elefant ist das größte Landtier

Die Antwort hängt davon ab, wie das Wort _Elefant_ definiert wird. Man weiß aber nicht, wie detailliert die Definitionen von Pflanzennamen, Tiernamen, Krankheitsnamen usw. sein sollen.[2] Leech (1969:87) schlägt vor, daß die verschiedenen Eigenschaften, die der Referent habe, gar nicht in der Definition erwähnt werden

1 Die Beispiele sind Leech (1969:85) entnommen.
2 Diese Schwierigkeit hat Leech (1969:37-38, 85-89) eingehend diskutiert.

sollten. Wir können für Elefant den Prädikator (Elephant) oder den Prädikator (Spezies n) haben. Durch die Redundanzregel (siehe 1.5.1.4) kommen die Prädikatoren (Mensch) (Tiger) usw. hinzu, die den Referenten von Menschen und Tigern unterscheiden. Demnach ist Satz (iii) kontradiktorisch (logisch falsch), während Satz (i) faktisch falsch und Satz (ii) faktisch richtig ist.

(iii) * Der Elephant ist ein Tiger

Dies ist auch die weitverbreitete Lösung, die in der Semantik praktiziert wird. Für Erwägungen dieser Art macht uns Leech einen vernünftigen Vorschlag:[1]

> ... if semantic analysis is carried beyond a certain point, the technique of semantics becomes ineffective. This point, therefore, is best treated as the limit of semantic analysis: the point where questions of meaning give way to questions of mere reference.

---

1 Leech (1969:85).

3 Generierung der Y-Kette

3.0 Einleitung

Bevor ich die Erzeugungsregeln aufführe,[1] möchte ich zuerst über einige Eigenschaften dieser Regeln sprechen.

a. Diese Regeln sind im Gegensatz zu Chomsky 1965 nicht neutral in bezug auf den Sprecher und den Hörer; sie sollen als Regeln, die der Sprecher beim Sprechen verwendet, betrachtet werden.[2]

b. Die Regeln sollen nicht auf eine Sprache beschränkt werden; sie sind vielmehr als universale Regeln gedacht.[3] Natürlich ist es jetzt noch zu früh, ein universales Modell zu entwerfen. Aber auch durch Fehler kann man Fortschritte erzielen.

c. Die Ausgaben der Erzeugungsregeln müssen so beschaffen sein, daß die Projektionen auf einfache Weise durchgeführt werden können.[4] Aber nicht nur die Projektion bestimmt die Formulierung der Erzeugungsregeln, auch die Transformation spielt dabei eine wesentliche Rolle. McCawley (1972:513) schlägt vor, die Transformierbarkeit in die Oberflächenstruktur durch Transformationsregeln, die den universalen Prinzipien der Transformation entsprechen, als Kriterium für die Angemessenheit einer Tiefenstruktur zu benutzen. Es wird gezeigt,[5] daß die Anfangsstellung des Prädikats viele Transformationen (im Gegensatz zur älteren Tiefenstrukturanalyse) erheblich vereinfachen kann. Es ist aber bekannt, daß in einigen Sprachen (z.B. dem Japanischen) die Prädikate Endstellung im Satz haben. Wenn man bei diesen Sprachen eine Tiefenstruktur voraussetzte, wo das Prädikat Endstellung hat, würde die Änderung bei den Projektionsregeln nur geringfügig sein. Es ist aber auch möglich, den universalen Charakter der Erzeugungsregeln aufrechtzuerhalten. Man behält die Anfangsstellung, benutzt aber eine zusätzliche Transformationsregel, die das Prädikat an das Satzende umstellt.

---

1 Die Erzeugungsregeln werden manchmal "Ersetzungsregeln" genannt. Wie Bechert et al.(1970:42) bemerkt hat, ist diese Bezeichnung unangemessen, weil der links vom Pfeil stehende Knoten nicht verloren geht und deswegen nicht ersetzt wird.

2 Siehe 0.3.i.

3 Siehe 0.3.g.

4 Siehe das Schema in 0.3.c.

5 Siehe z.B. McCawley 1970b und Harman (1972:25-30).

d. Die noten "NP", "prop", "P", "U", "Z" und "det" gehören nur zur Y-Ebene, und nicht zur S-Ebene.

3.0.1 McCawleys Modell

Nach dem Vorbild der symbolischen Logik hat McCawley ein Modell entwickelt, das ich hier mit einigen Modifizierungen benutzen werde.[1] Referate und Diskussionen über dieses Modell kann man in vielen Arbeiten finden,[2] sodaß ich hier darauf verzichten kann, ausführlich darüber zu sprechen. Immerhin ist eine kurze Schilderung notwendig. In Anlehnung an die Prädikatenlogik entwickelt McCawley eine 'semantische Repräsentation' für Sätze. Ein Satz wird zuerst in eine Proposition und eine Reihe von NP aufgeteilt. Die Proposition besteht aus einem n-stelligen Prädikat und n Argumenten, die durch die NP identifiziert werden. Z.B. hat der Satz

John gibt zu, daß Arthur recht hat [3]

die Struktur

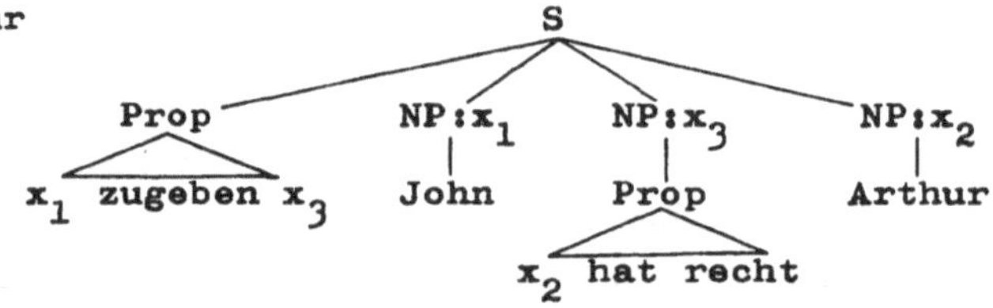

Durch die NP-Ersetzungsregel werden die Symbole x_1, x_2 und x_3, die von Prop dominiert wird, durch die entsprechenden NP ersetzt (also x_1 durch NP:x_1, x_2 durch NP:x_2 usw.). Wenn es für NP:x_i mehrere x_i gibt, werden nicht alle x_i durch NP:x_i ersetzt; diejenigen x_i, die nicht durch eine NP ersetzt worden sind, werden pronominalisiert.[4] Zwischen x_i und NP:x_i gibt es folgende Beziehungen:[5]

a. Für jedes x_i muß es genau eine NP geben.

b. Eine NP muß von einem S-Knoten dominiert werden, der alle Vorkommen der entsprechenden x-Symbole dominiert.

---

1 Aber die Ansichten über die 'prelexical rules' und die 'lexical insertion' (McCawley 1968c) teile ich nicht. Vgl. 0.2.3.
2 Siehe z.B. McCawley(1967 und 1970a), Wunderlich 1968, Abraham /Binnick 1969, Etbauer 1971 und andere.
3 Siehe McCawley (1970a:180-181).
4 Siehe McCawley (1970a:176).
5 Siehe ebenda, S.178.

Da McCawleys Modell eine wesentliche Rolle in dieser Arbeit spielt,[1] möchte ich, obwohl es schon oft von anderen getan wurde, einige Vorteile dieses Modells aufzählen:

a. Die Knoten "Proposition" und "Prädikat", die x-Symbole, sowie die Reihenfolge "Prädikat + x_i + x_j" entsprechen der Konvention der Prädikatenlogik. Für die Projektion der Y-Ketten auf die Sprache S, die auf der Prädikatenlogik basiert, ist eine solche Struktur sehr geeignet.

b. Die hierarchischen Beziehungen zwischen den Elementen einer Sprachkette (d.h. die Stammbaumstruktur), die man bisher mit der Prädikatenlogik nicht wiedergeben konnte, lassen sich mit dieser Methode repräsentieren.

c. Die Trennung von Proposition und NP bringt folgende Vorteile:

i. Mehrdeutige Sätze, die früher strukturell schwierig zu erklären waren (die z.B. verba dicendi oder verba sentiendi enthalten), sind nun auf einfache Weise erklärbar.[2]

ii. Das sogenannte Bach-Paradoxon kann vermieden werden.[3]

iii. Identifikatoren gleicher Gegenstände treten in McCawleys Modell nur einmal auf. Es ist in dieser Hinsicht ökonomischer als die anderen Methoden der Transformationsgrammatik.

d. McCawley (1970b:292-298) meint, daß einige Transformationen (z.B. Passivierung, 'There'-Insertion usw.) mit der Wortstellung "Prädikat + NP + NP" viel einfacher durchzuführen seien, als wenn man die Wortstellung "NP + Prädikat + NP" zugrunde legt. Dies könnte ein starkes Argument für die Anwendung seines Modells sein, falls es durch mehr Beweise unterstützt werden könnte.

Obwohl dieses Modell viele Vorteile hat, hat es leider auch Nachteile:

a. Wunderlich (1968:104) sagt mit Recht, daß in natürlichen Sprachen fast nie mehrere Satzglieder negiert würden; vielmehr

---

1 Das Prinzip der Erststellung des Prädikates, der Trennung von Proposition und NP, sowie der NP-Ersetzung hat die vorliegende Arbeit übernommen.

2 Näheres siehe McCawley (1970a:174-175,180-181) und Wunderlich (1968;107,110-114). Ein eindrucksvolles Beispiel mit einer 120-fachen Mehrdeutigkeit liefert Etbauer (1971:21-22).

3 Näheres siehe bei Wunderlich (1968:107-110), McCawley (1970a: 117) und Etbauer (1971:22-26).

werde nur ein Glied negiert. Er kritisiert McCawleys Modell, daß es diese Tatsache nicht berücksichtige; eine einfache Negation der Proposition, wie McCawley sie vorschlägt, reiche dafür nicht aus.

b. Die pragmatischen Konstanten wie Sprechzeit, Sprechort, Sprecher, Hörer usw. hat McCawley nicht berücksichtigt.[1]

c. Die Unterscheidung Thema/Rhema ist nicht berücksichtigt worden.

d. Obwohl McCawley sehr viel über Präsupposition und Selektion gesprochen hat, hat er nicht gezeigt, wie sie in die oben geschilderte Stammbaumstruktur integriert werden sollen, ebensowenig, wie die semantische Repräsentation (d.h. die Stammbaumstruktur) erzeugt wird.

Da McCawleys Modell technisch noch nicht sehr im Detail durchgedacht ist, lohnt es sich vielleicht, einmal zu versuchen, nach dem gleichen Prinzip einen generativen Apparat zu konstruieren, der wenigstens einigermaßen funktioniert.

3.0.2 Hypothesen

Nachdem einiges über die Sprache S und das Lexikon der Sprache Y gesagt worden ist, kommen wir nun zu der Strukturierung der Sätze der Sprache Y und deren Generierung. Es gibt einige Grundhypothesen, auf denen der vorliegenden Generierungsmechanismus für Ausdrücke der Sprache Y basiert.

(a)Es existiert eine Tiefenstrukturebene.[2]

(b) Die Grundeinheiten der Tiefenstrukturebene sind die Lexeme.[3] Die Morpheme, die man durch weitere Aufteilung der Lexeme gewinnen kann, sind für die Syntax irrelevant.

(c) Es besteht auf der Tiefenstrukturebene kein Unterschied zwischen Substantiven, Verben, Adjektiven, Adverbien, Präposi-

---

1 Aber wie Etbauer (1971:27) angedeutet hat, ist eine Erweiterung des Modells sehr leicht möglich.

2 Näheres siehe 0.2.2.1.

3 Prädikative, die keine phonologische Repräsentation haben, aber semantisch und syntaktisch relevant sind, betrachte ich ebenfalls als Lexeme. Siehe hierzu T-*1 in 6.1.4.

tionen, Konjunktionen und Affixen; sie alle werden als Prädikative betrachtet.[1] Einheitswörter, Zahlwörter und Determinatoren sind aber besondere Kategorien.

(d) Es wird die folgende Grundstruktur vorausgesetzt:

$P \quad x_1 \ldots x_n$

Diese Anordnung des Prädikats und seiner Argumente entspricht der Konvention der Prädikatenlogik und der Sprache S,[2] und wird auch von der Generativen Semantik benutzt.[3]

(e) Alle Argumente eines Prädikats haben Identifikatoren,[4] die durch Nominalphrasen (NP) vertreten sind. Der Identifikator einer Konstante setzt immer voraus, daß diese Konstante auch außerhalb des Identifikators vorkommt, sonst hätte der Identifikator keine identifikatorische Funktion mehr.

(f) Die Vertreter der Prager Schule (z.B. Firbas, Daneš und Poldauf) wollen außer der syntaktischen und der semantischen Ebene noch eine dritte Ebene postulieren: die Ebene der Organisation der Rede ('level of the organization of utterance'), wo der prozessuale Aspekt der Rede maßgebend ist. Typische Mittel dieser Ebene sind Intonation und Wortstellung, während das entscheidende Kriterium der Grad der kommunikativen Dynamik der Satzglieder ist. Firbas (1964:270) definiert ihn als das Vermögen eines Satzgliedes, die Kommunikation voranzutreiben. Der Satzteil mit dem niedrigsten Grad kommunikativer Dynamik ist das 'Thema', der mit dem höchsten ist das 'Rhema', dazwischen gibt es Übergänge. Die Verteilung der kommunikativen Dynamik im Satz nennt Firbas "funktionale Satzperspektive".[5] Dieser Name ist aber schwer verständlich; übrigens kann er auch semantische Funktion usw. suggerieren. Da Firbas schon den Namen "kommunikative Dynamik" für Satzglieder benutzt, was auch sehr einprägsam ist, möchte ich analog zu den Namen "semantische Struktur", "Tiefenstruktur", "Oberflä-

---

1 Siehe hierzu die Begründungen von Lakoff (1965:App.A) und Bach (1968:115-117).
2 Vgl. 1.2.2.
3 Siehe 3.0.1.
4 Siehe 0.4.3 über Identifikatoren und die Erläuterung zu E14.
5 Vgl. Firbas (1964:273).

chenstruktur" usw. den Namen "dynamische Struktur" vorschlagen, um die Verteilung der kommunikativen Dynamik auf die Satzglieder zu bezeichnen. Die Frage, ob man diese Phänomene mit S-Ketten darstellen sollte oder könnte, muß geklärt werden. Wenn das generative Modell mentalistisch sein soll, ist es vielleicht angebracht, dies auch bei der Tiefenstruktur zu berücksichtigen. Es ist auch zu klären, ob die von Firbas u.a. postulierten Übergänge zwischen Thema und Rhema mit Recht bestehen.[1] Auch die Einflüsse der kommunikativen Dynamik auf die Tiefen- und Oberflächenstruktur (z.B. auf die Wahl des Artikels, die Tilgung bestimmter Einheiten, die Pronominalisierung, die Wortstellung, die Intonation, die Wahl des Subjekts usw.)[2] sind nicht zu übersehen. Leider bin ich noch nicht dazu gekommen, diese Aspekte in die Erzeugungsregeln einzubeziehen.

(g) Verdinglichung des Sachverhaltes. Ich habe oben in 1.1.1.4.3 über den Asta-Operator gesprochen. Eine Proposition kann mit Hilfe dieses Operators in ein Prädikat verwandelt werden, das eine Gegenstandskonstante prädiziert, die mit der Proposition korreferentiell ist. Z.B. bezeichnet die Proposition "$(krank)a_1$" den Sachverhalt, daß a_1 krank ist. Durch den Asta-Operator "*" kann "$((krank)a_1)*a_2$ gebildet werden. "a_2" ist mit "$(krank)a_1$" korreferentiell. Aber die Ausdrucksweise mit dem Asta-Operator gehört zur S-Ebene; wir müssen auch für die Y-Ebene eine solche Möglichkeit schaffen. Dies wird durch das folgende Beispiel veranschaulicht: Der Satz (1) hat die Struktur (2).

(1) Hans weiß, daß Peter krank ist

(2)

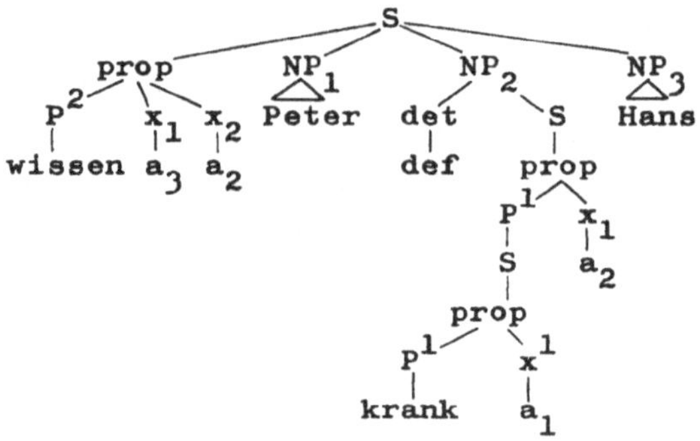

1 Siehe Firbas (1966:240).
2 Siehe z.B. Lyons (1967:336) und Chafe (1970:198-233).

(3) ((krank)a_1)*a_2

Der Einfachheit halber lasse ich das Performativ und die Unterscheidung Thema vs. Rhema unberücksichtigt. Der höhere P-Knoten in NP_2 dominiert kein Prädikativ, sondern den Knoten S. Die S-Struktur (3) spiegelt sich hier wieder. Wie die Y-Struktur in die S-Struktur überführt wird, werde ich in Kap.4 zeigen. Daß die Triade S-prop-P (statt S-P oder prop-P) erforderlich ist, wird am Ende von 3.0.2.i erklärt. Im folgenden werde ich einige Gründe dafür nennen, daß in der Tiefenstruktur eingebettete Sätze von einem NP-Knoten dominiert werden sollen.

(i) Sowohl ein eingebetteter Satz als auch eine 'normale' NP können pronominalisiert werden. Z.B.

(4) Ich weiß ein gutes Lokal; es ist nicht weit von hier
(5) Wissen Sie, daß er ein Schuft ist?
—— Das weiß ich nicht.

(ii) Ein eingebetteter Satz kann die gleiche syntaktische Funktion wie eine NP mit Substantivkern haben. Z.B.

(6)a Er hat meinen Freund nicht erkannt
b Er hat diese Tatsache nicht erkannt
c Er hat nicht erkannt, daß die Frachtkosten gestiegen sind
(7)a Dein Geld beeindruckt mich nicht
b Diese Tatsache beeindruckt mich nicht
c Daß die Frachtkosten gestiegen sind, beeindruckt mich nicht

(iii) Die Abhängigkeitsbeziehung zwischen den NP und den Prädikaten müssen in der Sprache S repräsentiert werden. Im Beispiel von 3.2, das in 4.2 fortgesetzt wird, können wir NP_3 und NP_4 die folgenden Repräsentationen geben:

(8) ($def_1 a_3$)((krank)a_4)*a_3
(9) ($def_1 a_4$)(heißen)a_4"Peter"

Alle beide sind von dem weltbildenden Prädikat glauben abhängig.[1] Der Sachverhalt 'a_2 glaubt a_3' wird von "a_1" bezeichnet, daher kommt der Index "1" von "a_1" auch in "($def_1 a_3$)" und "($def_1 a_4$)" vor. Diese Indizierung des Determinators wird durch die Projektionsregel P40 zustandegebracht. Wenn aber der Sachverhalt '(krank)a_4' nicht von einer NP bezeichnet würde, müßten wir ein anderes Mittel finden, um die Abhängigkeitsbeziehung von glauben auszudrücken. Dies würde nicht so generell sein, und die Projektion würde unnötig kompliziert.

1 Über 'weltbildende Prädikate' siehe 3.0.2.i.

(h) Performativ. Der Name "Performativ" geht auf Austin 1962 zurück. Wenn etwas geäußert wird, wird gleichzeitig eine Handlung ausgeführt, die durch das höchste Prädikat des Satzes beschrieben werden kann. Austin spricht auch von performativen Verben, und erwähnt einige grammatische Formen, die performative Funktion haben.[1] Er macht sogar den Versuch, Performative zu klassifizieren. Ross 1970 führt diesen Begriff in die Generative Grammatik ein. Er meint, daß jeder Satz ein performatives Verb hat, das das Hauptverb des Satzes ist. Dieses performative Verb könne durch eine Transformation getilgt werden, sodaß es nicht mehr in der Oberflächenstruktur erscheine.[2] Obwohl ich Stammbäume nach McCawleys Art postuliere, kann der Vorschlag von Ross über performative Verben übernommen werden. Z.B. hat der Satz

Peter ist krank

die folgende Struktur:

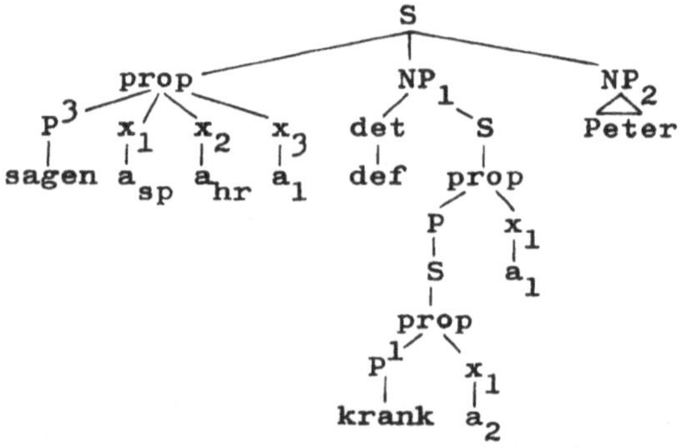

wobei sagen das performative Hauptverb ist, das nachher durch eine Transformation getilgt wird.

Es gibt inzwischen eine ganze Reihe von Kritiken an der performativen Analyse.[3] Daß das höchste Prädikat im Satz ein Performativ sein soll, wird am meisten kritisiert. Es wird gezeigt,

---

1 Siehe Austin (1962:73-76,79).

2 Ross bringt eine Reihe syntaktische Argumente vor, die dafür sprechen, daß die Tiefenstruktur eines Satzes immer ein Hauptverb mit performativer Funktion hat, ungeachtet dessen, ob es später getilgt wird oder nicht. Ich gehe darauf nicht ein; für weitere Diskussionen siehe Ross 1970, Lakoff (1970:559-569) und McCawley (1968b:155-161).

3 Z.B. Sadock 1968, Rutherford 1970, Joas/Leist 1971, Fraser 1971, Abraham 1972, Schreiber 1972 und Grewendorf 1972.

daß es Sätze gibt, wo das Performativ noch durch andere Elemente modifiziert wird, z.B. in

Sie war nicht hier, weil ich sie gesehen habe

Ehrlich, Hans ist ein Schuft

Es scheint mir jedoch, daß diese Hypothese in einer etwas modifizierten Form weiterbestehen kann. Zu einer Lösung sind die Arbeiten von Sadock richtungsweisend.[1] Er stellt Sätze wie

Kannst du bitte das Fenster aufmachen?

zur Diskussion, die trotz der oberflächlichen Form einer Frage imperative Funktion haben (er nennt sie "Whimperatives"). Nach Sadocks Meinung kann der Satz transformationell aus

Kannst du das Fenster aufmachen? Mach bitte das Fenster auf

abgeleitet werden. Auf ähnliche Weise werden Sätze abgeleitet, die trotz der Form einer Frage deklarative Funktion haben (er nennt sie "Queclaratives").

Syntax ist nicht leicht. Ist Syntax leicht?

⇒ Ist Syntax leicht?

Analog zu Sadocks Analysen kann man unsere Problemsätze aus Verkettungen von zwei Sätzen durch Transformationen ableiten. Auf Einzelheiten kann ich in diesem Rahmen nicht eingehen.

(i) Weltbildende Prädikative. Morgan (1969:170-173) macht auf eine besondere Klasse von Verben aufmerksam, nämlich die 'weltbildenden Verben' ('world creating verbs'). Diese Verben können eine Reihe von neuen Präsuppositionen schaffen, die nicht vom Sprecher selbst vorausgesetzt werden, und deren Gültigkeit nicht über die Domäne dieser Verben hinausgehen kann. Z.B. bei

(1) Ich träumte, daß Nixon eine Frau sei, und es niemand außer mir wisse
(2) Ich träumte, daß es gegenwärtig einen König von Frankreich gebe, und daß er mutig sei.

Der Sprecher setzt nicht voraus, daß Nixon eine Frau ist, oder daß es gegenwärtig einen König von Frankreich gibt. Das Verb träumen gehört zur Klasse der weltbildenden Verben; die 'faktiven Verben' ('factive verbs') gehören nicht zu dieser Klasse.[2]

---

1 Siehe Sadock (1970 und 1971).
2 Die Klasse 'faktive Verben' wurde von Kiparsky/Kiparsky 1970 eingeführt. Sie enthält Prädikative, die Satzeinbettungen erlauben und gleichzeitig die Wahrheit des eingebetteten Satzes voraussetzen (auch wenn der Matrixsatz negiert wird).

Und weil es schon die Klasse 'weltbildender Verben' gibt, braucht man die Klasse der faktiven Verben nicht zusätzlich zu definieren. Morgan (1969:174) weist darauf hin, daß das Vorhandensein verschiedener Welten manche Sprachen veranlaßt, diese Welten durch verschiedene Formen (z.B. Konjunktiv) zu kennzeichnen.

Die weltbildenden Verben werden auch von Jackendoff 1971 beachtet. Er verwendet die Begriffe 'Spezifizität' und 'Ambiguität', um den Begriff 'Skopus' zu definieren. Satz (3) ist doppeldeutig, und zwar in der Beziehung, daß die NP a fish sowohl 'spezifisch' (d.h. es gibt einen besonderen Fisch, den John fangen will), aber auch 'nicht-spezifisch' (d.h. John kennt den Fisch noch nicht; der muß erst gefangen werden) aufgefaßt werden kann.[1]

(3) John wants to catch a fish

Die Ambiguität entsteht wegen des Prädikates want und der Stellung der NP a fish bezüglich dieses Prädikates (d.h. im Komplementsatz von want). Das Prädikat want gehört zu einer besonderen Klasse von Verben, die solche Ambiguitäten verursachen können.[2] Der Teil des Satzes, wo Ambiguität entstehen kann (aber nicht entstehen muß), ist der 'Skopus' des Prädikates hinsichtlich der Spezifizität. Diese Definition von "Skopus" weicht vom üblichen Gebrauch etwas ab: Die NP a fish in (3) steht in beiden Interpretationen im Skopus von want, während normalerweise nur eine NP im nicht-spezifischen Gebrauch als im Skopus stehend aufgefaßt wird. Im nicht-spezifischen Gebrauch ist die NP a fish vom Prädikat want abhängig, sonst ist sie von ihm unabhängig, auch wenn sie im Skopus dieses Prädikates steht. Ich übernehme hier die erwähnten Ansichten und Termini von Morgan 1969 und Jackendoff 1971. Jackendoffs Gebrauchsweise von "Skopus" ist praktischer als die übliche, weil man nun nur an die Wortstellung der NP zu denken braucht. Die alte Funktion von "Skopus" wird von "abhängig" übernommen. Jackendoff (1971:481-483) kritisiert die Skopus-Methode der Prädikatenlogik.[3] Satz (3) könne zwar durch

---

1 Diese Unterscheidung machen auch Bierwisch (1970:32-37), Bellert (1969:48-50), u.a.

2 Ohne Zweifel sind diese Verben die 'weltbildenden Verben', obwohl Jackendoff den Namen nicht gebraucht.

3 Diese Methode wird auch von der Generativen Semantik benutzt; siehe z.B. Bach 1968 und Lakoff 1970.

(4) oder (5) repräsentiert werden;

(4) ∃x (x is a fish and John wants to catch x)
(5) John wants (∃x (x is a fish and John catch x))

die Repräsentation (8), die auch (9) entspricht, sei aber für die nicht-spezifische Bedeutung von (6) nicht richtig; sie sei offensichtlich semantisch unangemessen.

(6) Bill is trying to find a pretty girl
(7) ∃x (x is a pretty girl and Bill is trying to find x)
(8) Bill is trying (∃x (x is a pretty girl and Bill finds x))
(9) Bill is trying for there to be an x such that x is a pretty girl and Bill finds her

Die Schwäche der alten Methode kann auch durch (10) demonstriert werden.[1]

(10) Alle Bewohner kämpften mit den beiden Ungeheuern

Es gibt folgende Situationen:

(11)
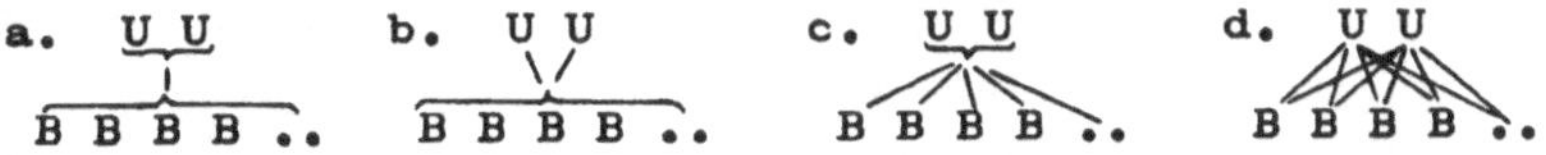

Bei (a) kämpften alle Bewohner gemeinsam mit den beiden Ungeheuern. Bei (b) kämpften alle Bewohner ebenfalls gemeinsam, aber jedes Mal mit nur einem Ungeheuer. Bei (c) kämpften die beiden Ungeheuer zusammen, jedes Mal mit einem Bewohner. Bei (d) kämpften die Bewohner und die Ungeheuer jeder für sich, ohne die Hilfe von anderen. Nach der alten Methode der Prädikatenlogik ist es nicht möglich, alle vier Situationen zu repräsentieren.

Durch die Eigenschaft, Handlung oder Relation, die das weltbildende Prädikat bezeichnet, wird eine 'Welt' geschaffen. Es gibt Gegenstände, die nur in dieser gebildeten 'Welt' existieren. Wir sagen dann: Die NP und ihre Identifikate, die solche Gegenstände bezeichnen, sind von diesem weltbildenden Prädikat abhängig; in der Tiefenstruktur müssen diese NP in seinem Skopus stehen. Aber eine Gegenstandskonstante, die im Skopus eines weltbildenden Prädikates steht, muß nicht auch von ihm abhängig sein. Z.B. ist die NP Nixon in (1) nicht von träumen abhängig, obwohl sie im Skopus dieses Prädikats steht, weil die Existenz von Nixon nicht durch die Handlung des Träumens geschaffen wird.

Wegen der Abhängigkeitsbeziehungen zwischen den NP und den weltbildenden Prädikaten postuliert Jackendoff (1971:489-490)

---

1 Vgl. auch Jackendoff (1971:503-504).

zwei hierarchische Strukturen eines Satzes, nämlich die 'funktionale Struktur', die grammatische Relationen ausdrückt, und die 'modale Struktur', die die genannten Abhängigkeitsbeziehungen ausdrückt. Satz (3) hat in allen beiden Interpretationen (spezifisch und nicht-spezifisch) dieselbe 'funktionale Struktur', aber verschiedene 'modale Strukturen'. Jackendoff (1971:483-484 506-507) schlägt eine Methode vor, nach der man die 'modale Struktur' eines Satzes repräsentieren kann. Die Beziehung zwischen dem Prädikat P und der von ihm abhängigen NP_x wird durch "$P(NP_x)$" repräsentiert. Satz (3) kann dann durch (12) oder (13) repräsentiert werden, je nachdem, ob a fish von want unabhängig oder abhängig ist.

(12) John, a fish, want (catch)
(13) John, want (catch, a fish)

In (12) und (13) werden die eingebetteten Sätze, die ebenfalls von want abhängig sind, durch das Prädikat catch vertreten, das genau wie die abhängigen NP in den Klammern steht. Ich finde diese Methode zum Zweck der Diskussion sehr nützlich. Jackendoff (1971:512) glaubt jedoch, daß die 'funktionale' und die 'modale' Struktur nicht in eine einzige hierarchische Struktur integriert werden können, sondern getrennt beschrieben werden müssen. Ich teile diese Auffassung nicht, und werde gleich zeigen, daß eine Integration beider Strukturen möglich ist. Auf die weiteren Analysen von Jackendoff gehe ich hier nicht ein.

Auf der Y-Ebene gibt es die folgende Regelung: Wenn eine NP von einem Prädikat abhängig ist, wird sie vom nächsthöheren S dieses Prädikates unmittelbar dominiert. Für (14) haben wir die Struktur (15). In (15) ist NP_3 von glauben abhängig. Eine Gegenstandskonstante, die von einem NP-Knoten dominiert wird, der wiederum unmittelbar vom nächsthöheren S eines Prädikates dominiert wird, steht im Skopus dieses Prädikates, z.B. stehen "a_3" und "a_4" im Skopus von glauben. Wir sagen auch, daß der Identifikator dieser Gegenstandskonstante im Skopus des Prädikates steht. Z.B. stehen NP_3 und NP_4 im Skopus von glauben, wobei nur NP_3 von glauben abhängig ist.

(14) Karl glaubt, daß Peter krank ist

(15)

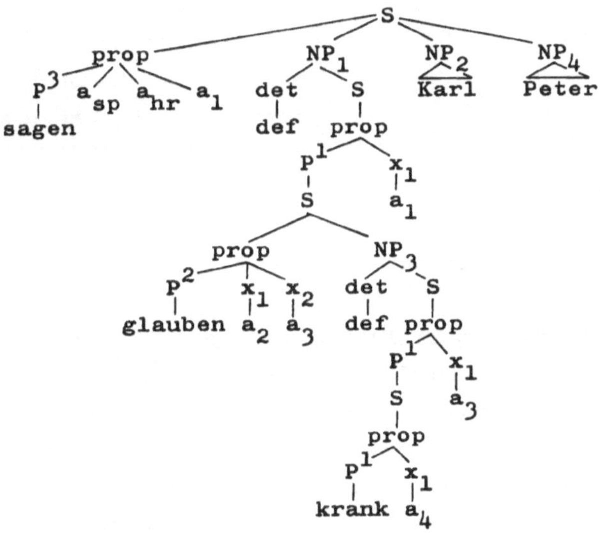

Der Sachverhalt, daß Peter krank ist, existiert in der Welt von Peters Glauben; deswegen sind NP_3 und ihr Identifikat "a_3", die diesen Sachverhalt bezeichnen, von glauben abhängig. NP_4 (Peter) und "a_4" sind von sagen abhängig, weil Peters Existenz vom Sprecher vorausgesetzt wird. Eine Gegenstandskonstante (z.B. "a_4"), die nicht von einem Prädikat (z.B. glauben) abhängig ist, kann auch im Skopus dieses Prädikates stehen (z.B. als Argument von krank). Die Umkehrung ist aber nicht der Fall: Lakoff (1968:5-6) hat gezeigt, daß Sätze wie (16) und (17) ungrammatisch sind.

(16) * John möchte einen Fisch fangen, und er wird ihn essen

(17) * John möchte einen Fisch fangen, und Bill möchte ihn essen

In den beiden Sätzen ist die NP ein Fisch von möchten abhängig; aber das mit ihr korreferentielle ihn steht außerhalb des Skopus von möchte, daher die Ungrammatikalität. Die folgende Bedingung muß also erfüllt sein: Wenn eine Gegenstandskonstante von einem Prädikat abhängig ist, kann sie nicht außerhalb seines Skopus stehen.[1]

Ich will jetzt zeigen, wie auf der S-Ebene die Abhängigkeit der Gegenstandskonstante "a_3" von glauben repräsentiert werden

---

1 Im Erzeugungsmechanismus in 3.1.3 habe ich die Regel E15 eingebaut, die diese Einschränkung bewirkt.

soll. Der Sachverhalt, daß a_2 a_3 glaubt, wird durch die Gegenstandskonstante "a_1" bezeichnet. Von diesem Glauben ist der Sachverhalt a_3 abhängig. "a_1" hat den Index 1; wir können dem Determinator von NP_3 auch diesen Index geben. Für NP_3 haben wir die folgende Repräsentation:

(18) $(def_1 a_3)((krank)a_4)*a_3$ [1]

Dies muß natürlich in unserem semantischen Apparat genau definiert werden; in der vorliegenden Arbeit fehlt die Definition noch.

Die Unterscheidung 'spezifisch/nicht-spezifisch', die ich bei der Darstellung von Jackendoffs Theorie erwähnt habe, kann ohne Schwierigkeit nach der vorliegenden Methode repräsentiert werden. Die NP <u>a fish</u> in (3) ist einmal von dem Performativ mit der Bedeutung 'sagen', ein anderes Mal von dem weltbildenden Prädikat <u>want</u> abhängig. Aber die nicht-spezifische Anwendung ist nicht auf den indefiniten Artikel beschränkt; man findet sie auch bei Wörtern wie <u>einige</u>, <u>viele</u> usw., beim definiten Artikel und bei den Demonstrativpronomen.

(19) Wir brauchen ein Messer; dieses Messer muß sehr scharf sein

Mit der Plazierung der NP unter das nächsthöhere S des weltbildenden Prädikats (in (19): <u>brauchen</u>) wird dieser besondere Status repräsentiert; besondere Operatoren sind dafür nicht nötig.

Die sogenannten 'faktiven Verben' präsupponieren nicht immer die Wahrheit ihrer Komplementsätze, wie Kiparsky/Kiparsky 1970 angenommen haben. Die Negation von (20)

(20) Er bedauerte, daß er die Wahrkeit gesagt hat

(d.h. 'Er bedauerte nicht, daß er die Wahrheit gesagt hat') impliziert zwar die Gültigkeit des Komplementsatzes (21);

(21) Er hat die Wahrheit gesagt

Karttunen (1971:63-65) macht uns aber auf die Beschränktheit dieser Annahme aufmerksam: Bei den folgenden Sätzen [2]

(22) Haben Sie entdeckt, daß Sie einen Fehler gemacht haben ?

---

1 Ich sehe von der komplizierteren Entsprechung des Prädikativs <u>krank</u> ab, und lasse sie durch den Prädikator "(krank)" vertreten. Zur Entstehung dieser Repräsentation siehe die Erläuterung zu P35-P40 in 4.1.3. Vgl. auch das Beispiel in 4.2.

2 Die Beispiele hier sind etwas anders als bei Karttunen.

(23) Wenn ich später entdecken würde, daß ich einen Fehler gemacht habe , würde ich ihn auch nicht mehr wiegutmachen können
(24) Es ist möglich, daß ich entdecken werde, daß ich einen Fehler gemacht habe

wird nicht vorausgesetzt, daß der Sprecher die Wahrheit der Komplementsätze des 'faktiven Verbs' <u>entdecken</u> glaubt. Mit anderen Worten, sie sind von den weltbildenden Prädikaten <u>wenn</u>, <u>möglich</u> usw. abhängig. Man sieht, daß der faktive Charakter der Komplemente der faktiven Verben bei weltbildenden Prädikaten aufhören kann, obwohl es nicht immer so sein muß.

Karttunen (1970:250) hat die 'implikativen Verben' eingeführt (z.B. <u>zustandebringen</u>, <u>dazukommen</u>, <u>geschehen</u>, <u>Mißgeschick haben</u>, <u>wahr</u> usw.). In mancher Hinsicht sind sie den 'faktiven Verben' ähnlich. Die Wahrheit von (25) impliziert auch die Wahrheit von (26):

(25) Zu jedermanns Überraschung brachte es Sam zustande, das Problem zu lösen
(26) Sam löste das Problem

man beachte, daß das Prädikativ <u>zustandebringen</u> kein weltbildendes Prädikativ ist. Karttunen stellt aber zwei Charakteristika dieser Prädikative fest, die die 'faktiven Verben' nicht haben:

i. Die adverbialen Modifikatoren des Hauptsatzes (<u>Zu jedermanns Überraschung</u> in (25)) scheinen durch Implikation ebenfalls zum Komplementsatz zu gehören.
ii. Die Negation eines Satzes mit einem implikativen Prädikat impliziert auch die Negation des Komplementsatzes. Z.B. impliziert (27) den Satz (28).

(27) Sam brachte es nicht zustande, das Problem zu lösen
(28) Sam löste das Problem nicht

Auf die Eigenschaft (i) will ich hier nicht eingehen. Für die Eigenschaft (ii) schlägt Karttunen zwei 'Präsuppositionen' vor:

$$v(s) \supset s$$
$$\sim v(s) \supset \sim s$$

(v ist ein implikatives Verb, s ist sein Komplementsatz.) Der Vorschlag von Karttunen hat eine Schwäche: Er hat nur zwei Implikationsfälle berücksichtigt. Man kann auch Sätze wie (29) und (30) bilden.

(29) Es ist möglich, daß es Sam zustande bringt, das Problem zu lösen
(30) Ich träumte, daß es Sam zustande bringt, das Problem zu lösen

Bei (29) impliziert die Möglichkeit des Zustandebringens auch die Möglichkeit der Problemlösung; auf ähnliche Weise impliziert die Zugehörigkeit des Zustandebringens zur Traumwelt des Sprechers die Zugehörigkeit der Problemlösung zur Traumwelt des Sprechers. Wenn man die Lösung von Karttunen akzeptierte, brauchte man noch zwei 'Präsuppositionen', die die Implikationen von (29) und (30) voraussagen können. Es gibt aber noch mehr Welten, und man wird ebenso viele 'Präsuppositionen' brauchen. Anhand der Beispiele (25)-(30) kann man folgendes feststellen: In (25), (27), (29) und (30) sind die Komplementsätze und die Matrixsätze von denselben Prädikaten abhängig; d.h., die Abhängigkeit der Komplementsätze von einem Prädikat wird durch die gleiche Abhängigkeit der Matrixsätze impliziert. Wenn dies zutrifft, kann man die Gebrauchsweise der implikativen Verben auf folgende Weise festsetzen: Wenn ein S ein implikatives Verb als Prädikat hat, muß sein Komplementsatz von demselben Prädikat abhängig sein wie S. Dieses Phänomen kann hier leider nicht mehr durch die notwendigen Regeln in den Erzeugungsmechanismus eingebaut werden.

Es gibt noch eine interessante Klasse von Prädikaten, die Karttunen (1970:254) als "negative Implikative" bezeichnet (z.B. vergessen, vernachlässigen, versagen, verweigern, vermeiden, unterlassen, falsch usw.). Der Satz (31) impliziert (32).

(31) John vermied es, im Verkehr aufgehalten zu werden

(32) John wurde im Verkehr nicht aufgehalten

Nach der oben geschilderten Methode kann man folgendes festlegen: Wenn ein S ein negatives Implikativ als Prädikat hat, muß sein Komplementsatz in negierter Form von demselben Prädikat abhängig sein wie S.

Nicht alle Prädikate haben einen Skopus; zu denjenigen, die keinen haben (z.B. krank in (14) bzw. (15)), gehört ein nächsthöheres S, das außer prop nichts anderes dominiert. Es ist nicht ohne weiteres ersichtlich, daß ein NP-Knoten den Knoten S, und nicht gleich den Knoten prop, dominieren soll. Ich führe jetzt ein Beispiel vor, wo eine NP unmittelbar ein S dominieren muß. Die NP (33) hat die Struktur (34), wo "NP_1" ein S unmittelbar dominieren muß.

(33) der, der glaubt, daß a_2 krank ist

(34)

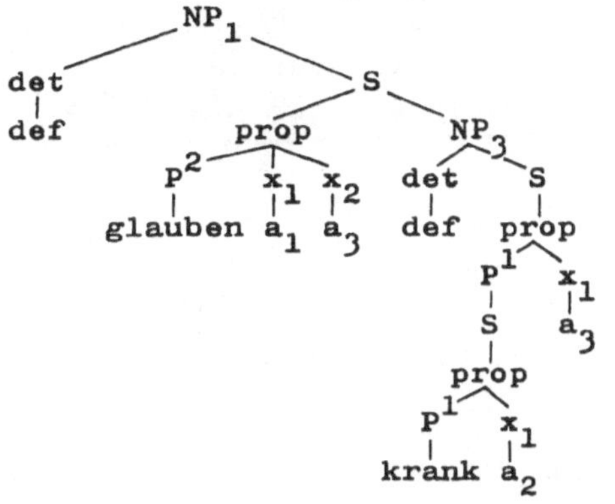

Der Grund ist folgender: Glauben ist ein weltbildendes Prädikativ. NP_3, die die Erkrankung von a_2 bezeichnet, muß von glauben abhängig sein. Ohne ein S als dominierender Knoten könnte diese Beziehung nicht dargestellt werden.

Zum Schluß möchte ich zeigen, wie man (10) bzw. (11) repräsentieren kann. Mit der Symbolik von Jackendoff 1971 (vgl. (12) und (13)) haben wir für (10) die folgenden Repräsentationen:

(35)a sagen (alle Bewohner, die beiden Ungeheuer, kämpfen)
b sagen (alle Bewohner, DISTR (die beiden Ungeheuer, kämpfen))
c sagen (die beiden Ungeheuer, DISTR (alle Bewohner, kämpfen))
d sagen (DISTR (alle Bewohner, die beiden Ungeheuer, kämpfen))

Sagen ist das implizite Performativ. Das abstrakte Prädikat DISTR 'Distributiv') bestimmt, daß die Referenten der von ihm abhängigen NP distributiv in der beschriebenen Relation (d.i. das Kämpfen) stehen sollen.[1] Als Beispiel der Tiefenstrukturdarstellung wird (35)b genommen, dessen Tiefenstruktur (36) ist.

(36)

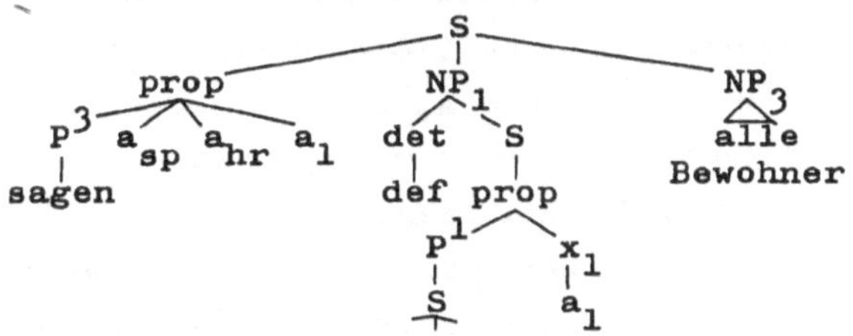

(s. nächste Seite)

1 Vgl. den 'modalen Operator' "$C_{multiple}$" bei Jackendoff (1971: 501-504).

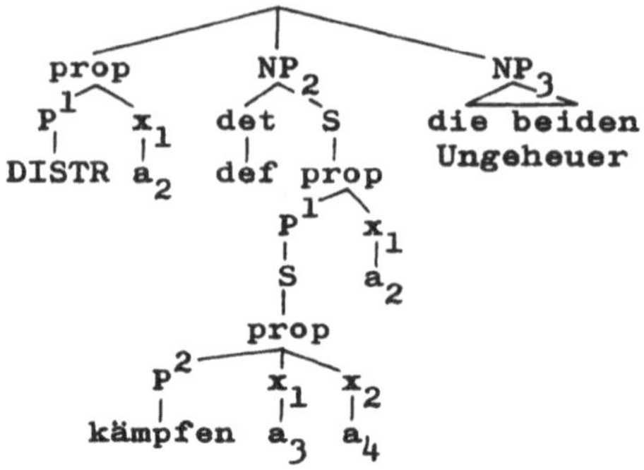

3 1 Erzeugungsregeln

3.1.1 Schreibkonventionen und Abkürzungen [1]

Die Anwendung der runden Klammerung, des Pfeils und des Verkettungszeichens "+" entsprechen dem üblichen Gebrauch der Generativen Grammatik. Eine kurze Orientierung dieser Schreibkonvention findet sich in Bechert et al. (1970:41-46).

In den eckigen Klammern stehen die zusätzlichen (manchmal auch redundanten) Bedingungen für die betreffenden Regeln. Wenn solche Bedingungen in einer Frage stehen, gehören sie nicht zur Frage. Z.B. wird in E3 gefragt, ob $n = 1$ ist; daß n das n von P^n ist, ist nur eine zusätzliche Angabe.

Ich zeige hier noch eine Aufstellung der Abkürzungen, die man bei den Erzeugungsregeln finden kann:

dom	'dominieren' (im Sinne der Generativen Grammatik)
dir dom	'direkt dominieren'. A dir dom B, wenn (i) A dominiert B, (ii) es keinen anderen Knoten C gibt, wobei A dominiert C und C dominiert B.
unentw	'unentwickelt'. Ein Knoten ist unentwickelt, wenn er noch durch eine Verzweigungsregel (d.h. eine Regel mit "→") zu anderen Knoten expandiert werden muß (und folglich andere Knoten dominieren wird), aber vorläufig noch keine Knoten dominiert (d.h. die Expansion hat noch nicht stattgefunden).

---

1 Siehe auch 0.2 über die Flußdiagrammethode.

∃A	'Es gibt ein A' (in E14).
∃A ...	'Es gibt ein A, wobei A ...' (E22, E23, E24, E27).
(∃A)..A..	'Es gibt ein A, wobei .. A ..' (E32).
(∀A)..A..	'Es gilt für alle A: .. A ..' (E32).
A in B	'B dominiert A' (E22).
A ⇐ B	'A wird gleich groß wie B'. (A ist eine Variable für Zahlen. B ist entweder eine Zahl oder eine Variable für Zahlen). "i ⇐ 1" heißt: i bekommt den Wert 1; wenn dann ein x_i gibt, ist x_i ein x_1 (E10, E16, E21).
A → .. B	(Siehe die Erläuterung zu E20)

3.1.2 Beispielmuster

Um das Verständnis der Regeln bzw. ihrer Erläuterungen zu erleichtern, geben wir hier einige typische Beispiele, die durch die Erzeugungsregeln generiert werden können:

(1) Peter schlägt den Mann

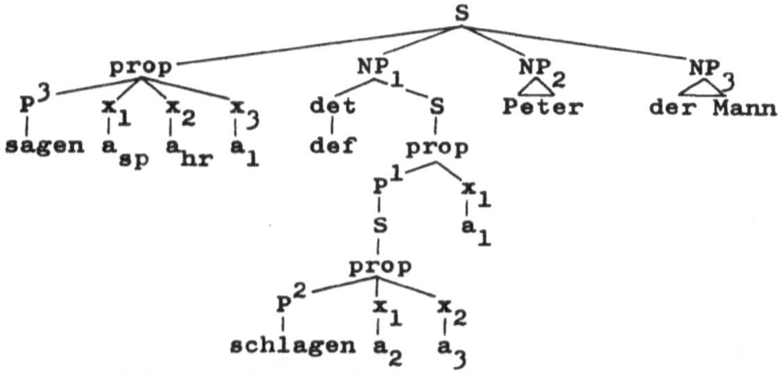

(2) Peter sieht drei Menschen

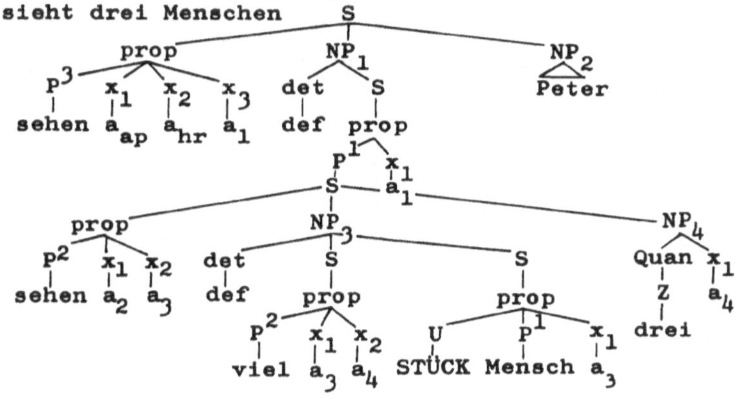

(3) Der Tisch ist zwei Meter lang

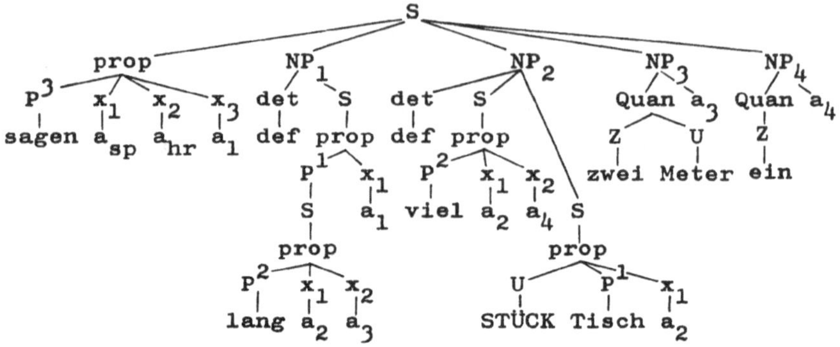

(4) Ein Meter ist mehr als ein Zoll

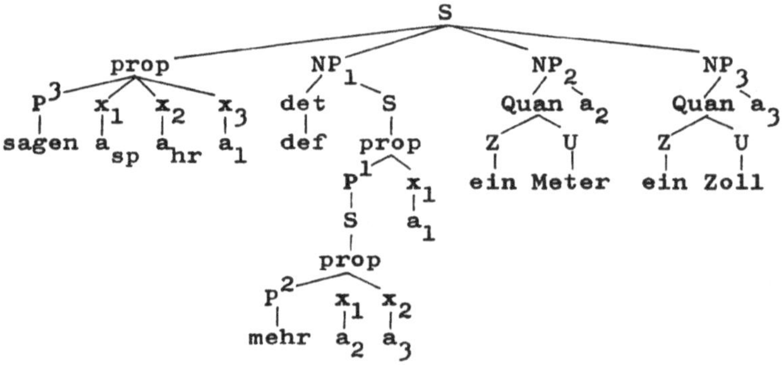

(5) Drei ist größer als zwei

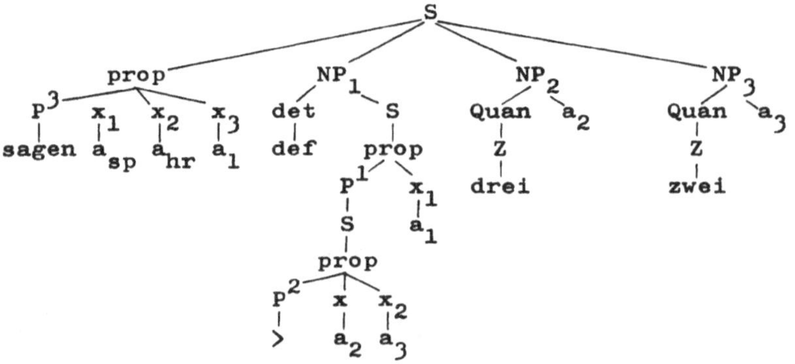

3.1.3 Diagramm

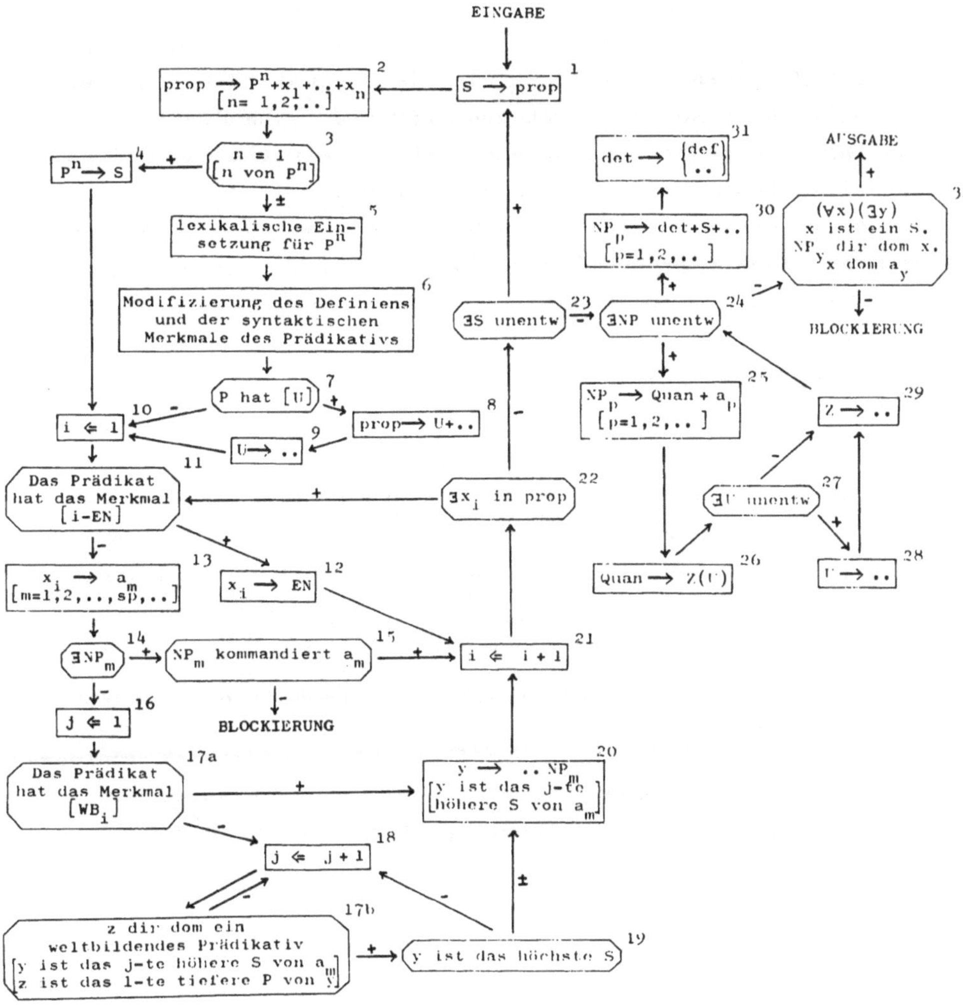

3.1.4 Erläuterungen

E1 Der Knoten S wird in NP expandiert.

Wir teilen ein S in eine Proposition, deren höchster Knoten prop ist,[1] und Identifikatoren, die vorläufig noch nicht, sondern erst durch E20, erzeugt werden. Man könnte fragen, warum wir nicht die folgende Regel haben:

$$S \longrightarrow prop + NP + NP + \ldots$$ [2]

Ich habe diese Regel nicht gewählt, weil man noch nicht weiß, wieviel NP gebraucht werden, die die Gegenstandskonstanten identifizieren sollen. Erst wenn wir prop expandiert haben, und ihre Argumente bekannt sind, können wir wissen, welche Identifikatoren benötigt werden. Wir geben diesen Identifikatoren die gleichen Indizes, die auch die entsprechenden Konstanten haben (Siehe E13 bis E20).

E2 Prop wird in $P^1 + x_1$, $P^2 + x_1 + x_2$, oder $P^3 + x_1 + x_2 + x_3$ expandiert.

$P^n + x_1 + .. + x_n$ ist die Abkürzung von

$$\left\{ \begin{array}{l} P^1 + x_1 \\ P^2 + x_1 + x_2 \\ P^3 + x_1 + x_2 + x_3 \end{array} \right\}$$

Der Knoten P^n dominiert später ein Prädikativ, das n Argumente hat. X_1, x_2 usw. sind Gegenstandsvariablen. Die Anzahl der Argumente kann wahrscheinlich nicht mehr als 3 sein. Kausative Bewegungsverben wie schicken und bringen in [3]

> Man schickte Herrn Klein vom Einwohnermeldeamt zum Ordnungsamt
> Die "Aurora" bringt Weizen von Kanada in die Sowjetunion ,

die wie vierwertige Verben aussehen, sind vermutlich dreiwertig; das dritte Argument wäre dann ein eingebetteter Satz. Im Kantonesischen ist der dreiwertige Charakter noch deutlicher. Vgl.

---

1 "prop" wird auch von McCawley 1970 benutzt.

2 "NP" entspricht der Bezeichnung "Identifikator", die in 0.4.3 erläutert wird. Da die Bezeichnung "NP" in der Generativen Grammatik schon sehr verbreitet ist, wird sie hier auch benutzt. Eine NP ist ein Identifikator in der Sprache Y.

3 Die Beispiele stammen von Heinz Vater: Syntax und Semantik des heutigen Deutsch (Vorlesung), S.21.

x yäu y höi z
von hingehen : x geht von y nach z

w jöng x yäu y dai höi z
(Partikel) bringen : w bringt x von y nach z

Im zweiten Satz bleibt das Prädikat des eingebetteten Satz erhalten.

E3 Es wird gefragt, ob P^n ein P^1 ist.

Wir kommen jetzt zur Entwicklung des Knotens P^n. P^n kann entweder ein Prädikativ oder ein S dominieren. Wenn es ein S dominiert, muß $n = 1$ sein.[1] Wenn die Antwort auf die Frage E3 positiv ist, kann P^n entweder ein Prädikativ (durch E5) oder ein S (durch E4) dominieren.

E4 P^n wird in S expandiert.

Die Entwicklung von S muß so lange warten, bis nach E22 die Entwicklung der Argumente abgeschlossen ist. Bei E22 wird gefragt, ob es noch unentwickelte S gibt. Wenn ein S durch E4 erzeugt wird, muß die Antwort auf die Frage von E22 positiv sein; man geht dann nach E1, wo dieses S weiter entwickelt wird.

E5 Ein Prädikativ wird vom Lexikon gewählt und an P^n gehängt. Das Definiens und die syntaktischen Merkmale werden kopiert und für die Projektion und die Transformationen aufbewahrt.

Es ist zu bemerken, daß hier nur ein Prädikativ eingesetzt wird, und daß nicht alle P-Knoten gleichzeitig mit Prädikativen versehen werden; wir haben ja augenblicklich nur einen noch nicht entwickelten P-Knoten. Die Selektion hat nur eine kontrollierende Funktion; sie findet viel später statt (Siehe P26). Ich zeige hier ein Beispiel:

vor E5 nach E5

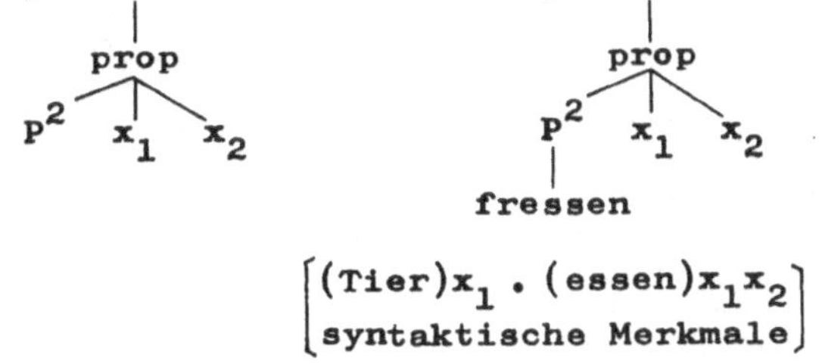

1 Siehe 3.0.2.g über die Verdinglichung eines Sachverhaltes.

E6 Das Definiens und die syntaktischen Merkmale des Prädikativs werden modifiziert.

Da wir in der Selektion keine Kontradiktion erlauben wollen,[1] muß eine Möglichkeit der semantischen Abweichung geschaffen werden, sonst wäre der motivierte Bedeutungswandel gar nicht möglich.[2] Bevor der Satz beendet ist, muß der Sprecher schon wissen, was er mit seinen Wörtern meinen will. Die Modifizierung trägt natürlich manches für die Selektion bei; sie bedeutet auch die Bildung eines neuen Lexems, das im Glücksfall ein potentielles Lexem der Sprache sein könnte.[3]

Was die Ursachen und Motivierungen betrifft, die zur semantischen Modifizierung führen, sei es Ökonomie, Exaktheit, eine emotionelle Haltung gegenüber einem bestimmten Objektbereich,[4] oder auch nur eine bestimmte stilistische Absicht,[5] so möchte ich auf die einschlägige Semantikliteratur verweisen, vor allem die Standardwerke Ullmann 1951 und Kronasser 1952. Bei McCawley (1968b:132) wird die semantische Modifizierung auch erwähnt; er ist jedoch der Meinung, daß sie auf höchst spezialisierte, poetische Zwecke beschränkt sei, was mit den eben erwähnten Motivierungen nicht übereinstimmt.[6]

---

1 Siehe P26 in Kap.4.

2 Z.B. verwenden die Kantonesen in Hongkong den Ausdruck <u>män</u>, der ursprünglich nur Hongkong-Dollar bezeichnete, zur Bezeichnung des chinesischen Yuan, der deutschen Mark, des französischen Franc und des amerikanischen Dollars (aber nicht des englischen Pfunds), wenn sie in den betreffenden Ländern wohnen. Es gibt natürlich auch unmotivierten Bedeutungswandel, z.B. durch phonologische Änderung, durch Änderung der Gesellschaft und der materiellen Welt (vgl. Ullmann (1951:209 und 1962:210)) und durch Unkenntnis oder Nachlässigkeit des Sprechers, die zu abweichendem Sprachgebrauch führen (vgl. Ullmann (1951:91) über Volksetymologie und Kronasser (1952:65) über Affektverminderung). Siehe auch die Kritik von Weinreich (1966:465-466) an Katz (daß sein Modell zu schwach sei, figurative Anwendungen der Wörter zu berücksichtigen).

3 Über den schöpferischen Aspekt der semantischen Modifizierung siehe auch Leech (1969:92).

4 Z.B. Tabu, Nou, Euphemismus, thematische Passion usw. Vgl. Ullmann (1962:201-209).

5 Z.B. Übertreibungstrieb, Verschleierungstrieb, Neuerungstrieb, Nachahmungstrieb, Konservatismus und Ironie.

6 Bei McCawley (1970:168) werden jedoch einige unpoetische Beispiele gegeben.

Die Möglichkeit zur semantischen Modifizierung ist bei jedem Lexem verschieden.[1] Außerdem ist die Möglichkeit der semantischen Modifizierung einzelner Typen (oder die semantische Modifizierung überhaupt) von den Elementen der Sprechsituation abhängig.

Die wichtigsten Typen der semantischen Modifizierung sind:[2]
(i) Bedeutungsmodifizierung durch Eliminierung oder Hinzufügung einer oder mehrerer Propositionen im Definiens.[3]
(ii) Metapher. Der entstandene Begriff stimmt teilweise mit dem alten überein (man nennt diesen gemeinsamen Teil "tertium comparationis"), der Rest wird durch eine neue Kombination von Propositionen ersetzt.[4]
(iii) Kontaktübertragung. [5] Ein Lexem, dessen Referent in einer bestimmten Relation eine bestimmte Rolle spielt, bezeichnet nun einen anderen Gegenstand, der in der erwähnten Relation eine andere Rolle spielt. Die verbindende Relation könnte räumlich, zeitlich oder kausal sein.

Bei Weinreich (1966:461-466) findet man die entsprechende Regel unter dem Namen "construal rule"; dabei werden nicht nur semantische Änderungen, sondern auch morphologische Änderungen (d.h. Änderungen bei den syntaktischen Merkmalen) vorgenommen. Dies ist eine wichtige Maßnahme, die leicht übersehen wird. In diesem Modell wird wie bei Weinreich auch die syntaktische Modifizierung durchgeführt; dabei können für ein Lexem anstelle einiger nicht mehr gültiger syntaktischer Merkmale neue Merkmale entstehen, die Einfluß auf die späteren Transformationen haben. Die Änderungen der syntaktischen Merkmale werden wiederum stark von der Änderung des semantischen

---

1 Vgl. hierzu Leech (1969:90-91) und Weinreich (1966:466).
2 Paul (1880;1970:87-100) hat fast die gleiche Einteilung; er macht jedoch keinen Unterschied zwischen der Generalisierung und der Metapher.
3 Die beiden Typen werden "Generalisierung" bzw. "Spezialisierung" genannt. Beispiele siehe Kronasser (1952:96-97,125), Baldinger (1957:32-33) und Ullmann (1952:200).
4 Über die verschiedenen Typen der Metapher siehe Paul (1880; 1970:94-97), Ullmann (1951:223-226 und 1962:214-218) und Kronasser (1952:144-149,158-159).
5 Hierzu gehören die traditionelle Synekdoche und Metonymie. Vgl. auch Ullmann (1962:218-220), Kronasser (1952:29,96,100-101) und Paul (1880;1970:97-100).

Definiens beeinflußt.

Weinreich (1966:464-467) hat im Zusammenhang mit der 'construal Rule' einen 'semantic calculator' vorgeschlagen, der den Abweichungsgrad der Sprachkette ermitteln kann. Er hat dort einige Kriterien genannt; er konnte sich jedoch nicht auf eine bestimmte Methode festlegen, weil dies von zu vielen Faktoren abhängig ist. Auch in der vorliegenden Arbeit wird auf einen ähnlichen Versuch verzichtet.

E6 ist fakultativ, d.h. die semantische oder die syntaktische Modifizierung muß nicht stattfinden. Daher kann man nach der Anwendung von E5 entweder nach E6 oder nach E7 gehen.

E7 Es wird gefragt, ob das von P dominierte Prädikativ das syntaktische Merkmal [U] trägt.

Es ist möglich, daß das Prädikativ eine Kategorie bezeichnet, deren Elemente zählbar sind. Man braucht ein Einheitswort dafür (Stück, Gruppe usw.)[1]; z.B. bei zwei Gruppen von Schülern. Ein solches Prädikativ ist einstellig und hat das syntaktische Merkmal [U] (Engl.: "unit"). Aber auch wenn ein Prädikativ mit einem Einheitswort kombiniert werden kann, ist der Gebrauch des Einheitswortes fakultativ; z.B. hat die NP Rindfleisch bei Ich möchte Rindfleisch haben keine Angabe einer Zähleinheit.[2] Wenn eine Zähleinheit angegeben werden soll, geht man nach E8, sonst nach E10.

E8 Prop dominiert zusätzlich den neuen Knoten U; z.B. wird

in

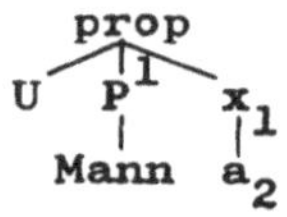

verwandelt.

E9 Ein Einheitswort wird aus dem Lexikon gewählt; es wird von U dominiert.

E10 Der Index von x (siehe E12 und E13) wird auf 1 gesetzt.

Durch die Regeln E10 bis E21 werden die Gegenstandsvariablen, die Argumente des Prädikates sind, mit Gegenstandskonstanten versehen. Dies geschieht in der Reihenfolge von links nach rechts. E10 bewirkt, daß zuerst das erste Argument von prop entwickelt wird.

---

1 Siehe 0.4.6.2 und 8.2 über Einheitswörter.
2 Vgl. hierzu 8.2.

E11 Es wird gefragt, ob das Prädikat das Merkmal [i-EN] trägt.

Bei dem Prädikativ heißen ist das zweite Argument keine normale Gegenstandskonstante, sondern ein Eigenname. Man kann heißen das syntaktische Merkmal [2-EN] geben, das besagt, daß das zweite Argument ein Eigenname ist. Wenn wir jetzt heißen als Prädikat haben, und i = 2, haben wir für E11 eine positive Antwort; wir können nach E12 gehen.

E12 Ein Eigenname wird an x_i gehängt.

E13 Eine Gegenstandskonstante wird an x_i gehängt.[1] Die Gegenstandskonstante kann a_1, a_2, ... oder a_{sp}, a_{hr}, ... usw. sein.

E14 Es wird gefragt, ob die durch E13 erzeugte Gegenstandskonstante (a_m) einen Identifikator (NP_m) hat.

Wenn a_m schon einen Identifikator hat, kommen wir nach E15. Wenn a_m noch keinen Identifikator hat, muß er erzeugt werden. Die Regeln E16 bis E20 haben diese Aufgabe.

E15 Wenn A, B und C Knoten eines Stammbaums sind, und C A unmittelbar dominiert, kommandiert A B, wenn B von C, aber nicht von A dominiert wird. In 3.0.2.i habe ich darauf hingewiesen, daß eine Gegenstandskonstante, die von einem Prädikat abhängig ist, nicht außerhalb des Skopus dieses Prädikats stehen kann. E15 macht genau diese Einschränkung. Wenn die Kommand-Bedingung nicht erfüllt ist, steht a_m außerhalb des Skopus des Prädikats, wovon sie abhängig ist, und der Generierungsprozeß muß blockiert werden, da sonst eine ungrammatische Kette erzeugt würde. Im Beispiel (15) von 3.0.2.i kommandiert NP_1 alle a_1, NP_2 alle a_2 usw.

E16 - E20

In 3.0.2.i habe ich angenommen, daß es weltbildende Prädikative gibt. Ich habe auch gezeigt, das die Identifikatoren derjenigen Gegenstandskonstanten, die von einem weltbildenden Prädikativ abhängig sind, vom ersten höheren S-Knoten des Prädikativs unmittelbar dominiert werden müssen.[2] Durch E16 - E20 können solche Identifikatoren an die richtigen S-Knoten gehängt werden. Der Übergang von E16 nach E20 entspricht dem Prinzip der Identifikation bei Searle (1969:79-80):

1 Siehe 1.1.1.1.1 und 1.1.1.1.2 über Gegenstandskonstanten.
2 Siehe Beispiel (15) in 3.0.2.i.

If a speaker refers to an object, then he identifies or is able to identify that object for the hearer apart from all other objects.

E16 Die Variable j, die wir bei E17 verwenden, bekommt den Wert 1.

E17a Es wird gefragt, ob das Prädikat das syntaktische Merkmal $[WB_i]$ ('weltbildend') trägt.

Wenn a_m unmittelbar von x_i dominiert wird und gleichzeitig Argument eines Prädikats ist, das das Merkmal $[WB_i]$ trägt, z.B. in [1]

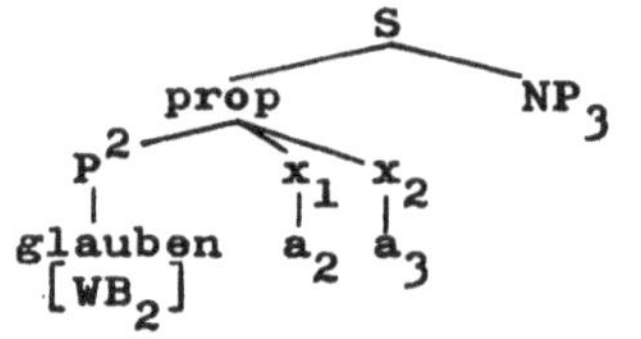

muß NP_m vom ersten höheren S von a_m unmittelbar dominiert werden, weil sie von diesem weltbildenen Prädikat abhängig ist.[2]

E17b Bei E17b wird gefragt, ob der j-te höhere S-Knoten von a_m ein weltbildendes Prädikativ dominiert, das auch vom nächsttieferen P-Knoten dieses S-Knotens dominiert wird. Weltbildende Prädikative werden durch das syntaktische Merkmal $[WB_i]$ gekennzeichnet, wobei das i-te Argument des Prädikats von diesem Prädikat abhängig sein muß.

Unter "x ist der n-te höhere y-Knoten von z" verstehen wir:

i. x ist ein y-Knoten (z.B. S-Knoten, NP-Knoten usw.),

ii. x dominiert z,

iii. es gibt genau n - 1 (n minus eins) y-Knoten, die von x dominiert werden, und die z dominieren.

"x ist das n-te tiefere y-Knoten von z" bedeutet:

i. x ist ein y-Knoten,

ii. z dominiert x,

iii. es gibt genau n - 1 y-Knoten, die von z dominiert werden, und die x dominieren.

Der Zweck von E17b ist folgender: Nach 3.0.2.i kann eine NP nur von einem S-Knoten direkt dominiert werden, dessen nächsttieferer P-Knoten ein weltbildendes Prädikat dominiert.

---

1 Dieses Beispiel ist Teil des Beispiels in 3.2.

2 Siehe 3.0.2.i über die Abhängigkeit einer NP von einem Prädikat.

Um den Idenfikator NP_m zu lokalisieren, muß man zuerst einen S-Knoten finden, der diese Voraussetzung hat.

E18 Der Wert der Variable j wird um eins erhöht.

Wenn der j-te höhere S-Knoten die Bedingung von E17a oder E17b nicht erfüllt, kann er NP_m nicht dominieren; d.h., unmittelbar dominiert er nur den Knoten prop. Die Erhöhung des Wertes der Variable j ermöglicht die Untersuchung des nächsthöhereren S-Knoten. Man kommt dann nach E17b.

E19 Es wird gefragt, ob der durch E17b geprüfte S-Knoten der höchste S-Knoten ist.

Wenn der j-te höhere S-Knoten die Bedingung von E17b erfüllt, dominiert er nicht unbedingt NP_m. Z.B. wird NP_2 in 3.1.2, Beispiel 2 nicht vom ersten höheren S-Knoten von a_2 dominiert, obwohl a_3 von einem weltbildenden Prädikativ prädiziert wird. Man kann durch E18 den Wert j um eins erhöhen, und wieder nach E17b gehen. Wenn der zu prüfende S-Knoten der höchste S-Knoten ist, muß NP_m an ihn gehängt werden (E20). Wenn er nicht der höchste S-Knoten ist, kann man außer nach E20 auch nach E17b gehen; NP_m wird dann an einen höheren S-Knoten gehängt.

E20 NP_m wird an den S-Knoten y gehängt.

Wenn wir z.B. vor der Anwendung von E20 den Teilbaum (siehe Beispiel (15) in 3.0.2.i)

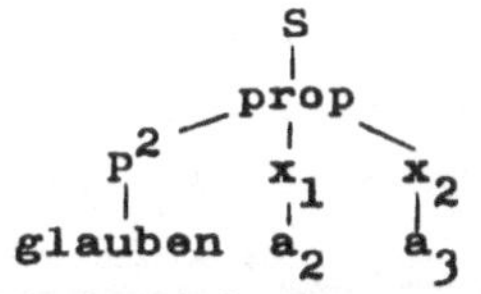

haben, sieht der Baum nach der Anwendung von E20 so aus:

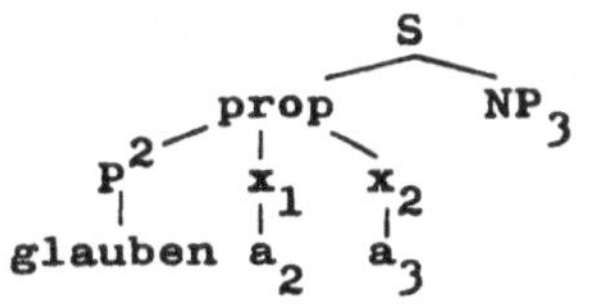

E21 Der Index von x wird um eins erhöht.

Nach E20 ist für die bei E13 erzeugte Gegenstandskonstante schon ein Identifikator vorhanden. Durch E21 geht man zur Prüfung des nächsten Arguments in prop über.

E22 Es wird gefragt, ob prop ein x_i dominiert.

Wenn die Antwort positiv ist, wird die Prozedur von E11 bis E21 wiederholt; bei einer negativen Antwort geht man nach E23.

E23 Es wird gefragt, ob es noch unentwickelte NP-Knoten gibt.

Wenn die Antwort auf die Frage in E22 negativ ist, sind alle Argumente von P^n (siehe E2) schon entwickelt. Es könnte sein, daß P^n einen S-Knoten dominiert (durch E4), der noch nicht entwickelt ist. Ein unentwickelter S-Knoten könnte auch durch E30 entstehen, wenn die NP zwei S-Knoten dominiert, wovon zuerst nur ein S-Knoten durch E1 bis E22 entwickelt worden ist.

Wenn es noch unentwickelte S-Knoten gibt, müssen die S-Knoten zuerst entwickelt werden (man geht wieder nach E1), bevor man sich um weitere unentwickelte NP kümmert. Wenn die Antwort negativ ist, kommt man nach E24.

E24 Es wird gefragt, ob es noch unentwickelte NP-Knoten gibt.

Nach E22 oder E29 wird die Entwicklung einer prop oder einer NP zu Ende geführt; es muß jetzt festgestellt werden, ob es noch unentwickelte NP gibt, die durch E20 erzeugt werden. Wenn die Antwort positiv ist, wird eine unentwickelte NP expandiert; man geht weiter nach E25 oder E30. Wenn die Antwort negativ ist, ist die Expansion des ganzen S schon zu Ende. Es muß dann durch E32 geprüft werden, ob die Kette die Bedingung der Wohlgeformtheit erfüllt.

E25 Die jetzt zu entwickelnde NP_p wird in "Quan + a_p" expandiert.

Eine NP kann ein Quantum (z.B. die NP <u>drei Pfund</u> und <u>vier Meter</u>) bezeichnen. Eine solche NP kann genauso wie andere NP im Thema oder im Rhema stehen, und kann als ein Argument eines Prädikates auftreten.

E26 Quan wird in Z (siehe Beispiel (5) in 3.1.2) oder in Z + U (siehe Beispiel (3) und (4) in 3.1.2) expandiert.

E27 Es wird gefragt, ob ein unentwickeltes U existiert.

Wenn die Antwort positiv ist, ist der nächste Schritt E28, bevor man nach E29 kommt.

E28 Ein Einheitswort wird an U gehängt.

E29 Ein Zahlwort wird an Z gehängt.

Mit E29 wird die Entwicklung von Quan beendet; und es muß wieder geprüft werden, ob es noch unentwickelte NP gibt (E24).

E30 NP wird in ein det und ein oder mehrere S expandiert, je nachdem, wie ausführlich die Beschreibung (Identifikator) ist.

E31 Der Knoten det wird expandiert.

E32 Es wird gefragt, ob alle x, die S-Knoten sind, a_y dominieren, wenn die x von NP_y unmittelbar dominiert werden.

Jeder S-Knoten, der unmittelbar von NP_y dominiert wird, muß ein a_y dominieren. Man muß wissen, wie man den Referenten von NP_y identifizieren kann. Wenn S kein a_y dominierte, könnte man auch nicht wissen, welche Rolle der Referent von NP_y im Sachverhalt spielt, den S repräsentiert.

Diese Frage muß gestellt werden, weil die Erzeugungsregeln E1 - E31 nicht zwangsläufig eine Kette erzeugen, die die obige Forderung erfüllt. Deswegen muß ein Filter eingebaut werden, um die ansonsten ungrammatische Kette zu vermeiden.

Wenn die Antwort für E32 negativ lautet, ist die Kette ungrammatisch; die Generierung muß blockiert werden. Wenn die Kette diese Prüfung besteht, kann sie projiziert werden. Die Projektionsregeln werden im Kap.4 erläutert.

3.2 Ausführliches Beispiel

Um die Anwendung der Regeln zu veranschaulichen, gebe ich hier ein sehr einfaches Beispiel:

Der Mann glaubt, daß Peter krank ist

Die Struktur dieses Satzes kann mit (G1) dargestellt werden. Die Zahlen unter dem Knoten gehören nicht zur Ausgabe des Generierungsprozesses; sie dienen hier nur zur Veranschaulichung. Die Reihenfolge der Erzeugung der Knoten wird durch diese Zahlen angegeben. Außerdem wird das Tempus nicht berücksichtigt. Die Lexeme ein und Stück werden später durch Tilgungsregeln eliminiert.

Das grundlegende Element eines S ist der Knoten prop, der durch die Anwendung von E1 erzeugt wird. Durch E2 wird prop in P^3, x_1, x_2 und x_3 expandiert, die den Rahmen einer Prädikation bilden. Diese Knoten werden durch Anwendung anderer Regeln sagen, a_{sp} a_{hr} und a_1 dominieren. Da wir ein P^3 haben, ist die Möglichkeit, daß dieser P-Knoten ein S dominiert, ausgeschlossen. Nach der Frage E3 gehen wir nach E5, wo ein dreistelliges Prädikativ (sagen) eingesetzt wird.

(G1)

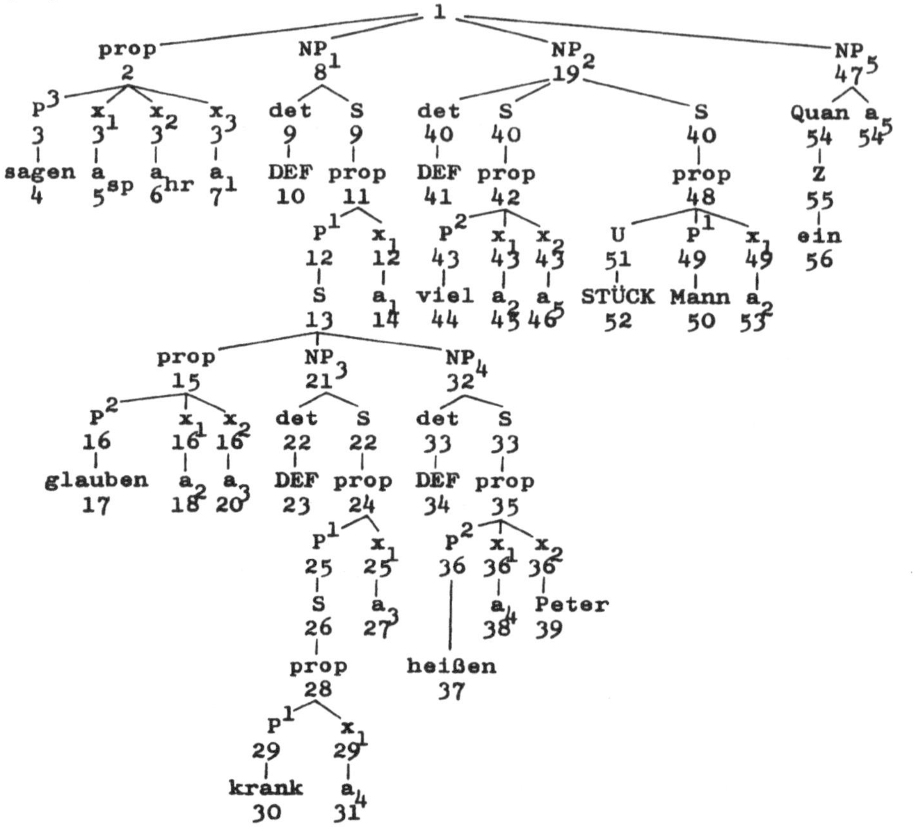

Anschließend werden die Argumente des Prädikates ausgewählt; die Knoten x_1, x_2 und x_3 sind ja nur Variablen, die eine Platzhalter-Funktion haben. Zuerst wird i durch E10 auf 1 gesetzt; der Zyklus E11 - E22 ermöglicht die Bestimmung der Argumente. Durch E7, E10, E11 und E13 wird für x_1 die Konstante a_{sp} erzeugt, die den Sprecher bezeichnet. Nach der Anwendung von E14 und E15 wird i durch E21 um eins erhöht. Nun soll das zweite Argument erzeugt werden; nach E22, E11 und E12 ist es so weit. Durch E13 wird die Konstante a_{hr}, die den Hörer bezeichnet, erzeugt. Nach der Anwendung von E14, E15, E21, E22, E11, E12 und E13 wird a_1 als drittes Argument erzeugt. Durch die Frage E14 wird festgestellt, daß a_1 noch keinen Identifikator hat (d.h. NP_1 existiert noch nicht). Da <u>sagen</u> das Merkmal [WB_3] hat (Frage E17a), wird NP_1 durch E20 erzeugt und unmittelbar durch S dominiert.

Die Frage (E22), ob es ein weiteres Argument von sagen gibt, bekommt eine negative Antwort; man geht nach E23 und E24, wo festgestellt wird, daß NP_1 noch nicht entwickelt ist. Durch E30 wird NP_1 in det und S expandiert, die durch E31 und E1 DEF bzw. prop dominieren. Weil NP_1 einen Sachverhalt bezeichnen soll, wird prop nach dem Verfahren in 3.0.2.g zuerst durch E2 in P^1 und x_1 expandiert; durch die Anwendung von E4 dominiert P^1 wiederum ein S. Dieser S-Knoten bekommt vorläufig keine Expansion; man kümmert sich zuerst um x_1, das durch die Anwendung von E10, E11 und E13 in a_1 expandiert wird. Nach E14, E15, E21, E22 und E23 kommen wir zur Expansion von S, die ähnlich wie die des höchsten S ist. Die Kette glauben + a_2 + a_3 wird zuerst erzeugt. Weil glauben das Merkmal [WB_2] hat, a_2 jedoch von x_1 dominiert wird, ist die Antwort auf E17a negativ. NP_2 kann nicht vom nächsthöheren S von glauben dominiert werden. Durch E18 und E19 wird der geeignete S-Knoten gefunden, der NP_2 unmittelbar dominieren soll. Ähnlich wie NP_1 wird NP_3 erzeugt, die von glauben abhängig ist.

Ich habe oben die Erzeugung einiger Knoten verfolgt. Den genauen Ablauf der gesamten Erzeugung kann man anhand der folgenden Aufstellung nachvollziehen. Die anzuwendenden Regeln stehen in Klammern; die dadurch erzeugten Knoten stehen unmittelbar hinter den Nummern der Regeln, z.B. wird S durch E1 in prop expandiert; durch E2 werden P^3, x_1, x_2 und x_3 erzeugt usw.

S (1) prop (2) P^3, x_1, x_2, x_3 (3,5) sagen (7,10,11,13) a_{sp} (14, 15,21,22,11,12,13) a_{hr} (14,15,21,22,11,12,13) a_1 (14,16,17a,20) NP_1 (21,22,23,24,30) det , S (31) DEF (1) prop (2) P^1 , x_1 (3,4) S (10,11,13) a_1 (14,15,21,22,23,1) prop (2) P^2, x_1 , x_2 (3,5) glauben (7,10,11,13) a_2 (14,16,17a,18,17b,18,17b,19,20) NP_2 (21,22, 11,13) a_3 (14,16,17a,20) NP_3 (21,22,23,24,30) det , S (31) DEF (1) prop (2) P^1 , x_1 (3,4) S (10,11,13) a_3 (14,15,21,22,23,1) prop (2) P^1 , x_1 (3,5) krank (7,10,11,13) a_4 (14,16,17a,18,17b,18,17b,19, 20) NP_4 (21,22,23,24,30) det , S (31) DEF (1) prop (2) P^2 , x_1 , x_2 (3,5) heißen (7,10,11,13) a_4 (14,15,21,22,11,12) Peter (21, 22,23,24,30) det , S , S (31) DEF (1) prop (2) P^2 , x_1 , x_2 (3,5) viel (7,10,11,13) a_2 (14,15,21,22,11,13) a_5 (14,16,17a,18,17b, 19,20) NP_5 (21,22,23,1) prop (2) P^1 , x_1 (3,5) Mann (7,8) U (9) STÜCK (10,11,13) a_2 (14,15,21,22,23,24,25) Quan , a_5 (2,6) Z (27, 29) ein (24,32).

4. Projektion

4.0 Einleitung

4.0.1 Allgemeines

Nach der Generierung der Y-Kette wird das Produkt semantisch überprüft und gleichzeitig in die Sprache S übersetzt; ich werde diese Vorgänge "Projektion" nennen. Es geht hier nicht um die semantische Interpretation, die in der logischen Semantik praktiziert wird.[1] Die Projektion ist nur eine Übersetzung von Sätzen der Sprache Y in Sätze (oder: 'Aussagen') der Sprache S. Wir brauchen noch Interpretationsregeln für die S-Ketten, deren Ausarbeitung jedoch im Rahmen dieser Arbeit nicht geleistet werden kann. Die Projektionsregeln können auch "semantische Erzeugungsregeln" oder "Erzeugungsregeln der S-Kette" genannt werden, weil durch sie Sätze in der Sprache S erzeugt werden können.

Den Terminus "Projektion" übernehme ich von Katz. Bei Katz (1964:163) wird jedoch für jede grammatische Relation eine spezifische Projektionsregel gefordert. Katz (1972:114-116) vertritt diese Auffassung nicht mehr; statt dessen wird eine einzige universelle Regel formuliert, die die Lesungen von unmittelbaren Konstituenten kombiniert, ausgehend von den untersten Konstituenten, bis eine Lesung für die ganze Kette entsteht. Im Prinzip ist diese Regel dem vorliegenden Projektionsapparat ähnlich; die Regel besteht jedoch im ganzen aus 24 Zeilen, die auch keine anderen Erkenntnisse bringen als die Erörterung bei Katz/Fodor (1963:506):

> The general way in which the projection rule component works is by proceeding from the bottom to the top of a constituent structure tree and effecting a series of amalgamations, starting with the output of instruction (I) and amalgamating sets of paths dominated by a grammatical marker, thus assigning a set of readings to the concatenation of lexical items under that marker by associating the result of the amalgamation with the marker until the highest marker sentence is reached and associated with a set of readings.

---

1 Siehe 0.3.h.

4.0.2 Richtlinien für die Projektion

Die Reihenfolge der Projektion stimmt mit der strukturellen Hierarchie der Y-Kette nicht ganz überein. Zuerst werden die NP, die nur Gegenstandskonstanten mit dem gleichen Index (wie die NP) enthalten, projiziert. Wenn z.B. NP_4 Gegenstandskonstanten enthält, die nicht a_4 sind (z.B. a_2, a_5 oder a_6), wird NP_4 erst dann projiziert, wenn die Identifikatoren dieser Gegenstandskonstante (d.h. NP_2, NP_5, NP_6 usw.) schon projiziert worden sind. Unter den NP werden diejenigen zuerst projiziert (durch P3 - P10), die Quanten bezeichnen, weil sie nur Gegenstandskonstanten mit dem gleichen Index enthalten.

Die Projektionskette der NP wird aus der Projektionskette der Determinatoren und der konstituierenden prop zusammengesetzt. (Siehe P40 - P42)

Die Projektionskette einer prop wird anhand der Definition des Prädikativs, die in der Lexikonregel dieses Prädikativs steht, und der daran beteiligten Gegenstandskonstanten gebildet. (Zur lexikalischen Einsetzung siehe 3.1.4.E5; ein ausführliches Beispiel findet sich in 4.2)

Um die Zusammenfügbarkeit der zu kombinierenden Elemente zu prüfen, wird ein Selektionsmechanismus eingebaut. (Näheres siehe die Erläuterung für P26)

Man kann den Projektionsmechanismus als einen Kalkulator (abgekürzt: K) betrachten,[1] der die Informationen aus der Y-Kette und dem Lexikon aufnimmt und verarbeitet (diese Informationen werden dann "Inhalt von K" genannt), bis eine S-Kette, die die Übersetzung der Y-Kette ist, herauskommt.

4.1 Projektionsregeln

4.1.1 Schreibkonventionen [2]

Es gelten die Schreibkonventionen in 3.1.1, falls sie hier Anwendung finden. "Y" oder "S" vor einer Instruktion oder einer Frage bedeutet, daß die Instruktion oder die Frage für die syn-

---

1 Vgl. auch Weinreich (1966:445) über den 'calculator'.
2 Siehe auch 0.5.

taktische (Sprache Y) bzw. semantische Ebene (Sprache S) gilt.

Im folgenden werden noch einige weitere Abkürzungen angegeben, die in den Projektionsregeln verwendet werden:

DF	Definiens
PJ	Projektionskette
PS	Präsupposition
A dom B dom C	A dominiert B, B dominiert C. (P9, P16, P40, P41)
Erw K	K (siehe 4.0.2) wird durch die Prädikatorzerlegungsregeln und die Redundanzregeln erweitert. (P7, P17, P36)
A/B	Alle A werden durch B ersetzt. (P1, P12)
K(/A)	A wird Inhalt von K. (P5, P8, P16, P35, P40, P41)
K(A/B)	In K werden alle A durch B ersetzt, die anderen Teile bleiben jedoch unverändert. (P6, P20, P21)
K(A/B , C/D)	In K werden alle A durch B und alle C durch D ersetzt; die anderen Teile bleiben unverändert. (P9)
K ⇒ A	Der Inhalt von K wird zu A. (P10, P32, P42)

4.1.2 Diagramm

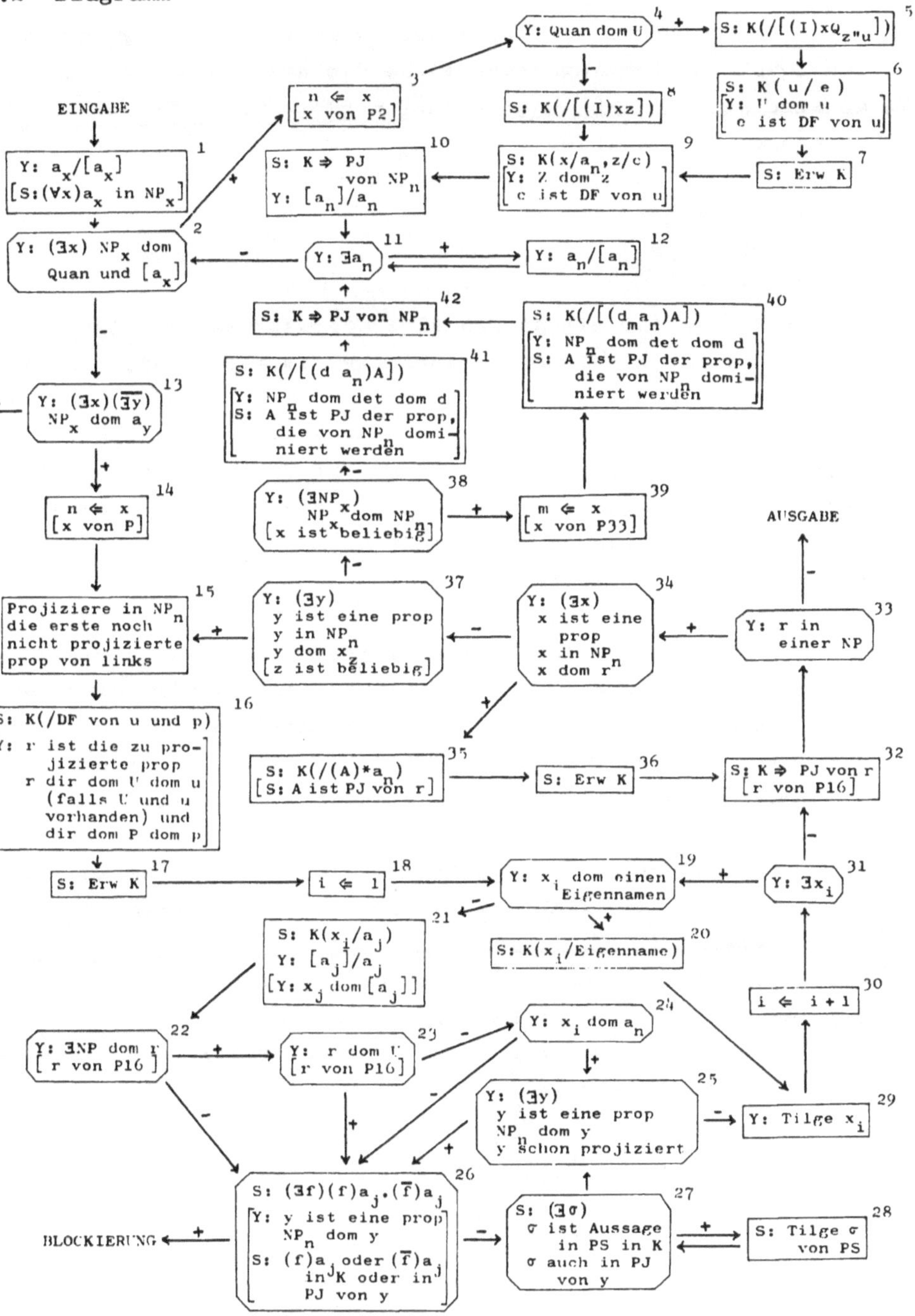

4.1.3 Erläuterungen

P1 Für alle x, wenn a_x in NP_x steht, wird a_x zu $[a_x]$ geändert. Zum Zweck der Einklammerung siehe die Erläuterung zu P12.

P2 Es wird gefragt, ob es eine Zahl x gibt, wobei NP_x die Knoten Quan und $[a_x]$ dominiert.

Eine NP mit Quan hat die Struktur

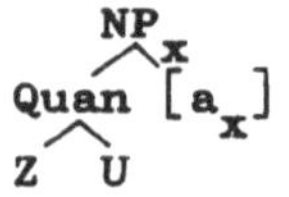

oder

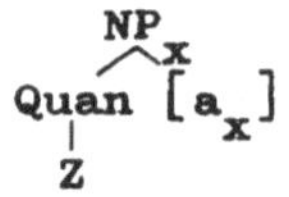

Da die Projektion eigentlich eine Übersetzung ist, ist es gleichgültig, in welcher Reihenfolge sie geschieht, wenn dabei keine Schwierigkeiten entstehen. Die Projektion einer NP mit Quan ist relativ einfach; es ist günstiger, solche NP zuerst zu projizieren. In P2 wird geprüft, ob es eine NP gibt, die Quan dominiert, und gleichzeitig noch nicht projiziert ist — die projizierte NP enthält keine $[a_x]$ mehr, die durch P10 von a_x ersetzt werden.

P3 n bekommt den Wert von x.

In der Frage P2 ist x eine Variable. Wenn wir eine NP finden können, die die Bedingung von P2 erfüllt, wird diese NP sofort projiziert. Nehmen wir an, NP_3 dominiert die Knoten Quan und $[a_3]$ und kann daher projiziert werden; durch P3 wird der Index n von NP_n bei P9 bis P12 auf 3 gesetzt.

P4 Es wird gefragt, ob Quan ein U dominiert.

P5 Wenn die Antwort auf P4 positiv ist, wird in den Kalkulator K, der vorher leer ist, die folgende Kette aufgenommen:[1]

$$(I)xQ_{z''u}$$

Die Variablen x, z und u werden bei P6 und P9 durch die Gegenstandskonstante a_n, das Definiens des Zahlworts bzw. das Definiens des Einheitsworts ersetzt. Wir haben z.B. die folgende kantonesische Struktur:

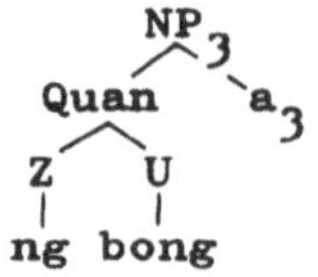

1 Siehe 8.1.3 über $Q_{z''u}$.

und die Definitionen

ng =: 5

bong =: Pfun

Durch P4 haben wir die Kette

$(I)xQ_{z"u}$

im Kalkulator. Diese Kette wird durch P6 in

$(I)xQ_{z"Pfund}$

verwandelt. Durch P9 bekommen wir

$(I)a_3Q_{5"Pfund}$

die als "a_3 ist identisch mit dem Quantum 5 Pfund" oder "a_3 ist 5 Pfund" gelesen werden kann.

P6 Im Kalkulator K wird die Variable u durch das Definiens des Einheitsworts ersetzt.

P7 Die S-Kette in K wird durch die Redundanzregel und die K-Regeln erweitert.[1]

Ich führe das Beispiel von P5 weiter. Es gibt die folgende K-Regel:

$(I)xQ_{z"Pfund}$ (Q-Gewicht)x [2]

Durch die Anwendung der Redundanzregel wird

$(I)xQ_{z"Pfund}$

in

$(I)xQ_{z"Pfund}$.(Q-Gewicht)x

verwandelt.

P8 Wenn die Antwort auf P4 negativ ist, wird in den Kalkulator K die Kette "(I)xz" aufgenommen.[3] Die Variablen x und z werden bei P9 durch die Gegenstandskonstante a_n und das Definiens des Zahlworts ersetzt. Die entstandene Kette wird durch P10 Projektion von NP_n. Z.B. hat NP_3 von Beispiel (5) in 3.1.2 die Projektion "$(I)a_3 2$" (Lies: a_3 ist 2).

P9 Im Kalkulator K werden alle x von a_n und z durch die Zahl, die von Z dominiert wird, ersetzt.

P10 Der Inhalt von K wird Projektion von NP_n; K wird wieder leer. Auf der Y-Ebene wird $[a_n]$ durch a_n ersetzt. Da auf der Y-Ebene diese NP kein a_n mehr dominiert, kann sie nicht noch einmal projiziert werden (siehe P2). Beispiel:

---

1 Siehe 1.5.1.4 über die Redundanzregel.
2 Vgl. 1.5.1.8.
3 Vgl. die Erläuterung zu P5.

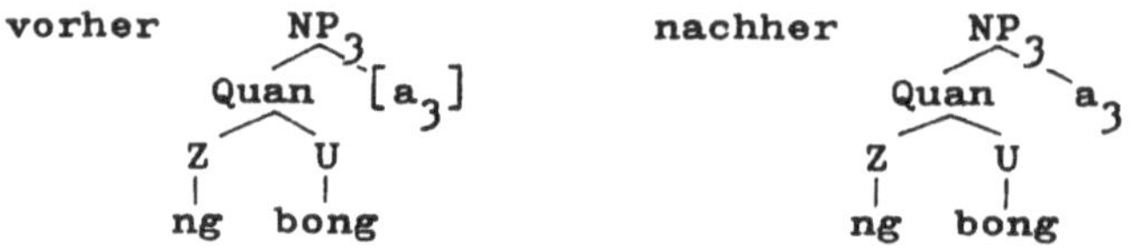

P11 - P12 Auf der Y-Ebene wird gefragt, ob es anderswo noch a_n gibt; wenn noch weitere a_n vorhanden sind, werden sie durch P12 mit eckigen Klammern eingeklammert.

Der Zweck der Einklammerung ist folgender: Wir setzen voraus,[1] daß bei der Projektion einer prop alle ihre Argumente schon projizierte Identifikatoren (d.h. NP, die gleiche Indizes haben) haben, z.B.

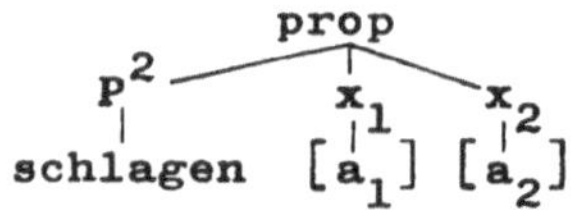

Bei P12 wird eine Konstante (a_n), deren Identifikatoren (NP_n) gerade durch P3 - P10 oder durch P13 - P42 projiziert worden ist, mit eckigen Klammern versehen. Dieser Vorgang wiederholt sich, bis alle a_n eingeklammert worden sind. Dann geht man wieder nach P2, wo nach einer weiteren noch nicht projizierten NP, die Quan enthält, gefahndet wird. Wenn die Konstante in einer NP mit dem gleichen Index wie die NP steht, wird sie automatisch eingeklammert (P1), auch wenn die NP noch nicht projiziert wird. Sonst könnten überhaupt keine NP projiziert werden, da sie die Bedingungen von P2 oder P13 nicht erfüllen würden.

P13 Es wird gefragt, ob es eine NP gibt, die keine Gegenstandskonstanten dominiert, die nicht in Klammern stehen.

Zu suchen ist eine NP, die projizierbar ist. Nehmen wir an, wir haben NP_n, die eine zweistellige prop enthält. Es gibt die folgenden drei möglichen Fälle:

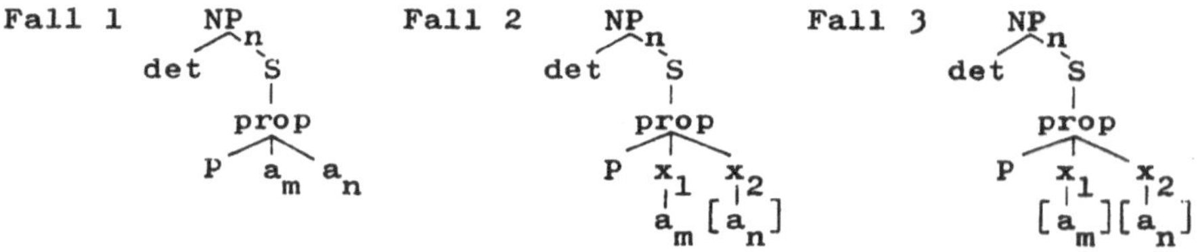

---

1 Siehe 4.0.2.

Wir wollen eine NP suchen, die noch keine Projektion hat, aber projizierbar ist. Im Fall 1 dominiert NP_n die Gegenstandskonstanten a_m und a_n, aber keine Gegenstandsvariablen. Die Gegenstandsvariablen sind schon durch P29 eliminiert worden, d.h. NP_n ist schon projiziert. Deswegen kann NP_n nicht noch einmal projiziert werden. Im Fall 2 dominiert NP_n die Gegenstandskonstante a_m, aber auch die Gegenstandsvariable x_1, die a_m dominiert. Dies bedeutet, daß NP_m noch nicht projiziert, aber auch noch nicht projizierbar ist. Im Fall 3 ist NP_m schon projiziert. Dies ist durch die eckige Klammerung von a_m ersichtlich. a_n bekommt auch eckige Klammern durch P1, deswegen ist NP_n projizierbar.

Wenn die Antwort zu P13 negativ ist, kann es nur noch eine Möglichkeit geben: Alle NP sind schon projiziert; nur die höchste prop muß noch projiziert werden. Man geht direkt nach P16.

P14 Wenn die Antwort zu P13 positiv ist, erhält n den Wert des Index x in NP_x, die die Bedingung von P13 erfüllt. Z.B. wenn NP_3 kein a_y (y ist eine beliebige Zahl), sondern nur eingeklammerte Gegenstandskonstanten dominiert, bekommt n den Wert 3 (n kommt in P15, P24, P25, P26, P34, P35, P37, P38, P40, P41, P42, P11 und P12 vor).

P15 Die erste noch nicht projizierte prop von links wird projiziert. Wenn es eine NP wie NP_2 im Beispiel von 3.0.2.g gibt, wird die unterste prop projiziert.

P16 Das Definiens des Einheitsworts (wenn es welches gibt) und das Definiens des Prädikativs sind bei E5 in Kap.3 kopiert und aufbewahrt worden; sie werden jetzt in den Kalkulator K, der vorher leer ist, aufgenommen.[1]

P17 Die S-Kette im Kalkulator K wird erweitert. Die Erweiterung der S-Kette hat drei Schritte:

a. Die Prädikatorenvariable im Definiens des Einheitsworts wird durch den ersten Prädikator ersetzt, der im Definiens des Prädikats enthalten ist; die nachfolgende Aussage wird getilgt. Wir haben z.B. die folgende prop der kantonesischen Sprache:

---

1 Vgl. die Erläuterung zu P17 und das Beispiel in 4.1.3.

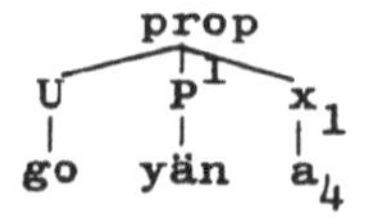

Die Lexikonregeln für go 'Stück' und yän 'Mensch'lauten:

$go + ... + x_1$ =: $(K:F)x_1$ [1]

$yän + x_1$ =: $(Mensch)x_1$

Bei P16 bekommt K den folgenden Inhalt:

$(K:F)x_1.(Mensch)x_1$

Diese Kette wird durch P17 in die folgende Kette verwandelt:

$(K:Mensch)x_1$

Die Tilgung der Kette "$(Mensch)x_1$" ist aus diesem Beispiel nicht einsehbar. Wenn aber diese Tilgung nicht stattfinden würde, könnte man sagen, daß der Teil eines Menschen oder eines Hauses auch ein Mensch oder ein Haus sei, was natürlich nicht richtig ist. Die Notwendigkeit dieser Tilgung muß jedoch gründlicher geprüft werden; darauf möchte ich hier nicht eingehen.

b. Die Prädikatorenzerlegungsregel und die Redundanzregel wird angewendet.[2] Führen wir das Beispiel in (a) weiter. Da es die K-Regel

$(Mensch) \subset (Lebewesen)$

gibt, wird die S-Kette "$(K:Mensch)x_1$" nach der Anwendung der Redundanzregel in

$(K:Mensch)x_1.(K:Lebewesen)x_1$

erweitert.

c. Die Suggerierungsregeln werden angewendet.[3]

P18 - P31 Die Identifikatoren der Argumente des Prädikativs werden der Reihe nach mit der Definition des Prädikativs verglichen. Wenn z.B. das Prädikativ zwei Argumente hat, und x_1 $[a_4]$, x_2 $[a_8]$ dominiert,

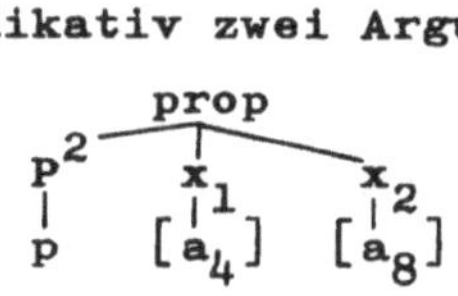

1 Über den Prädikator "K" siehe 8.2 (Vorsicht! "K" steht in 4.1.2 und 4.1.3 auch für den Kalkulator des Projektionsmechanismus). "F" ist eine Prädikatorenvariable.

2 Siehe 1.6 über die Zerlegung der Prädikatoren und 1.5.1.4 über die Redundanzregel. Siehe auch das Beispiel in der Erläuterung zu P23.

3 Näheres siehe unter 1.7.

wird zuerst die Projektion von NP_4 mit der Definition von p verglichen, um herauszufinden, ob Kontradiktionen entstehen. Wenn keine Kontradiktionen festgestellt werden können, wird x_i um eins erhöht (P30), und weil x_2 [a_8] dominiert, wird NP_8 mit der Definition von p verglichen. Wenn es wieder gut geht, wird i wieder um eins erhöht, und in P31 wird gefragt, ob es ein x_3 gibt; da kein x_3 vorhanden ist, kommt die Projektion von prop durch P32 zustande.

P18 Der Index von x_i wird auf 1 gesetzt. (i kommt in P19, P20, P21, P24, P29 und P30 vor)

P19 Es wird gefragt, ob x_i einen Eigennamen dominiert.

Die Eigennamen und die Gegenstandskonstanten, die durch E12 bzw. E13 erzeugt werden, werden etwas unterschiedlich behandelt. Durch P19 werden sie auseinandergehalten.

P20 Wenn x_i einen Eigennamen dominiert, wird in K x_i durch diesen Eigennamen ersetzt. Weil der Eigenname keinen Einfluß auf die semantische Selektion hat, geht man direkt nach P29.

P21 Wenn auf der Y-Ebene x_i [a_j] dominiert, wobei $j = n$ oder $j \neq n$ sein kann (NP_n dominiert x_i), wird auf der S Ebene in K x_i durch a_j ersetzt. Auf der Y-Ebene fallen die eckigen Klammern weg, da sie nur Zeichen der Projizierbarkeit sind. Beispiel:

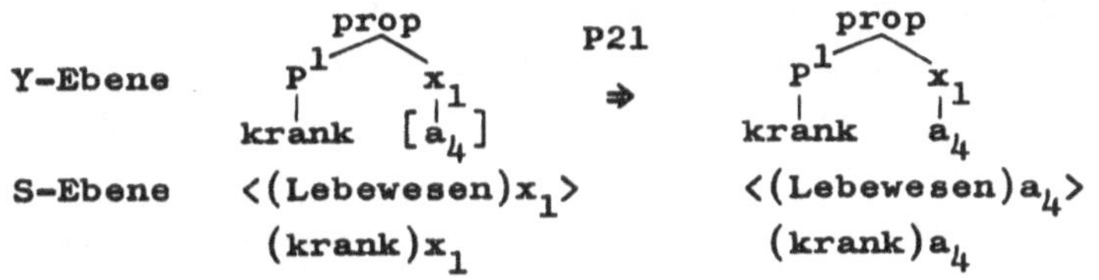

P22 - P25

Nicht jedes Argument nimmt an der Selektion teil. Z.B. findet bei der Projektion der ersten prop der folgenden Struktur keine Selektion statt, weil NP_1 nicht einmal teilweise projiziert ist.

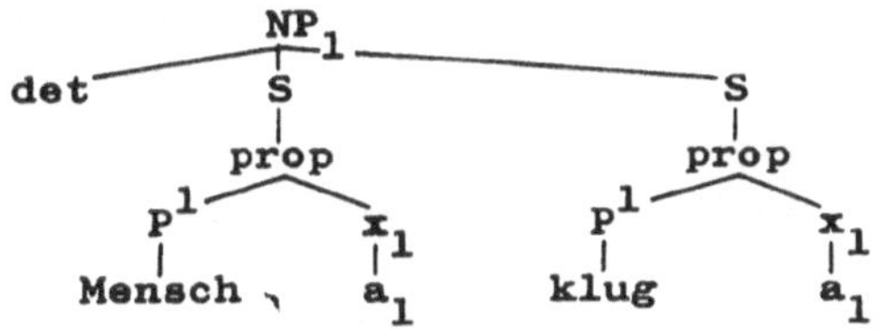

Bei der Projektion der zweiten prop ist die erste prop von

NP_1 schon projiziert; wir kommen nach P26, die die Selektion durchführt. In unserem Beispiel präsupponiert klug die Aussage "(Tier)a_1"; aus der Projektionskette der ersten prop wissen wir, daß "(Tier)a_1" gilt, deswegen wird die Bedingung bei P26 erfüllt.

P22 Es wird gefragt, ob auf der Y-Ebene prop von einer NP dominiert wird. Bei einer negativen Antwort muß das Prädikat mit den Identifikatoren seiner Argumente verglichen werden; man kommt nach P26. Wenn die Antwort positiv ist, kommt man nach P23.

P23 Es wird gefragt, ob prop einen U-Knoten dominiert. Wenn es der Fall ist, ist es möglich, daß das von U dominierte Einheitswort mit dem Prädikat nicht dominierbar ist. Z.B. bei

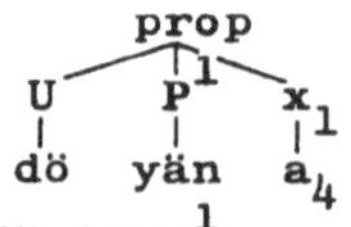

Die Definition von dö ist:[1]

$$dö + \ldots + x_1 \;=:\; (K{:}Blume)x_1.(K{:}F)x_1$$

Die Definition von yän ist jedoch

$$yän + x_1 \;=:\; (Mensch)x_1$$

Durch P17 bekommen wir für den Kalkulator die folgende Kette,[2]

$$(K{:}Blume)x_1.(K{:}Mensch)x_1.(K{:}\overline{Blume})x_1$$

wo die kontradiktorischen Aussagen "(K:Blume)x_1" und "(K:$\overline{\text{Blume}}$)x_1" enthalten sind. Diese Kontradiktion wird durch P26 festgestellt.

P24 Es wird geprüft, ob x_i, das von prop und NP_n dominiert wird, a_n dominiert. Wenn x_i a_n dominiert, findet eine Selektion statt, wenn in NP_n schon eine oder mehrere prop projiziert worden sind; diese Frage findet sich in P25. Wenn x_i nicht a_n dominiert, geht man nach P26, weil für diese Gegenstandskonstante schon eine projizierte NP vorhanden ist.

P25 Es wird gefragt, ob es in NP_n eine andere prop gibt, die schon projiziert worden ist. Wenn die Antwort positiv lautet, haben wir schon mindestens eine Projektionskette, die a_n enthält. Man muß jetzt prüfen, ob das Definiens des Prädikativs

---

1 Vgl. die Erläuterung zu P17 und 8.3.
2 Vgl. 1.5.1.4.

etwas enthält, das mit der schon vorhandenen Projektionskette nicht verträglich ist. Dieser Selektionsprozeß wird anhand P26 durchgeführt. Wenn die Antwort negativ lautet, handelt es sich um die erste prop in NP_n:

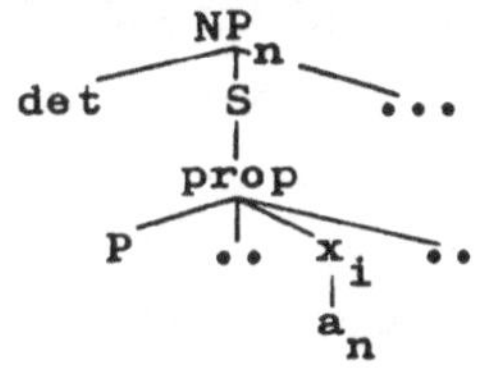

Wir haben keine andere andere Projektionskette, die die Konstante a_n enthält (d.h., a_n kommt erstmalig vor); übrigens sind Kontradiktionen, die durch die Unverträglichkeit des Prädikats mit einem Einheitswort entstehen könnten, nicht möglich, weil prop kein Einheitswort dominiert (P23). Aus diesem Grund ist eine Selektion gar nicht nötig; sie ist auch nicht durchführbar. Wir kommen nach P29.

P26 Selektion: Die Beschreibung von a_j, die in der Projektion von NP_j enthalten ist, wird mit der Beschreibung von x_i, die im Kalkulator enthalten ist, verglichen.

In diesem Moment hat NP_j schon eine Projektion (siehe P10 und P42). Diese Projektion wird mit dem Definiens des Lexems, das als Prädikat fungiert und a_j unter dessen Argumenten hat, verglichen. Der Inhalt des Definiens des prädikativen Lexems wird vorher erweitert (siehe P17) und steht jetzt in K. Falls irgendeine Kontradiktion entsteht, etwa derart:

(Mensch)a_j vs. ($\overline{\text{Mensch}}$)x_i

wird die Projektion blockiert und die Generierung kann nicht weitergeführt werden.

Bezüglich der Selektion schließe ich mich im großen und ganzen den Ansichten von McCawley (1968a und 1968b) an. Es lohnt sich vielleicht, einige wichtige Thesen (hauptsächlich die von McCawley) kurz aufzuzählen. Kuroda (1969:143) bemängelt an dieser Theorie, daß sie doch etwas unsicher und unanschaulich sei, und daß kein formaler Mechanismus angeboten werde. Die vorliegende Regel, die stark von McCawley inspiriert ist, dürfte in dieser Hinsicht als eine Ergänzung dienen. Es sind folgende Punkte zu beachten:

a. Jeder Prädikator in der Projektion einer syntaktischen Einheit, die an der Selektion teilnehmen soll, kann relevant für die Selektion sein.[1] Um dies zu beweisen, braucht man nur im Lexikon irgendein Lexem zu wählen, seine Definition durch Implikationsregeln zu erweitern und irgendeinen Prädikator F im Definiens des Lexems zu wählen und dann das Lexem mit einer Konstituente, deren Projektion gerade einen Prädikator enthält, der mit dem gewählten Prädikator F im Widerspruch steht, kombinieren lassen; dadurch würde eine ungrammatische Kombination entstehen.[2]

b. Es stimmt nicht, daß nur die semantische Information eine Rolle in der Selektion spielt, wie McCawley glaubt.[3] Schon die Genuskongruenz kann die Meinung von McCawley widerlegen.[4] Z.B. kann <u>Minister</u> sowohl eine männliche als auch eine weibliche Person bezeichnen; aber dieses Wort hat maskulines Genus, und kann nur mit einem maskulinen Artikel kombiniert werden. Ähnlich kann das Wort <u>Mädchen</u>, das nur weibliche Personen bezeichnen kann, sowohl mit <u>es</u> als auch mit <u>sie</u> pronominalisiert werden. Hier sieht man, daß es außer semantischen Selektionen noch Selektionen gibt, die nicht semantisch sind. Nicht alle Zusammensetzungen von Lexemen, die semantisch einwandfrei sind, sind akzeptabel. Katz (1970:238) gibt das folgende Beispiel: <u>Footwear</u> habe keinen Plural, während die NP <u>articles of wearing apparel for the feet</u>, die etdieselbe Bedeutung habe, ein Plural sei.[5] Die Lexeme <u>trousers</u>, <u>pants</u> seien syntaktisch Plural und verlangten auch die

---

1 Vgl. die sehr klare Formulierung von McCawley (1968b:134): "I maintain first that any piece of information which may figure in the semantic representation of an item may figure in a selectional restriction and secondly that no other information ever figures in selectional restrictions." Vgl. hierzu auch McCawley (1968a:265). Aber der Status der 'semantic representation' von McCawley ist leider noch ziemlich unklar (siehe die Erörterungen in 0.2). Was McCawley über die semantische Repräsentation sagt, lasse ich auf die Sprache S übertragen; damit ist nicht gesagt, daß die S-Kette mit der semantischen Repräsentation identisch ist.

2 Siehe hierzu die Beispiele in (e).

3 Siehe das Zitat in der Anmerkung von (a).

4 Siehe Kuroda (1969:146-148).

5 Dasselbe Argument findet sich bei Katz (1972:375); dort werden noch vier weitere Beispiele angegeben.

Pluralform der Verben, obwohl sie semantisch singulär seien.[1] Katz (1972:379-384) argumentiert überzeugend für den reinen syntaktischen Charakter der syntaktischen Merkmale [+Refl], [+Common] und [+Possessive], die ich hier nicht mehr aufführen werde. Zwischen Lexemen gibt es also Selektionen, die nicht semantisch erklärt werden können, ich nenne diese Selektionen "lexikalische Selektionen". Man kann sie entweder unter den Erzeugungsregeln oder unter den Transformationsregeln plazieren. In der vorliegenden Arbeit ist die zweite Möglichkeit gewählt. Daß die semantische Selektion auf der semantischen Ebene (also bei der Projektion) stattfinden soll, ist keine Selbstverständlichkeit für einige Transformationalisten. Katz (1970:277) glaubt, daß die Selektion nur auf der syntaktischen Ebene stattfinden soll. Die Gründe dafür seien:[2]

> Die Lexeme würden schon auf der syntaktischen Ebene erzeugt. Wenn dabei die Selektionen gleich stattfinden würden, hätten wir schon die richtige Zusammensetzung der Lexeme. Sonst würde die gleiche Selektion einmal bei der Transformation, und ein anderes Mal bei der Projektion stattfinden müssen; und dies wäre unökonomisch.

Diese Ansicht von Katz ist mit seiner 'interpretativen Semantik' inkonsistent: Die syntaktische Kette braucht noch eine Interpretation; bevor sie zustande kommt, kann man nicht wissen, was die Kette bedeutet, auch wenn lexikalische Einheiten schon da sind. Im Abschnitt (a) haben wir festgestellt, daß jeder winzige Teil der semantischen Information an der Selektion teilnehmen kann. Deswegen kann man die Selektion nur auf der semantischen Ebene durchführen. In der vorliegenden Arbeit wird die Y-Kette blockiert, wenn sie den Selektionstest nicht besteht. Die Y-Kette wird erst transformiert, wenn sie den selektionalen Beschränkungen nicht widerspricht. Bei der lexikalischen Selektion wird die Zusammenfügbarkeit derjenigen Lexeme geprüft, die im gleichen Kontext auftreten. Dieser Test ist keine Wiederholung, und kann nicht als unökonomisch betrachtet werden.

c. Sollte die Selektion (abgesehen von der lexikalischen) eine rein semantische Angelegenheit sein, so ist es eine Ver-

---

1 Dieses Argument steht ebenfalls bei Katz (1970:378).
2 Siehe Katz (1970:227).

schwendung, wenn sie auch in der syntaktischen Komponente aufgeführt wird.[1]

d. Über die Arten von syntaktischen Einheiten, die bei den Selektionen beteiligt sein können, sagt McCawley (1968a:265):

> ... it is the semantic representation of an entire syntactic constituent such as a noun phrase rather than merely properties of the lexical item which constitutes its 'head' that determines whether a selectional restriction is met or violated.

Als Argument gilt zunächst die Tatsache, daß Paraphrasen dieselben selektionalen Restriktionen haben, und dann die Tatsache, daß nicht nur der Kern, sondern auch das Attribut eine Rolle in der Selektion spielen kann, z.B. [2]

* My sister is the father of two

* My buxom neighbor is the father of two .

In unserem Mechanismus wird bei der Selektion auch die ganze Projektion von NP_j, und nicht nur der Kern, berücksichtigt.

e. Widerspruchsfreiheit als einziges Kriterium der Selektion. Es gibt keine Selektionsregel, die fordert, daß die betreffende Konstituente einen bestimmten Inhalt hat. Die Selektionsregel fordert nur, das die Projektionen der an der Selektion beteiligten Konstituenten nicht kontradiktorisch sind.[3] Wir können hier wieder auf die Beispiele in (d) verweisen, obwohl sie ursprünglich nicht für diesen Zweck bestimmt sind. Die Repräsentation von the father of two enthält die Prädikatoren (männlich) und ($\overline{\text{weiblich}}$),[4] die Repräsentationen von my sister und my buxom neighbor enthalten aber den Prädikator (weiblich); so entstehen Widersprüche in den ersten beiden Sätzen, während my neighbor weder den Prädikator (männlich) noch den Prädikator (weiblich) enthält, und deswegen keine Kontradiktion hervorruft.

---

1 Vgl. McCawley (1968b:135): "Since if the base component were then to contain any machinery to exclude structures which violate selectional restrictions, that machinery would have to duplicate what already must be done by the semantic projection rules ..."

2 Die Beispielsätze stehen ursprünglich in McCawley (1968b:133). Vgl. auch die Beispiele in McCawley (1968a:266), Bever/Rosenbaum (1970:9-10) und Lakoff (1969a:106).

3 Vgl. McCawley (1968a:267).

4 Über die negativen Prädikatoren siehe 1.5.1.2.

f. Semantische Redundanz. Es scheint, als ob semantische Redundanz auch beim selektionalen Vergleich entdeckt werden könnte. Aber es ist nicht sicher, ob so etwas notwendig ist, und wie es gemacht werden soll. Offensichtlich müssen die Position des Prädikates und die Position des Identifikators berücksichtigt werden. Der Lehrer lehrt als Antwort zur Frage Wer lehrt? ist wohl nicht redundant; der Mensch ist ein Lebewesen und ein Betrüger ist ein Betrüger sind zwar analytisch, sie müssen aber nicht unbedingt redundant sein. Zu diesem Punkt können wir hier leider auch nichts Näheres sagen.[1]

g. Blockierung als Konsequenz der Kontradiktion. Die Konsequenz von Nicht-Erfüllung der Selektion hat McCawley (1968a und 1968b) anscheinend nicht so sehr beachtet. Für die semantische Abweichung, die vorkommen könnte, hat schon die Regel E6 vorsorgt; wenn trotzdem bei der Selektion Kontradiktionen entstünden, müßte man annehmen, daß die Kette unakzeptierbar wäre und blockiert werden sollte.

h. Richtung der Determination. McCawley (1968b:136) ist bei dieser Frage ziemlich zurückhaltend:

> there appears to be no nonarbitrary way of deciding which of the elements in question determines the choice of the other.

Bei Chomsky (1965:113-120) hätten die Nomina den Vorrang, weil es für sein Modell technisch einfacher war. Seine Argumentation ist nur dann gültig, wenn man seinen Mechanismus benutzt. Bei Chafe (1970:97-98) bestimmt dagegen das Verb die Auswahl der Substantive. Z.B. fordert laugh, daß das Subjekt einen Menschen bezeichnet. Wenn in the men laughed die NP the men die neue Information ist, ist diese Ansicht in Ordnung; wenn aber laughed die neue Information ist, kann man nicht mehr sagen, daß laughed die NP the men bestimme. Aber eines ist sicher: die Verben und die Substantive bestimmen sich gegeseitig. Eine selektional falsche Kombination ist eben falsch, gleichgültig, ob es am Verb oder am Substantiv liegt.

---

1 Vgl. hierzu Hundsnurscher (1970:51): "Für nicht relevante Komponenten lassen sich immer, wenn auch manchmal sehr gesuchte, Kontexte finden, die einen sinnvollen Satz ermöglichen.

Obwohl ich glaube, daß es das Thema sein muß, das das Rhema bestimmt, und daß die Wortarten dagegen irrelevant sind, brauchen wir beim Test der Selektion eigentlich nicht zu wissen, welcher Teil das Thema und welcher Teil das Rhema ist.

i. Der Identifikator einer Konstante wird unabhängig vom Prädikat dieser Konstante projiziert. Die Angemessenheit der Projektion ist auch unabhängig vom Wahrheitswert der prop, die aus dem Prädikat und der Konstante (vielleicht noch mit anderen Konstanten zusammen) besteht.[1]

P27 - P28
Überflüssige Informationen im Präsuppositionsteil des Kalkulators (d.h. die enigen, die man auch bei der Projektion des Identifikators finden kann) werden eliminiert.[2]

P29 Auch auf der Y-Ebene wird eine Modifizierung durchgeführt. x_i, das die Verbindung zwischen der Y-Ebene und der S-Ebene herstellt, brauchen wir nicht mehr und wird deshalb ausgelöscht.

P30 - P31
Mit P30 und P31 wird geprüft, ob ein weiteres Argument vorhanden ist. Durch P30 wird der Index i um eins erhöht. Bei P31 wird gefragt, ob in prop ein x mit dem erhöhten Index vorhanden ist. Falls es noch dieses x_i gibt, geht man wieder nach P19, sonst nach P32.

P32 Der Inhalt von K wird Projektionskette von prop.

P33 Es wird gefragt, ob prop in einer NP ist. Wenn die Antwort positiv ist, wird die Projektion dieser NP mit weiteren Regeln ergänzt. Wenn die Antwort negativ ist, ist prop die höchste prop, und die Projektion des Satzes ist auch schon zu Ende.

P34 Durch P33 wissen wir, daß die gerade projizierte prop in einer NP ist. Bei P34 wird gefragt, ob diese prop von einer anderen prop dominiert wird, die auch in NP_n steht. Solche

---

1 Vgl. Geach (1962:35): "What the names in a proposition stand for cannot be determined by whether the proposition is true or false: on the contrary, we can determine whether the proposition is true only when we know what it is about, and thus what the names contained in it do stand for." Geach (1962:xi) nennt dieses Prinzip "Buridan's Law".

2 Vgl. auch die 'conflation rules' bei Weinreich (1966:461), die Tautologie eliminieren.

Fälle kommen vor, wie bei NP_2 im Beispiel von 3.0.2.g und NP_1 in 3.2.

P35 Die Projektion der höheren prop wird nach der Methode in 3.0.2.g durch die Zusammensetzung aus der Projektion der unteren prop, dem Asta-Operator und der Gegenstandskonstante a_n gebildet, und durch P32 wird sie Projektion des höheren prop.

P36 Die Kette in K muß durch die K-Regel (siehe 1.5.1.7)

$(...)^* \subset$ (Sachverhalt)

erweitert werden, bevor sie Projektionskette von prop wird. Die Proposition "(Sachverhalt)a_n" brauchen wir für die Selektion (siehe das Beispiel in 4.2).

P37 Eine NP kann mehr als eine prop dominieren (siehe E30 und E1). Bei P34 wird gefragt, ob es eine andere prop in NP_n gibt, die x_z dominiert, wobei z eine beliebige Zahl ist. Eine solche prop ist noch nicht projiziert, sonst wäre der Knoten x_z schon durch P29 eliminiert worden. Wenn es sie gibt, wird sie durch P15 bis P32 projiziert.

P38 Es wird gefragt, ob NP_n von einem anderen NP-Knoten dominiert wird.

In 3.0.2.i wird von weltbildenden Prädikativen gesprochen. Eine NP ist abhängig von einem Prädikativ. Auf der S-Ebene wird diese Beziehung durch einen Index des Determinators ausgedrückt.[1] Wenn eine NP nicht von einer anderen NP dominiert wird, ist sie vom Performativ abhängig; es ist nicht mehr nötig, ihrem Determinator auch einen Index zu geben. Die Frage P38 zielt genau auf diesen Unterschied.

P39 - P40

Wenn NP_n von NP_m dominiert wird, bedeutet es, daß NP_n vom Prädikat von NP_m abhängig ist, und daß der Determinator von NP_n den Index m haben muß. Bei P40 wird in K eine Projektionskette durch die Zusammensetzung $(d_m a_n)$ [2] und der Projektionskette der prop, die von NP_n dominiert werden, gebildet.

P41 Die Projektionskette von NP_n wird wie P37 gebildet, mit dem Unterschied, daß der Determinator keinen Index bekommt, weil

---

1 Siehe die Projektion von NP_3 in Beispiel (15) in 3.0.2.i.
2 d wird von det dominiert.

NP_n von keiner anderen NP dominiert wird.

P42 Der Inhalt von K wird Projektionskette von NP_n. Man geht dann nach P11 und P12, wo alle a_n außerhalb NP_n durch eckige Klammern eingeklammert werden.

4.2 Ausführliches Beispiel

Ich habe in 3.2 die Anwendungsweise der Erzeugungsregeln durch die Generierung der Y-Kette, auf der der Satz

Der Mann glaubt, daß Peter krank ist

basiert, demonstriert. Jetzt möchte ich zeigen, wie diese Y-Kette durch die Projektionsregeln weiterentwickelt wird. Nehmen wir zuerst an, wir haben im Lexikon die folgenden Einträge:[1]

P^1: $\text{Mann} + x_1 =: (\text{Mensch})x_1.(\text{männlich})x_1.(\text{erwachsen})x_1$
$\text{krank} + x_1 =: \langle(\text{Lebewesen})x_1\rangle(\text{krank})x_1$
P^2: $\text{glauben} + x_1 + x_2 =: \langle(\text{K:Mensch})x_1.(\text{Sachverhalt})x_2\rangle$ $(\text{glauben})x_1x_2$
$\text{heißen} + x_1 + x_2 =: (\text{heißen})x_1x_2$
$\text{viel} + x_1 + x_2 =: (+\text{viel})x_1x_2$
P^3: $\text{sagen} + x_1 + x_2 =: \langle(\text{K:Mensch})x_1.(\text{K:Mensch})x_2.$ $(\text{Sachverhalt})x_3\rangle(\text{sagen})x_1x_2x_3$
U : $\text{Stück} + \ldots + x_1 =: (\text{K:F})x_1$
Z : ein =: 1

Im System der Sprache S haben wir die folgenden K-Regeln:

$(\text{Mensch}) \subset (\text{Lebewesen})$
$(\ \ldots\ )^* \subset (\text{Sachverhalt})$

Nun wollen wir Schritt für Schritt den Projektionsvorgang verfolgen. Durch die Anwendung von P1 und P2 wird NP_5 zur Projektion gewählt. Nach P3, P4 und P8 haben wir in K:

[(I)xy]

Diese Kette wird bei der Anwendung von P9 durch die Ersetzung von x durch a_5 und z durch 1 zu

$[(I)a_5 1]$

Bei P10 wird sie Projektionskette von NP_5. Bei P11 und P12 wird auf der Y-Ebene innerhalb NP_2 die Gegenstandskonstante a_5 eingeklammert; damit ist die Projektion für NP_5 zu Ende. Man geht

1 Natürlich sind die Lexikoneinträge viel zu grob. In dieser Arbeit wird ja keine Ausarbeitung des Inventars der Prädikatoren und des Lexikons angeboten. Der Leser sollte die Angemessenheit dieser Lexikoneinträge nicht zu ernst nehmen; es geht hier nämlich nur darum, den Projektionsvorgang zu veranschaulichen.

wieder nach P2. Da es keine NP mehr gibt, die Quan enthält, verlassen wir den Zyklus P3 - P10, und gehen in den Zyklus P13 - P42 über. Da NP_4 keine Gegenstandskonstanten enthält, die nicht in Klammern stehen, kann sie projiziert werden. Bei P14 bekommt n den Wert 4. Durch P15 und P16 wird das Definiens von heißen Inhalt von K:

$(\text{heißen})x_1x_2$

Durch P18, P19 und P21 wird x_1 durch a_4 ersetzt:

$(\text{heißen})a_4x_2$

Durch P22, P23, P24, P25 und P29 haben wir auf der Y-Ebene die Teilstruktur

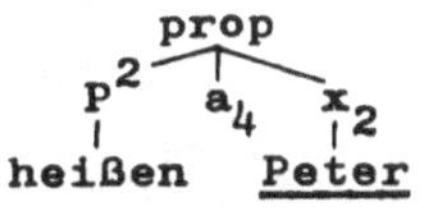

Bei P30 wird i um eins erhöht. Durch P31, P19 und P20 wird in K x_2 durch den Eigennamen Peter ersetzt:

$(\text{heißen})a_4$"Peter"

Bei P29 wird auf der Y-Ebene x_i getilgt; wir haben nun die Struktur

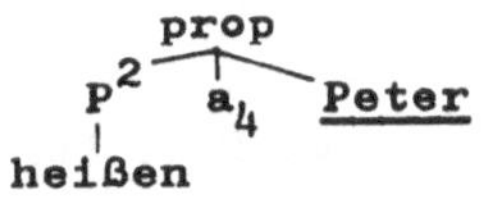

Bei P30 wird i wieder um eins erhöht. Da es keine x_3 gibt, wird der Inhalt von K Projektionskette von prop (P32). Durch P33, P34, P37 kommt man nach P38, wo gefragt wird, ob NP_4 von einer anderen NP dominiert wird. Da NP_1 NP_4 dominiert, entsteht in K durch P39 und P40 die folgende S-Kette:

$[(\text{def}_1a_4)(\text{heißen})a_4$"Peter"$]$

Durch P42 und P13 kommt man zur Projektion von NP_3. Durch P14 und P15 wird festgelegt, daß die untere prop in NP_3 zuerst projiziert wird. Durch P16, P17, P18, P19 und P21 entsteht in K die S-Kette

$\langle(\text{Lebewesen})a_4\rangle(\text{krank})a_4$

Durch P22, P23, P24, P26, P27, P29, P30, P31 und P32 wird diese S-Kette in K Projektionskette der unteren prop. Durch P33 und P34 geht man nach P35, weil es in NP_3 noch eine prop gibt, die die gerade projizierte prop dominiert. Nach der Anwendung von P35 haben wir in K die folgende S-Kette:

(<(Lebewesen)a_4>(krank)a_4)*a_3

Diese S-Kette wird durch P36 erweitert:

(<(Lebewesen)a_4>(krank)a_4)*a_3.(Sachverhalt)a_3

und wird bei P32 Projektionskette der höheren prop. Dann werden P33, P34, P37 und P38 durchlaufen. Da NP_3 von NP_1 dominiert wird, ist die Projektionskette von NP_3 durch P39, P40 und P42 die S-Kette

[(def$_1$$a_3$)(<(Lebewesen)$a_4$>(krank)$a_4$)*$a_3$.(Sachverhalt)$a_3$]

Die Projektion geht weiter durch P11 und P12, wo a_3 eingeklammert wird. Bei P13 wird eine noch nicht projizierte NP gesucht, die projizierbar ist. Da NP_1 noch das nicht eingeklammerte a_2 dominiert, ist NP_1 noch nicht projizierbar. Dagegen dominiert NP_2 keine nicht eingeklammerten Gegenstandskonstanten und kann nun projiziert werden. Nach der Anwendung einiger Projektionsregeln bekommt die erste prop in NP_2 die Projektionskette

(+viel)a_2a_5

Durch P33, P34, P37 und P15 kommt man zur Projektion der zweiten prop. Bei P16 entsteht in K die folgende Kette:

(K:F)x_1.(Mensch)x_1.(männlich)x_1.(erwachsen)x_1

Durch P17, P18, P19 und P21 wird die Kette in

(K:Mensch)a_2.(K:Lebewesen)a_2.(männlich)a_2.(erwachsen)a_2

verwandelt. Durch P22, P23, P26, P27, P29, P30, P31 und P32 wird diese Kette Projektionskette der zweiten prop in NP_2. Durch P33, P34, P37, P38, P41 und P42 wird die folgende Kette Projektionskette von NP_2

[(def a_2)(+viel)a_2a_5.(K:Mensch)a_2.(K:Lebewesen)a_2.(männlich)a_2.(erwachsen)a_2]

Durch P11 und P12 wird a_2, das von NP_1 dominiert wird, eingeklammert; nun kann auch NP_1 projiziert werden. Bei P15 wird die untere prop zur Projektion gewählt. Bei P16 entsteht in K

<(K:Mensch)x_1.(Sachverhalt)x_2>(glauben)x_1x_2

Durch P17 und eine K-Regel wird die S-Kette erweitert:

<(K:Mensch)x_1.(K:Lebewesen)x_1.(Sachverhalt)x_2>(glauben)x_1x_2

Durch P22, P23 und P24 kommen wir nach P26. Die S-Kette in K wird mit der Projektionskette von NP_2 verglichen. Da keine Kontradiktion zu finden ist, wird die Projektion nicht blockiert. Bei P27 und P28 werden redundante Aussagen im Präsuppositionsteil des Inhalts von K getilgt. In K bleibt die folgende S-Kette:

<(Sachverhalt)x_2>(glauben)a_2x_2

Der Index von x wird durch P30 um eins erhöht; nun wird in K x_2 durch a_3 ersetzt (P21):

<(Sachverhalt)a_3>(glauben)a_2a_3

Diese S-Kette wird mit der Projektionskette von NP_3 verglichen. Da kein Widerspruch ersichtlich ist, geht man nach P27 und P28, wo die S-Kette zu

(glauben)a_2a_3

reduziert wird. Die endgültige Projektionskette für NP_1 ist

[(def a_1)((glauben)a_2a_3)*a_1.(Sachverhalt)a_1]

Und so geht es weiter, bis die prop, die *sagen* dominiert, auch eine Projektionskette bekommt. Bei P33 ist die Antwort negativ, damit geht die Projektion zu Ende. Die Projektion des ganzen Satzes ist:

[(I)$a_5$1].[(def$_1$$a_4$)(heißen)$a_4$"Peter"].[(def$_1$$a_3$)(<(Lebewesen) a_4>(krank)a_4)*a_3.(Sachverhalt)a_3].[(def a_2)(+viel)a_2a_5. (K:Mensch)a_2.(K:Lebewesen)a_2.(männlich)a_2.(erwachsen)a_2]. [(def a_1)((glauben)a_2a_3)*a_1.(Sachverhalt)a_1].(sagen)a_{sp} $a_{hr}a_1$.

5 Informationsregistrierung

5.0 Einleitung

Wir haben ein Register (oder: Gedächtnis), das alles, was vor der Erzeugung eines Satzes ins Bewußtsein oder Unterbewußtsein eingedrungen ist, aufbewahrt. Es enthält nicht nur Informationen aus den vorangehenden Sätzen, sondern auch Informationen aus den außersprachlichen Sprechsituationen und Vorkenntnisse aller Art, die der Hörer bisher aufgenommen hat.[1]

Es ist vielleicht angebracht, einmal den bedeutenden Aufsatz von Lakoff 1969a "Presuppositions and relative grammaticality" zu referieren, dem ich völlig zustimme. Lakoff zeigt,[2] daß die Wahl der Pronomina who oder which von den Präsuppositionen des Sprechers über den Referenten abhängig sei. Who setze voraus, daß der Referent menschlich und lebend sein müsse. Wenn man folgende grammatische bzw. ungrammatische Fragen voraussetzt,

$$\left.\begin{matrix}\text{* What}\\ \text{Who}\end{matrix}\right\} \left\{\begin{matrix}\text{realizes that I'm a lousy cook?}\\ \text{believes that I'm a fool?}\\ \text{enjoys tormenting me?}\end{matrix}\right.$$

und dabei glaubt, daß Katzen, Goldfische, oder sogar seine Bratpfannen Denkfähigkeit besitzen, könnte man my cat, my goldfish bzw. my frying pan als Antwort auf diese Fragen geben. Eine solche Person, so meint Lakoff, könne man zwar zum Psychiater schicken; man solle aber nicht versuchen, seine 'Grammatik' zu korrigieren. Darauf meint Lakoff,[3] daß das Urteil eines Hörers darüber, ob ein Satz abweichend sei oder nicht, von seinen faktischen Kenntnissen abhängig sei. Obwohl die außersprachlichen Kenntnisse bei jedem Hörer verschieden seien, sei die Notwendigkeit, daß der Satz mit seinem Kenntnisbestand im Einklang stehe, bei allen Hörern gleich.[4] Diese relative Grammatikalität gehöre zur Untersuchung der linguistischen Kompetenz.[5]

---

1 Vgl. Heidolph (1970:96).
2 Siehe Lakoff (1969a:105-109). Weitere Beispiele siehe ebenda, S.109-115.
3 Ebenda, S.113: "It is a fact that a speaker's judgement concerning whether a given sentence is deviant or not will vary with that speaker's factual knowledge, beliefs, etc."
4 Siehe ebenda, S.113.
5 Siehe ebenda, S.104.

Die Akzeptabilität der Y-Kette ist nach der Anwendung von Projektionsregeln noch nicht vollkommen. Es muß noch geprüft werden, ob der Satz in dem größeren Kontext (d.h. über die Satzgrenze hinaus) keinen Widerspruch erzeugt. Um dies festzustellen, ist ein Vergleich der S-Kette mit dem Register notwendig. Dies geschieht durch die Registrierungsregeln. Erst danach wird der Satz ein Vollmitglied im Text.

Der Vorgang ist folgender: Wir nehmen die Projektionskette in einen Kalkulator auf und prüfen zuerst, ob alle Gegenstandskonstanten schon einen Eintrag im Register haben. Diejenigen, die noch keine Einträge haben, bekommen neue Einträge, die jedoch vorläufig nur ihre Namen enthalten. Dann werden die Aussagen der S-Kette mit dem alten Bestand im Register verglichen und ausgewertet; anschließend werden sie ins Register aufgenommen.[1]

Die Regeln in diesem Kapitel sind für den Hörer bestimmt.[2] Dabei wird vorausgesetzt, daß dem Hörer die dem Satz entsprechende S-Kette zur Verfügung steht. Ob der Hörer die richtige S-Kette (d.i. die vom Sprecher intendierte S-Kette) rekonstruiert hat, ist für den Registrierungsvorgang unwesentlich.

---

1 Wie aber außersprachliche Informationen aufgenommen werden, wird in diesem Kapitel nicht erklärt.

2 Es ist aber möglich, auch Regeln der Informationsregistrierung für den zu formulieren, der den Satz ausspricht. Sie werden sogar einfacher sein, weil der Regel R9 in 5.1.1 und 5.1.2 weggelassen werden kann.

5.1 Registrierungsregeln

5.1.1 Diagramm

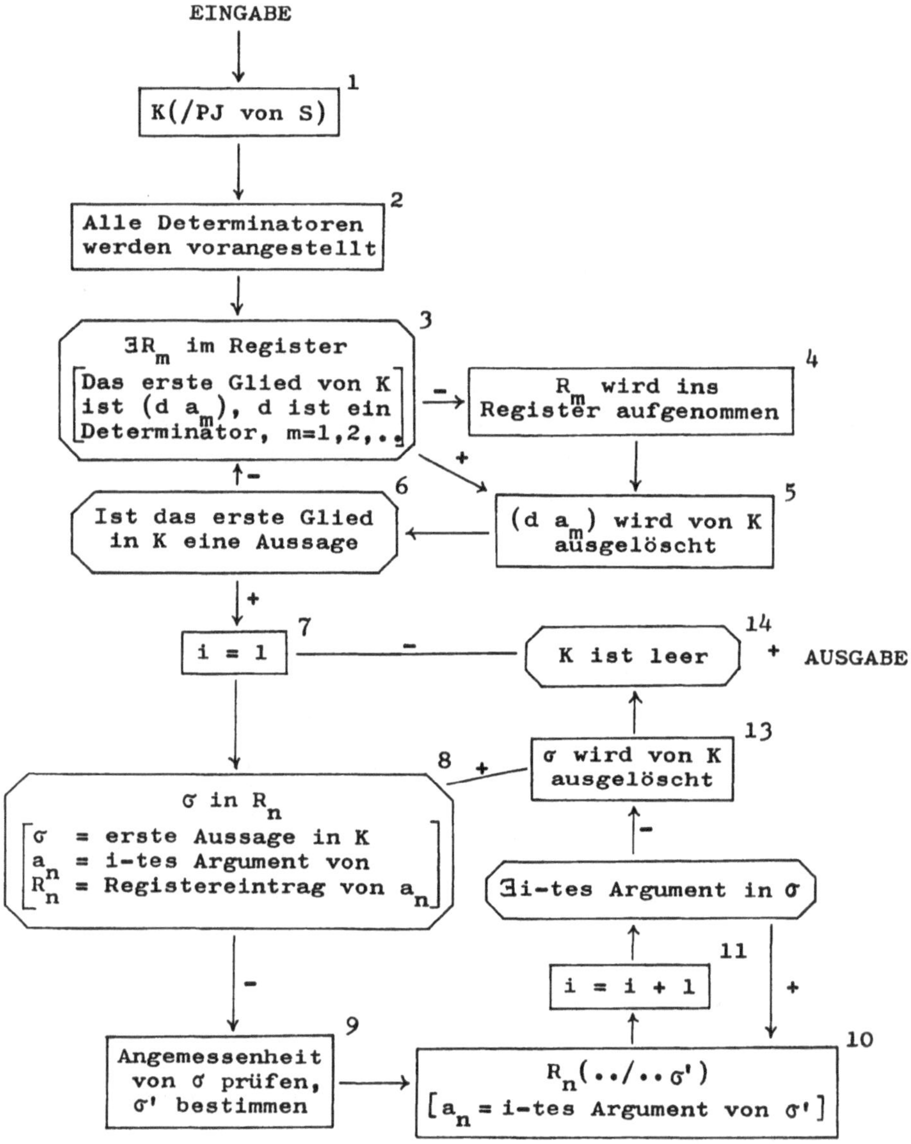

5.1.2 Erläuterungen

R1 Die Projektion der Y-Kette wird in den Kalkulator K aufgenommen.

R2 Alle Determinatoren werden vorangestellt.

Da jeder Identifikator einen Determinator hat, ist es einfacher, wenn man die Existenz der Gegenstandskonstanten im Register (oder: ihre Vorerwähnheit) anhand der Determinatoren prüft, weil jede Gegenstandskonstante, sobald sie in K vorkommt, auch in einem Determinator erscheinen muß. Die Voranstellungen aller Determinatoren können schon in einem Zug durchgeführt werden.

R3 Es wird gefragt, ob im Register ein Eintrag für a_m vorhanden ist, wobei das erste Glied vom Kalkulator (d a_m) ist.

Der Eintrag von a_m im Register hat die Form

a_m : ...

(z.B. a_3 : (Mensch)a_3.(Kind)a_3a_1.(männlich)a_3)

Ich nenne ihn "R_m". Bei R3 wird gefragt, ob im Register ein Eintrag für a_m vorhanden ist. Falls es noch kein R_m gibt, geht man nach R4, sonst geht man direkt nach R5.

R4 a_m bekommt einen Eintrag im Register.

Weil es im Register noch keinen Eintrag für a_m gibt, wird R_m jetzt ins Register aufgenommen. Vorerst ist es noch leer.

R5 Der Determinator-Ausdruck "(d a_m)" wird ausgelöscht, bevor man zum nächsten Determinator oder zur nächsten Aussage übergeht.

R6 Es wird gefragt, ob das erste Glied in K eine Aussage ist.

Der Zyklus R5 - R8 geht solange weiter, bis alle Gegenstandskonstanten geprüft und die entsprechenden Determinatoren im Kalkulator gelöscht worden sind. Dann geht die Registrierung mit R7 weiter.

R7 - R12

Die erste Aussage (σ) in K, wenn sie nicht schon im Register steht, muß auf ihre Widerspruchfreiheit mit den schon im Register stehenden Aussagen hin geprüft werden. Erst dann kann sie ins Register aufgenommen werden.

R7 i bekommt den Wert von 1.

Die Konstante, die als das erste Argument von σ fungiert, wird zuerst geprüft. Für diesen Zweck wird i (in R8 und R10) auf 1 gesetzt.

R8 Es wird gefragt, ob die zu prüfende Aussage σ im Register seiner i-ten Aussage steht.

Wenn σ noch nicht im Register steht, muß noch ihre Qualifikation für ihre Aufnahme in R_n geprüft werden. Wenn sie schon im Eintrag des ersten Arguments steht, muß sie auch in den Einträgen der folgenden Argumente stehen; es ist daher nicht mehr nötig, weitere Argumente zu prüfen. σ wird durch R13 gelöscht; man geht dann zur nächsten Aussage über, falls es noch eine gibt (R14).

R9 Es wird geprüft, ob die neue Information mit denjenigen im Register im Widerspruch steht. Wenn man einen Widerspruch zwischen der neuen und der alten Aussagen feststellt, muß man natürlich überlegen, welche Alternative die richtige ist. Aber auch wenn die neue Aussage keine Schwierigkeit bereitet, ist zu überlegen, ob sie glaubhaft ist. Unter Umständen wird diese Aussage in einer modifizierten Fassung, die natürlich a_n enthalten muß, aufgenommen. Die endgültige Fassung wird "σ'" genannt. Sie könnte auch die Attribute "möglicherweise", "angeblich" usw. haben, je nachdem, welchen Wahrheitsgehalt man ihr gibt.[1]

R10 σ' wird in R_n aufgenommen.

R11 - R12

Die Aussage σ' wird auch ins Register eines anderen Arguments aufgenommen, falls es noch eines gibt. Eine neue Prüfung auf Widerspruchsfreiheit durch R9 ist nicht mehr nötig, sonst wäre die Registrierung schon beim ersten Argument blockiert worden.

R11 Der Wert von i wird um eins erhöht, um zu ermöglichen, das nächste Argument von σ' zu prüfen.

R12 Es wird gefragt, ob das bei R11 erwähnte Argument auch tatsächlich vorhanden ist.

R13 Wenn alle Argumente der Aussage σ durchgenommen sind, wird σ im Kalkulator gelöscht.

R14 Es wird gefragt, ob es noch Aussagen in K gibt. Wenn die

---

1 Wie diese Attribute formal repräsentiert werden sollen, kann hier nicht erörtert werden.

Antwort positiv ist, muß die erste Aussage in K wieder durch R7 - R13 behandelt werden. Wenn der Kalkulator leer ist, ist der Vorgang der Registrierung zu Ende.

6 Transformation

6.0 Einleitung

Die Aufgabe der Transformationen ist die Ableitung der Oberflächenstruktur aus der Tiefenstruktur. Die Regeln für die Ableitung sind die Transformationsregeln; sie sind sprachspezifisch.

Im Jahre 1965 waren sich alle führende Transformationalisten einig, daß die Bedeutung eines Satzes nur von der Tiefenstruktur abhängig ist; ich nenne dieses Prinzip "NAP" ('Nicht-Änderungsprinzip' der Transformation hinsichtlich der Bedeutung). Dieses Prinzip ist keineswegs so selbstverständlich, wie man am Anfang glaubte. Wie Partee (1969:4) bemerkt, operieren Transformationen nicht über konkreten Sätzen, sondern über abstrakten Phrasenstrukturen; dabei können unsere semantischen Intuitionen auch nicht helfen. Angenommen, wir haben eine bedeutungsändernde Transformation; theoretisch ist es möglich, diese Transformation durch eine Änderung der Tiefenstruktur zu ersetzen, sodaß das NAP erhalten bleibt.[1] Man muß natürlich noch syntaktische Motivationen für die angenommene Tiefenstruktur finden,[2] obwohl dies nicht immer leicht ist.

Aber es gibt mindestens ein Phänomen (nämlich die Unterscheidung von 'Thema' und 'Rhema', die in der Generativen Grammatik auch "Präsupposition" bzw. "Fokus" genannt werden), das Einfluß auf die Satzbedeutung hat. Die folgenden Sätze

Hat Peter dem Polizisten <u>seinen Ausweis</u> gezeigt? [3]

Hat Peter seinen Ausweis <u>dem Polizisten</u> gezeigt?

haben unterschiedliche Thema-Rhema-Verteilungen; man spürt auch einen gewissen Bedeutungsunterschied bei ihnen. Die Thema-Rhema-Verteilung kann auch "dynamische Struktur" genannt werden (abgekürzt: "DS").[4] Statt von den unterschiedlichen Bedeutungen der beiden besprochenen Sätze zu sprechen, kann man auch sagen, daß sie unterschiedliche DS haben. Diese Ausdrucksweise wird hier benutzt.

---

1 Siehe hierzu Partee (1970:5).
2 Siehe ebenda, S.6.
3 Die Rhemas (mit dem stärksten Akzent) sind unterstrichen.
4 Siehe 3.0.2.f über den Begriff 'dynamische Struktur'.

Der Terminus "Bedeutung" wird durch den Terminus "dynamische Struktur" etwas entlastet. Man kann aber immer noch zwischen semantischen und pragmatischen Bedeutungen unterscheiden. Z.B. kann der Satz <u>Es zieht!</u> die Bedeutung 'du sollst das Fenster schließen' suggerieren,[1] die die pragmatische Bedeutung dieses Satzes ist. Isoliert von der Sprechsituation kann man aber nur die semantische Bedeutung erkennen.

Die Frage, ob Transformationen die Bedeutung ändern können, ist aber nicht nur eine terminologische Frage. Ich habe von der semantischen und pragmatischen Bedeutung, und auch der DS, gesprochen. Nun wollen wir wissen, ob Transformationen sie ändern können. Das NAP hat die pragmatische Bedeutung nicht berücksichtigt; meines Erachtens sollte sie nicht von Transformationen beeinflußt werden. Ich habe in 1.7 vorgeschlagen, bei der Projektion auch Suggestionen zu berücksichtigen; die Projektion wiederum wird auf Grund der Tiefenstruktur durchgeführt; dies impliziert, daß die pragmatische Bedeutung nicht durch Transformationen beeinflußt wird. Betrachten wir nun die semantische Bedeutung und die DS. Der Einfluß der Transformationen auf sie wird vom NAP verneint. Auch die Generative Semantik akzeptierte dieses Prinzip. Chomsky, Jackendoff, Dougherty, Emonds u.a. bezweifeln aber seit einiger Zeit das NAP; sie glauben, nicht nur die DS, sondern auch die semantische Bedeutung könne durch Transformationen geändert werden. Auch Partee (1969:8) will das NAP nicht akzeptieren: sie ist der Meinung, daß nur die DS durch Transformationen geändert werden können. Sie ist jedoch vorsichtig genug, dies nicht als die letzte Wahrheit zu betrachten. Sie erwähnt auch die Möglichkeit,[2] die DS in die Tiefenstruktur einzubetten. Wie die Vertreter der Generativen Semantik akzeptiere auch ich das NAP. Die DS hat möglicherweise Einfluß auf die pragmatische Bedeutung; Phänomene wie Suggerierung, Sprechhandlungssequenz usw. können nicht immer unabhängig von der DS sein. Ohne die DS würden wir manches nicht erklären können. Obwohl ich annehme, daß die DS schon auf der Tiefenstrukturebene bestimmt werden soll, hat sie doch Einfluß auf die Transformation. Ein Rhema zum

1 Siehe 1.7 über Suggestion.
2 Siehe Partee (1969:5-6).

Beispiel muß in der Oberflächenstruktur auch als Rhema erkennbar sein, und es ist die Aufgabe der Transformationen, ihm die richtige Form zu geben. Nach dieser Überlegung können wir sagen, daß wenigstens bei einigen Transformationsregeln die DS einbezogen werden muß; wegen fehlender Voraussetzungen kann sie aber in der vorliegenden Arbeit nicht berücksichtigt werden.

Die Hypothese, daß Transformationen die semantische Bedeutung nicht ändern, hat trotzdem einen Mangel. Einerseits verlangen einige Transformationsregeln zusätzliche semantische Informationen (z.B. bei der Pronominalisierung von my neighbor, wo man entscheiden muß, ob es sich um eine männliche oder eine weibliche Person handelt), die normalerweise für die Kommunikation irrelevant, und nicht aus der Tiefenstrukturkette ableitbar, sondern erst bei Anwendung der Transformationsregeln einzuführen sind. Andererseits setzen einige Transformationen (Tilgung, Topikalisierung usw.) manchmal semantische und pragmatische Überlegungen voraus. Z.B. kann der kantonesische Satz

Ngo	jing	go-tiu yü	jing	jo	bun-go	jungtäu
ich	dämpfen	der Fisch	dämpfen	(Perfektiv)	halbe	Stunde

durch Passivierung und Tilgung in

Go-tiu yü jing jo bun-go jungtäu
Der Fisch wurde für eine halbe Stunde gedämpft

reduziert werden. Aber der Satz

Ngo	lau	köi	lau	jo	bun-go	jungtäu
ich	schimpfen	er	schimpfen	(Perf.)	halbe	Stunde

Ich habe ihn eine halbe Stunde lang geschimpft

kann normalerweise nicht in

Köi lau jo bun go jungtäu

transformiert werden, weil diese neue Kette eher die Bedeutung 'er hat eine halbe Stunde geschimpft' hat. Im ersten Fall können keine Mißverständnisse entstehen, weil ein Fisch nie kochen oder dämpfen kann. Was ich erwähnt habe, kann eigentlich das NAP nicht entkräften: Aus der Tatsache, daß Transformationen semantische Informationen brauchen oder die Einführung neuer semantischer Informationen verlangen, folgt nicht, daß Transformationen die Bedeutung ändern. Das NAP kann weiter bestehen.

Im folgenden werden einige wichtige Transformationsregeln des KT (Kantonesisch) angegeben, um zu zeigen, wie die dem ersten Eindruck nach unrealistischen Tiefenstrukturen in Oberflächenstrukturen überführt werden können.[1] Die Regeln umfassen zwar einen großen Bereich; aber in keinem Punkt ist die Behandlung erschöpfend. Nur die ganz groben Züge werden umrissen. Der Zweck dieser Behandlung ist die Schaffung einer Ausgangsbasis für weitere Untersuchungen. Die Beispielsätze sind relativ einfach; es gibt auch keine besonderen Konstruktionen, die man nicht schon aus der chinesischen Grammatik kennt.[2]

6.0.1 Das Zyklusprinzip

Die Transformationsregeln, die die Tiefenstruktur in die Oberflächenstruktur überführen sollen, müssen nach einem bestimmten Prinzip angeordnet und angewandt werden. Schon im Jahre 1963 hat Fillmore das Zyklusprinzip beachtet, obwohl er noch nicht sehr viel dazu sagt:[3]

> It is possible, in fact, to construct sentences which illustrate a re-cycling through the PSTs [d.h. 'preliminary simple transformation'] in which the same transformation is chosen both times.

Er demonstriert dies durch das Beispiel

> The detective believes the butler to have been murdered

wo die Passivierungs- und die Subjekt-Tilgungsregel zuerst auf den eingebetteten Satz, und dann noch einmal auf den Matrixsatz angewandt werden.

Chomsky (1965:143,186-187) spricht vom transformationellen Zyklus der phonologischen Komponente. Eine Kette von Regeln solle von unten nach oben auf die Oberflächenstruktur angewandt werden. Dieses Prinzip geht auf einige ältere Arbeiten von Chomsky und Halle zurück. Merkwürdigerweise hat Chomsky nicht den transformationellen Zyklus in der syntaktischen Komponente erwähnt.

Eine detaillierte Ausarbeitung der Anwendung des Zyklusprinzips in der syntaktischen Komponente hat Lakoff 1967 durchge-

---

1 Das Performativ, das gerade im KT durch nahezu einhundert Satzsuffixe repräsentiert wird, könnte ein interessantes Thema sein. Da es relativ spät einbezogen wurde, konnte es nicht berücksichtigt werden.

2 Es gibt jedoch im KT noch viele interessante, aber noch nicht beachtete Eigentümlichkeiten, auf die ich erst später in gesonderten Untersuchungen eingehen kann.

3 Siehe Fillmore (1963:213).

führt. Das Zyklusprinzip lautet so: Es gibt drei Arten von Transformationsregeln:

(i) die vorzyklischen,

(ii) die zyklischen,

(iii) die nachzyklischen.

Die vorzyklischen Regeln werden zuerst angewandt, und zwar in einer bestimmten Reihenfolge. Nachdem die vorzyklischen Regeln durchlaufen worden sind, geht man zu den zyklischen Regeln über. Man fängt beim untersten S an, läßt es die zyklischen Regeln einmal durchlaufen; sobald dies vorüber ist, wird für das nächst höhere S diese Prozedur durchgeführt. Und so geht es weiter, bis die zyklischen Regeln auch auf das höchste S angewandt worden sind. Anschließend kommt man zu den nachzyklischen Regeln. Wie die vorzyklischen werden sie nur einmal angewandt.

Schematisch kann die Anwendung der zyklischen Regeln so dargestellt werden. Angenommen, wir haben die folgende Struktur:

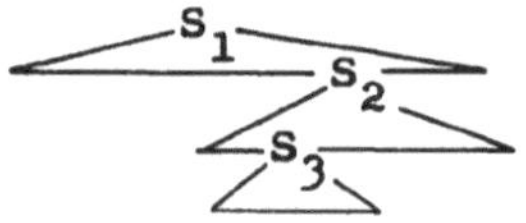

Nachdem die vorzyklischen Regeln auf den ganzen Baum angewandt worden sind (mit einmaligem Durchlauf), werden auf den Teilbaum S_3 die zyklischen Regeln angewandt. Dann fängt die Anwendung der zyklischen Regeln noch einmal mit der Teilstruktur unter S_2 an. Zum Schluß werden die zyklischen Regeln für den ganzen Baum (d.h. die Struktur unter S_1) angewandt.

Ein typisches S sieht so aus:

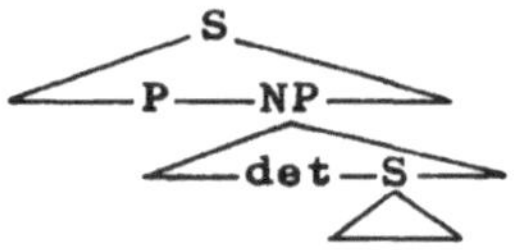

Es gibt Regeln, die für die Transformation der Struktur zwischen S und NP zuständig sind; es gibt wieder Regeln, die für die Transformation der Struktur zwischen NP und S zuständig sind. Man kann die beiden Typen ziemlich gut unterscheiden. Ich nenne Regeln der beiden Typen "S-Regeln" und "NP-Regeln". Wenn wir die Struktur

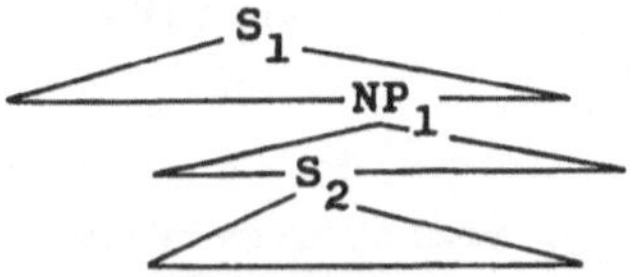

haben, können die zyklischen Regeln so angewandt werden:

Zyklus 1 (bis S_2) mit S-Regeln
Zyklus 2 (bis NP_1) mit NP-Regeln
Zyklus 3 (bis S_1) mit S-Regeln

Wenn wir die Regeln in der Reihenfolge

NP-Regeln ⟶ S-Regeln

ordneten, brauchen wir nur zwei Zyklen:

	NP-Regeln	S-Regeln
Zyklus 1 (bis S_2)		⟶
Zyklus 2 (bis S_1)	⟶	⟶

Dies funktioniert noch einwandfrei. Aber wenn wir nun die folgende Struktur haben:

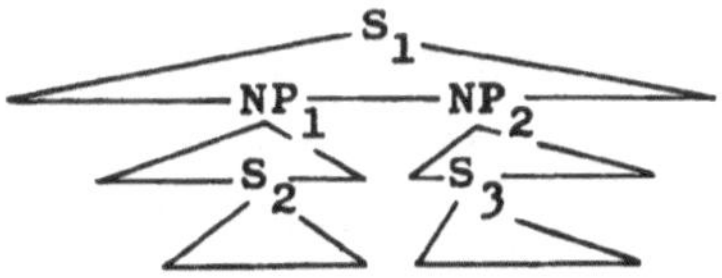

können wir den Zyklus unter S_1 nicht in einem Zug durchführen, sondern so:

	NP-Regeln	S-Regeln
(bis NP_1)	⟶	
(bis NP_2 und dann S_1)	⟶	⟶

Dies entspricht aber nicht dem Zyklusprinzip. Auch die umgekehrte Reihenfolge hat die gleiche Schwierigkeit.

Deswegen schlage ich vor, grundsätzlich zwischen zwei Typen von zyklischen Regeln zu unterscheiden. Das Prinzip 'von unten nach oben' soll weiter bestehen; aber die NP-Regeln und die S-Regeln sind gleichrangig zu betrachten. Sobald eine NP an der Reihe ist, werden die NP-Regeln benutzt; und sobald ein S der nächsthöhere Knoten ist, werden die S-Regeln benutzt. In unserem letzten Beispiel ist die Reihenfolge dann:

Zyklus 1 (bis S_2) mit S-Regeln
Zyklus 2 (bis S_3) mit S-Regeln
Zyklus 3 (bis NP_1) mit NP-Regeln
Zyklus 4 (bis NP_2) mit NP-Regeln
Zyklus 5 (bis S_1) mit S-Regeln

Man könnte natürlich auch die Reihenfolge

S_2 , NP_1 , S_3 , NP_2 , S_1

haben.

Es gibt unter den Transformationsregeln einige, die mehrmals anwendbar sind. Aber sobald eine andere Regel danach angewandt worden ist, ist ihre Wiederanwendung (innerhalb des jeweiligen Zyklus, wenn sie zyklisch ist) nicht mehr möglich. Beispiele dafür sind T-MM (vorzyklisch), T-P-TEIL (zyklisch), und T-Z-TILG (nachzyklisch).[1]

Außer den drei Haupttypen gibt es noch Transformationsregeln, die mit dem Zyklusprinzip nichts zu tun haben. Sie können angewandt werden, sobald die Bedingungen erfüllt sind. Näheres darüber siehe T-KNOT-TILG und T-KONST-TILG u unter 6.3.

6.0.2 Syntaktische Merkmale

Außer den syntaktischen Merkmalen, die Einfluß auf die Erzeugung der Y-Ketten haben,[2] gibt es syntaktische Merkmale, die Einfluß auf die Transformationen haben. Man könnte bei der Formulierung einer Transformationsregel statt syntaktischer Merkmale auch die ganze Liste derjenigen Lexeme aufführen, die an jener Transformation teilnehmen können. Dies ist aber zweifellos ein sehr unökonomischer und auch unübersichtlicher Weg.

In der üblichen Schreibweise haben die syntaktischen Merkmale die Vorzeichen "+" oder "-". Chomsky und die frühen Transformationalisten haben von der Phonologie den Merkmalsbegriff und damit die Vorzeichen übernommen. Seitdem folgen viele, ohne zu fragen, ob es außer dieser Bezeichnungsweise noch andere Möglichkeiten gibt, die in der Wirkung gleich, aber vielleicht auch besser als das geläufige Verfahren wären. Eine Ausnahme macht jedoch Weinreich (1966:473):

> Perhaps the least satisfactory aspect of the theory outlined here ... is the assumption that binary features constitute an adequate apparatus for the representation of the meanings of all complexes ...

Leider hat er diesen Gedanken nicht weiter verfolgt. In diesem

---

1 Über die Bezeichnungsweise der Transformationsregeln siehe 6.0.3.

2 Siehe die Erläuterungen zu E7, E11 und E17a in 3.1.4.

Kapitel werde ich zeigen, daß man auch ohne Vorzeichen sehr gut auskommt.

Nicht nur die Prädikative haben Merkmale, sondern auch die Einheitswörter (siehe T-PRON.2 in 6.1.4). Bei T-MM werden wir sehen, daß Merkmale der Prädikative auf die dominierenden P-Knoten übertragbar sind. Bei T-PRON.1 und T-PRON.2 können sogar NP syntaktische Merkmale bekommen.

Im folgenden zeige ich eine Liste der syntaktischen Merkmale des Kantonesischen, und als Beispiele Prädikative, die durch diese syntaktischen Merkmale charakterisiert sind. In Klammern habe ich die Namen der Transformationsregeln aufgeschrieben, in denen die betreffenden syntaktischen Merkmale relevant sind.

O-bei	(vgl. T-PART-SEGM) täuhong 'kapitulieren', ga 'sich (mit einem Mann) verheiraten'
O-döi$_1$	(T-PART-SEGM, T-OBJ-VOR) yäulei 'vorteilhaft für'
O-döi$_2$	(T-PART-SEGM, T-OBJ-PART-TILG, T-OBJ-VOR) sungbai 'verehren', yäudoi 'mit Vorzug behandeln', sug '(mit etwas) vertraut sein'
O-häi	(T-PART-SEGM) fänbou 'sich verteilen', jü 'wohnen'
O-höng$_1$	(T-PART-SEGM, T-OBJ-VOR) honcäi 'zum Vorbild nehmen', douhib 'sich (bei jemandem) entschuldigen'
O-höng$_1$-O	(T-PART-SEGM, T-OBJ-VOR) bougou 'berichten', boujing 'garantieren'
O-höng$_2$	(T-PART-SEGM, T-OBJ-PART-TILG, T-OBJ-VOR) jöngung 'angreifen'
O-höng$_2$-O	(T-PART-SEGM, T-OBJ-PART-TILG, T-OBJ-VOR) cinggau 'höflich fragen', hog 'lernen'
O-jöng-bei	(T-PART-SEGM, T-OBJ-VOR) gaisiu 'empfehlen'
O-tung$_1$-O	(T-PART-SEGM, T-OBJ-VOR) toulön 'diskutieren', sönglöng 'sich (mit jemandem über etwas) beraten'
O-tung$_2$	(T-PART-SEGM, T-OBJ-PART-TILG, T-OBJ-VOR) ngäugid '(mit jemandem) unter einer Decke stecken'
O-wäi	(T-PART-SEGM, T-OBJ-VOR) heisäng 'sich opfern für', fugmou 'dienen'
*1	(T-SUBJ-ANH, T-*1) MD (vgl.(44bc)), POTENT (45bc), STEIG (48cd), ÜDS (34cd)
*2	(T-SUBJ-ANH, T-*2) do 'viel', noi 'lang (zeitlich)'
aux1	(T-SUBJ-ANH) göiyin 'wider Erwarten', hoyi 'können', jäu 'bald', jöigän 'in der letzten Zeit', mei-yäu-noi 'noch lange nicht', wui 'werden', yädding 'bestimmt', yiging 'schon', yiu 'müssen'
aux2	(T-SUBJ-ANH) bunloi 'ursprünglich', cünsüd 'vom Hörensagen', dongyin 'natürlich', guoyin 'tatsächlich', honäng 'möglich', hosig 'leider', keisäd 'eigentlich', sädjoi 'in der Tat', wagje 'vielleicht'
bei-höng$_2$	(T-PART-SEGM, T-OBJ-TILG, T-OBJ-VOR) cämlög 'eindringen', lägsog 'erpressen', hängci 'Attentat (auf jemanden) verüben'

bei-jöng (T-PART-SEGM, T-OBJ-VOR) da 'schlagen', leiyung 'ausnutzen', ngadbig 'unterdrücken', ci 'entlassen'

bei-jöng-bei (T-PART-SEGM, T-OBJ-VOR) sung 'schenken', mai 'verkaufen'

bei-jöng-jou (T-PART-SEGM, T-OBJ-VOR) dong 'betrachten als', giu 'nennen'

getilg (T-ge-TILG) bän 'dumm', co 'falsch', cöng 'lang', dai 'groß', dung 'kalt', fui 'grau', gäm 'golden', gou 'hoch', guäi 'teuer', hou 'gut', hung 'rot', jeng 'schlau', mang 'blind', sam-gog 'dreieckig', sän 'neu', sang 'lebendig', sei 'tot', tim 'süß'

kompl.a (T-KOMPL.a) doi 'vertreten', doibiu 'vertreten', bong 'helfen', wäi 'für jemanden etwas tun'

kompl.b (T-KOMPL.b) big 'zwingen', cöi 'drängen', giu 'auffordern', yäm 'freies Spiel lassen'

konj (siehe die Erläuterung zu T-KONJ.1)

koord (T-KOORD.1d) lönläu 'nacheinander', yädcäi 'zusammen', yädyöng 'gleich'

nom (T-BLOCK, T-P-ANH) alle Prädikative, die normalerweise als Substantiv betrachtet werden

nptilg (T-NP-TILG.b) gäu 'genügen', käm 'haltbar', ngam 'geeignet'

npumst (T-NP-UMST, T-SUBJ-ANH, T-SUBORD.a) häi 'sich befinden'

präf (T-SUBJ-ANH, T-PRÄF) gei 'ziemlich', hou 'sehr', jöi (Superlativ), m 'nicht', tai 'zu, übermäßig'

pspass (T-PSPASS) jigdäg 'lohnen', käm 'haltbar', ngam 'geeignet', sigyi 'geeignet', sighäb 'geeignet'

pumst (T-SUBJ-ANH, T-P-UMST.1) dou, däg, guo, joi (Übersetzung dieser Prädikative siehe bei T-P-UMST.1)

rel (T-DET-TILG.b, T-gäm-EINF) alle graduierbaren Prädikative

rez (T-KOORD.1c) biubong 'anpreisen', bongmong 'helfen', guaijag 'beklagen', jiugwu 'betreuen', päiping 'kritisieren'

subjtilg (T-SUBJ-TILG) ALL (siehe T-SUBJ-TILG)

suff (T-SUBJ-ANH, T-SUFF) däg 'können', gän (Progressiv), guo 'schon mal', ha 'ein wenig', hei/sönglei (bezeichnet das Eintreten eines Zustandes), jo (Perfektiv)

sumst.a (T-SUBJ-ANH,T-S-UMST.a, T-SUBORD.a) gäm, MD (Übersetzung siehe bei T-S-UMST.a)

sumst.b (T-SUBJ-ANH, T-S-UMST.b, T-SUBORD.a) gäu 'erreichen (bezüglich der Qualität oder der Quantität)

yäu-O (T-PART-SEGM, T-OBJ-VOR) jüci 'leiten', jousing 'konstituieren'

zt (T-P-TEIL) ba/gung 'streiken', ban/hai 'fesseln', cau/yäuyü 'entlassen', cöi/ngäu 'prahlen', cöd/säi 'geboren werden', däng/lug 'landen', dou/bou 'ankommen', fad/sänging 'den Verstand verlieren', gid/fän 'heiraten', hei/sönglei (siehe [suff]), wän/bän 'vormachen'

6.1 Transformationsregeln des Kantonesischen

6.1.1 Schreibkonventionen

Ich benutze in 6.1.4 die folgenden Schreibkonventionen.

6.1.1.1 Decksymbole

Anfangsbuchstaben in Großschreibung (A, B, C usw.) stehen für Ketten (einzelne Symbole oder Ketten von Symbolen); die Kette darf aber keine Null-Kette sein. Endbuchstaben in Großschreibung (W, X, Y, Z usw.) stehen für Ketten, die auch leer sein können. Innerhalb derselben Regel repräsentieren gleichförmige Decksymbole stets dieselbe Kette. Aber ungleiche Decksymbole repräsentieren nicht zwangsläufig Ketten mit verschiedenen Referenten; gleiche Ketten können auch durch unterschiedliche Decksymbole repräsentiert werden (z.B. "A" und "B" in T-KOORD.1a).

6.1.1.2 Andere Symbole

A△ : Der ganze Baum, dessen höchster dominierender Knoten A ist. Z.B. kann

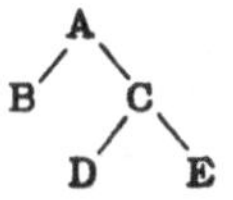

durch "A△" repräsentiert werden. Normalerweise steht auch "A" für "A△"; nur wenn Mißverständnisse entstehen können (z.B. bei T-PRON.1), wird diese Ausdrucksweise benutzt.

[ ] : Z.B., A [B + C [D + E]] ist dasselbe wie

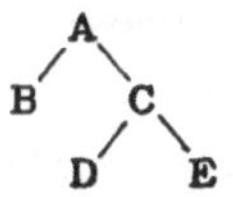

$\underset{[B]}{A}$: A, das das syntaktische Merkmal B hat. Wenn ein Merkmal im linken Teil einer Regel erscheint, tritt es im rechten Teil der Regel nicht mehr auf, falls keine Änderung vorliegt. In einem Stammbaum wird ein Merkmal nicht mehr aufgeführt, sobald es seine Funktion erfüllt hat. (Siehe z.B. T-TEIL und Beispiel (38) in 6.2)

$A_{(1)}$, $A_{(2)}$ usw.: Wenn innerhalb einer Regel zwei Knoten dieselbe Form haben (z.B. NP), können die Knoten mit "(1)", "(2)" usw. indiziert werden. Es ist nicht ausgeschlossen, daß gleichförmige Knoten mit unterschiedlichen Indizes korreferentiell sein können. (Z.B. "$NP_{(1)}$" und "$NP_{(2)}$" in T-KOORD.1b)

x, y, ... :

In unseren Beispielen werden die NP, deren Einzelheiten für die Diskussion unwesentlich sind, durch die Kleinbuchstaben "x", "y" usw. repräsentiert. Manchmal werden die Knoten NP im Stammbaum auch weggelassen. Z.B.

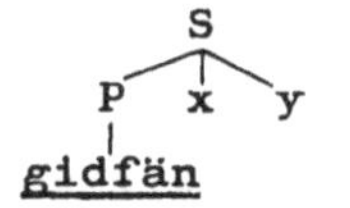

statt

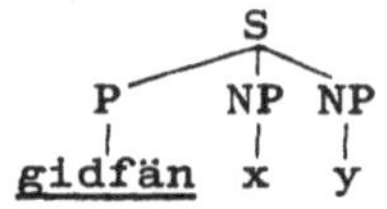

Prädikative, die durch Transformationsregeln (aber nicht unbedingt eine Tilgungsregel, z.B. T-KONJ.1) eliminiert werden, werden ganz in Großbuchstaben geschrieben, und zwar in der deutschen Sprache.

6.1.1.3 Form der Transformationsregeln

Jede Transformationsregel hat einen Namen. Nach dem Gebrauch der transformationellen Grammatik werden die struktuelle Beschreibung und die struktuelle Änderung angegeben, die durch den Pfeil "⇒" verbunden werden. Der Formalismus (aus Postal (1971:203))

A , B , C , D , E , F
1   2   3   4   5   6   ⇒   1 , 2 , 3 , 0 , 5 + 4 , 6

z.B.   X , $[_s$ Ya , Preposition , NP , Za$]_s$, Y
1   2   3   4   5   6   ⇒   1 , 2 , 3 , 0 , 5 + 4 , 6

wird hier nicht benutzt. Die Überlegung geht davon aus, daß der Leser nicht so leicht mit einem Blick begreifen kann, wie die struktuelle Veränderung aussehen soll, sondern sich noch einmal das Ergebnis

X , $[_s$ Ya , Preposition , Za, NP $]_s$, Y

vor Augen führen muß. Statt dessen ziehe ich es vor, das Ergebnis ohne die numerierten Abkürzungen anzugeben, oder folgendermaßen:

X , S[Ya , Preposition , NP , Za] , Y
⇒ ———————————————— , Za , NP , –

je nachdem, wie die Situation es fordert. Über dem Pfeil steht die Angabe, ob die Regel obligatorisch ("obl") oder optional ("opt") ist.

Hinter dem Hauptteil der Regel stehen die zusätzlichen Bedingungen (z.B. bei T-ge-EINF, T-SUBJ und T-SUFF).

Dann werden einige Beispiele genannt (sie befinden sich in 6.2), wo die betreffende Regel angewendet wird. Z.B. wird bei T-SUBJ das Beispiel (23cd) genannt. Dies bedeutet, daß der Baum (c) im Beispiel (23) durch T-SUBJ in (d) transformiert wird. Die wichtigeren Beispiele werden unterstrichen.

6.1.2 Typen

Man unterscheidet die folgenden elementaren Transformationen:

(i) Tilgung
(ii) Einführung
(iii) Ersetzung
(iv) Umstellung
(v) Blockierung (siehe T-BLOCK in 6.1.4)

Die Typen (i) bis (iv) können auch in einer Regel kombiniert werden.

Nicht nur terminale Symbole (d.h. diejenigen, die keine anderen Symbole dominieren) und Teilbäume der Konstituenten-Struktur können eingeführt, umgestellt, getilgt, oder von anderen Knoten ersetzt werden; ebenso können die nicht-terminalen Knoten so behandelt werden, ohne daß bei den von ihnen dominierten Teilen dasselbe geschieht.[1] Außerdem sind solche Operationen auch bei syntaktischen Merkmalen möglich.[2]

Es gibt noch einige besondere Eigenschaften, die nur ganz wenige Regeln haben:

(i) T-KNOT-TILG wird überall dort angewendet, sobald die Bedingungen erfüllt sind; die Reihenfolge der Regeln ist für sie unwesentlich.

(ii) T-KONST-TILG.u setzt nicht nur einen Kontext, sondern auch die Tilgung eines NP-Knotens voraus.

---

1 Siehe z.B. T-ATTR, T-ge-DISTR, T-KNOT-TILG, T-KONJ.2, T-SUBJ, T-KOORD.1a, T-KOORD.1b, T-KOORD.2, T-PART-SEGM usw.

2 Z.B. T-MM, T-P-RANG, T-PRON.1, T-P-TEIL und T-REFL.

(iii) T-P-TEIL, T-"P"-TILG und T-OBJ-VOR können innerhalb eines Zyklus mehrmals angewendet werden.

6.1.3 Anordnung

Da die Reihenfolge der Regeln noch genau festgelegt werden muß, ist es unpraktisch, in diesem Stadium den Regeln eine durchgehende Numerierung zu geben. Die einzelnen Transformationsregeln werden durch Abkürzungen gekennzeichnet (z.B. "T-SUFF", "T-SUBORD"); im Text werden auch nur diese Abkürzungen gebraucht. Im Abschnitt 6.1.4, wo die einzelnen Regeln aufgeführt werden, werden sie nach ihren Abkürzungen alphabetisch geordnet. Um den Zusammenhang der Regeln zu verdeutlichen, zeige ich in diesem Abschnitt die Reihenfolge ihrer Anwendung; die Regeln bekommen eine Numerierung, die jedoch nur in diesem Abschnitt gebraucht wird. Eine Linie zwischen zwei Regeln bedeutet, daß die Reihenfolge nicht umkehrbar ist. Die Numerierung der Regeln kann leicht geändert werden, ohne daß man die Anordnung der Regeln in 6.1.4 zu ändern braucht. Ein Konkordanzindex zwischen den beiden Anordnungen wird auch beigefügt.

*1	T29	KOORD.1c	10	PRÄF	T51
*2	63	KOORD.1d	11	PRON.1	48
ATTR	60	KOORD.1e	39	PRON.2	49
BLOCK	61	KOORD.2	40	PRON.3	50
DET-TILG.a	55	KOORD.3	41	PSPASS	16
DET-TILG.b	56	MM	4	QUAN-UMST.1	58
dou-TILG	62	NP-ERS	3	QUAN-UMST.2	66
gäm-EINF	64	NP-TILG.a	19	REFL	47
ge-DISTR	68	NP-TILG.b	42	S-UMST.a	26
ge-EINF	67	NP-TILG.c	43	S-UMST.b	27
ge-TILG	70	NP-TILG.d	44	SUBJ	17
INDEF-TILG	65	NP-TILG.e	45	SUBJ-ANH	21
K-TILG	25	NP-UMST	28	SUBJ-ANH.k1	22
K-UMST	24	OBJ-ANH	46	SUBJ-ANH.k2	23
KERN-TILG	69	OBJ-PART-		SUBJ-PART-	
KNOT-TILG	1	TILG	38	TILG	18
KOMPL.a	14	OBJ-VOR	37	SUBJ-TILG	20
KOMPL.b	15	P-ANH	59	SUBORD.a	33
KONJ.1	12	P-GRUPP	32	SUBORD.b	34
KONJ.2	13	P-RANG	5	SUBORD.c	35
KONST-TILG	57	P-TEIL	53	SUFF	52
KONST-TILG.u	2	"P"-TILG	54	U-UMST	6
KOORD.1a	8	P-UMST.1	30	VP-TILG	36
KOORD.1b	9	P-UMST.2	31	Z-TILG	71
		PART-SEGM	7		

Liste der Transformationsregeln (geordnet nach der Reihenfolge der Anwendung)

A. Universelle Regeln

T1 KNOT-TILG
T2 KONST-TILG.u

B. Vorzyklische Regeln

T3 NP-ERS
T4 MM
T5 P-RANG
T6 U-UMST

C. Zyklische Regeln

C.1 S-Regeln

T7 PART-SEGM
T8 KOORD.1a
T9 KOORD.1b
T10 KOORD.1c
T11 KOORD.1d
T12 KONJ.1
T13 KONJ.2
T14 KOMPL.a
T15 KOMPL.b
T16 PSPASS
T17 SUBJ
T18 SUBJ-PART-TILG
T19 NP-TILG.a
T20 SUBJ-TILG
T21 SUBJ-ANH
T22 SUBJ-ANH.k1
T23 SUBJ-ANH.k2
T24 K-UMST
T25 K-TILG
T26 S-UMST.a
T27 S-UMST.b
T28 NP-UMST
T29 *1
T30 P-UMST.1
T31 P-UMST.2
T32 P-GRUPP
T33 SUBORD.a
T34 SUBORD.b
T35 SUBORD.c
T36 VP-TILG
T37 OBJ-VOR
T38 OBJ-PART-TILG
T39 KOORD.1e
T40 KOORD.2
T41 KOORD.3
T42 NP-TILG.b
T43 NP-TILG.c
T44 NP-TILG.d
T45 NP-TILG.e
T46 OBJ-ANH
T47 REFL
T48 PRON.1
T49 PRON.2
T50 PRON.3
T51 PRÄF
T52 SUFF
T53 P-TEIL
T54 "P"-TILG

C.2 NP-Regeln

T55 DET-TILG.a
T56 DET-TILG.b
T57 KONST-TILG
T58 QUAN-UMST.1
T59 P-ANH
T60 ATTR
T61 BLOCK

D. Nachzyklische Regeln

T62 <u>dou</u>-TILG
T63 *2
T64 <u>gäm</u>-EINF
T65 INDEF-TILG
T66 QUAN-UMST.2
T67 <u>ge</u>-EINF
T68 <u>ge</u>-DISTR
T69 KERN-TILG
T70 <u>ge</u>-TILG
T71 Z-TILG

6.1.4 Regeln und Erläuterungen

T - *1

```
          P
 obl    [*1]
  ⇒      ø
```

34cd, 44bc, 45bc, 48cd, 49ab.

Durch diese Regel werden Prädikative getilgt, die keine phonologische Formen haben, aber semantisch und syntaktisch relevant sind. Diese Prädikative tragen das syntaktische Merkmal [*1].

Diese Regel hat keine Kontextangabe. Dies bedeutet aber nicht, daß sie wirklich keinen Kontext braucht. Daß sie gerade jetzt (nach und vor Anwendung bestimmter Regeln) angewandt wird, deutet darauf hin, daß sie kontext-sensitiv ist.

T - *2

```
        Quan   ,    P
 opt              [*2]
  ⇒    ____    ,   ø
```

28gh, 37ef, 40de, 41cd, 46cd, 49fg, 50cd.

Graduierbare Prädikative (z.B. <u>do</u> 'viel', <u>loi</u> 'lang (Dauer)' und <u>yün</u> 'weit') können eliminiert werden, wenn davor ein Quan steht.[1] Diese Prädikative werden mit dem Merkmal [*2] gekennzeichnet. Bei den folgenden Sätzen kann man statt (i) auch (ii) sagen; es ist aber nicht immer möglich, statt (iii) (iv) zu sagen, weil <u>cöng</u> in (iii) kein [*2] hat.

```
(i)  x beng          jo          löng ci  gäm  do .
       krank (Perfektivsuffix) zwei Mal  so   viel
     x ist zweimal krank gewesen.
(ii) x beng fo löng ci.²
```

---

1 Ross 1964 (seine These habe ich von Geis (1970:237-238) entnommen) argumentiert, daß im Englischen die 'measure phrases' immer mit einem Adjektiv angewendet werden müssen, die dann getilgt werden müssen oder können. Man betrachte (a) und (b):

(a) John walked five miles
(b) * John walked five pounds

Die Grammatikalität von (a) sowie die Ungrammatikalität von (b) basieren auf die Adjektive <u>far</u> bzw. <u>heavy</u>, die in der Oberflächenstruktur nicht mehr erscheinen.

2 Weil T-*2 vor T-gäm-EINF steht, ist <u>do</u> nach der Anwendung von T-*2 nicht mehr vorhanden; <u>gäm</u> kann deswegen auch nicht mehr eingeführt werden.

(iii) x löng ceg gäm cöng
Meter lang

(iv) x löng ceg

Bei (iv) weiß man nicht, ob es sich um die Länge, Breite, oder andere Dimensionen handelt. Natürlich kann <u>cöng</u> auch getilgt werden, wenn der Kontext es erlaubt. Aber Prädikative mit [*2] können stets unabhängig von der Sprechsituation getilgt werden.

<u>T - ATTR</u> (Attribuierung) [1]

obl NP [det (Quan + P) P , A]
⇒ NP [A , Basis [―――――――― , ∅] .

40cd, 41bc, 50bc, 51de

Durch diese Transformation wird das restriktive Attribut an den Anfang der NP gestellt. Die NP bekommt eine Zweiteilung. Augenblicklich kann ich das folgende Argument geben: Die NP

guanyü yänmän-gungse go bou sü tung go
in bezug auf Volkskommune jenes Stück Buch und jenes

cüg hei
Stück Film

ist mehrdeutig:

(i)

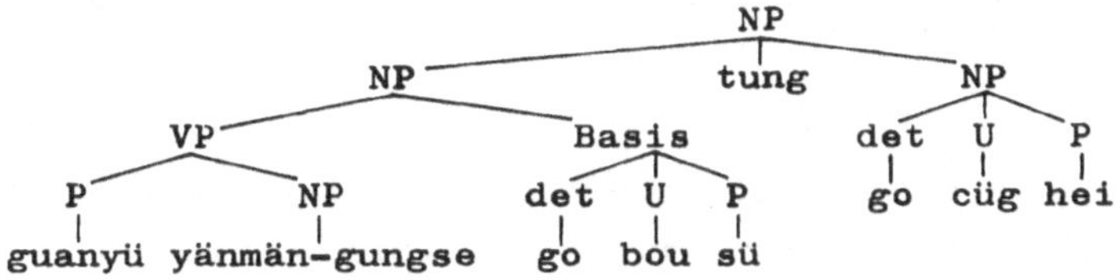

(das Buch über die Volkskommune und der Film)

(ii)

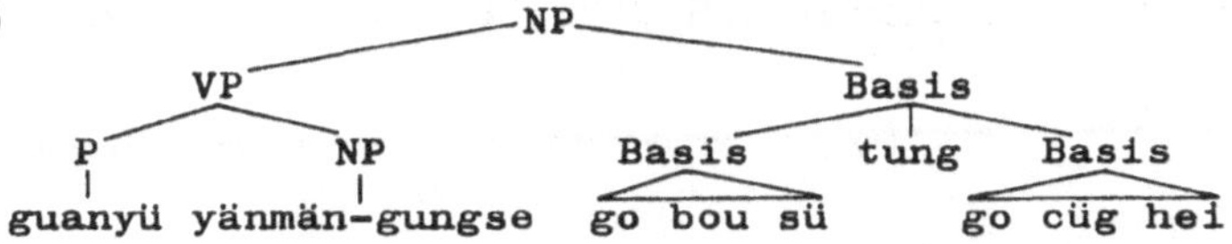

(das Buch und der Film, die die Volkskommune betreffen)

(ii) ist wiederum durch T-KOORD.2 aus (iii) abgeleitet worden.

(iii)

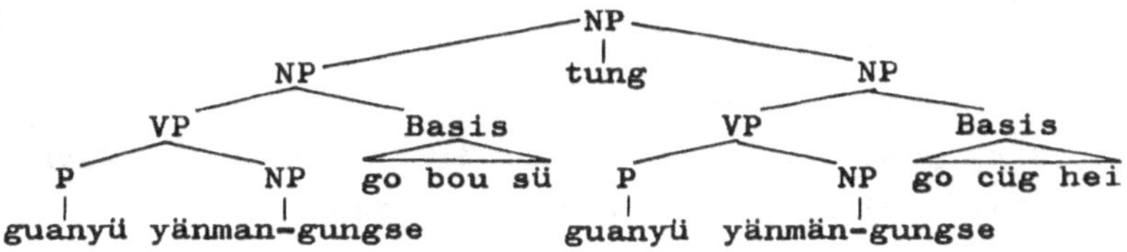

1 Berücksichtigt werden in dieser Regel nur die restriktiven Attribute.

T-KOORD.2 setzt aber voraus, daß die Ketten go bou sü und go cüg hei Konstituenten sind.

Die Aufteilung der NP guanyü yänman-gungse go bou sü nach

(iv)

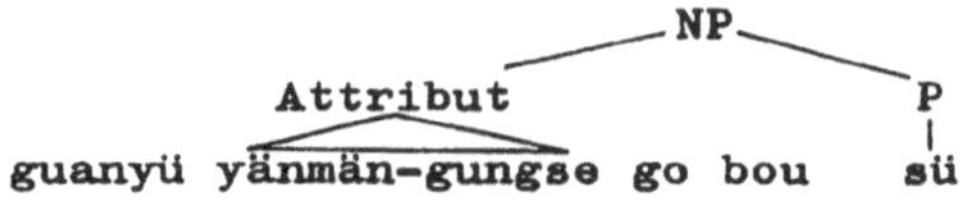

ist nicht möglich, weil dadurch der Satz

guanyü yänmän-gungse go bou sü tung hung sig go bou sü
rot Farbe
dou bei yän täu jo
allesamt von Mensch stehlen (Perfektiv)
Sowohl das Buch über die Volkskommune als auch das rote Buch sind (von anderen Menschen) gestohlen worden

in die folgende ungrammatische Kette reduziert werden könnte:

* guanyü yänmän-gungse go bou tung hung sig go bou sü dou bei yän täu jo

Man könnte auch vermuten, daß det und Quan zusammen eine Konstituente bilden. Durch den Koordinationstest sehen wir, daß dies ebenfalls nicht stimmt:

* hung sig go löng jöng tung ni sam jöng toi
rot Farbe jenes zwei Stück und dieser drei Stück Tisch
jene zwei roten Tische und diese drei roten Tische

T - BLOCK (Blockierung)

Wenn eine NP nicht mit einem Prädikativ endet, das das Merkmal [nom] trägt, wird die Derivation blockiert. Beispiel: Die folgende NP endet nicht mit einem Prädikativ, das [nom] trägt; die Derivation dieser Struktur muß daher blockiert werden.

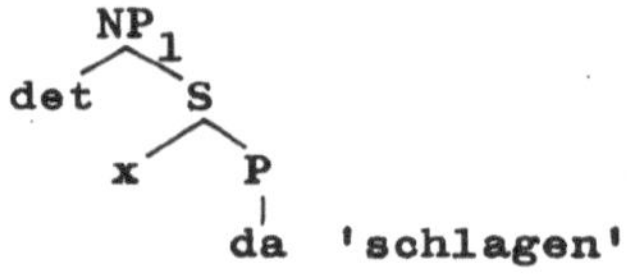

T - DET - TILG.a (Det-Tilgung)

obl NP [det , S [S , A]]
⇒ — , ∅ , ———

2cd, 3bc, 3de, 4ab, 9cd, 13bc, 15ab, 19de, 22ab, 23fg, 26bc, 26de, 28de, 34de, 37bc, 39cd, 49de, 56bc, 56de

Ich nehme an, daß jedes S, das als Argument einer Prädikation fungiert, eine NP ist, die den Determinator DEF enthält, der durch eine Tilgungsregel eliminiert wird. Vergleichen wir

(i) A-Läu beng ni gin si häi jän
(Eigenname) krank dieses Stück Sachverhalt ist wahr

ge
(Satzsuffix)

Der Sachverhalt, daß A-Läu krank ist, ist wahr

(ii) A-Läu beng häi jän ge

Es ist wahr, daß A-Läu krank ist

Die beiden Sätze unterscheiden sich nur darin, daß einer die Knoten det und Quan hat, und der andere diese Knoten nicht hat. Ich habe aber angenommen, daß der Determinator <u>DEF</u> auch in (ii) vorhanden ist, zumindest in der Tiefenstruktur. Die Tiefenstruktur von (ii) ist (iia):

(iia)

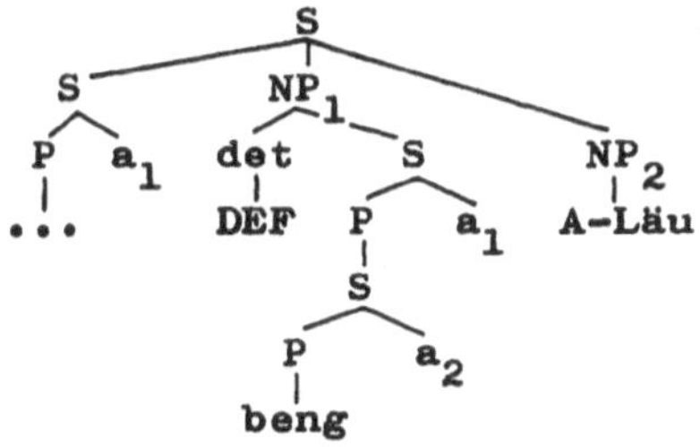

Die ursprünglich kompliziertere Struktur wird hier durch ein P ohne spezifische Angabe dargestellt, um die Diskussion zu erleichtern. Durch T-NP-ERS, T-KNOT-TILG und T-SUBJ wird (iia) zu (iib) (vgl.(2ac)).

(iib)

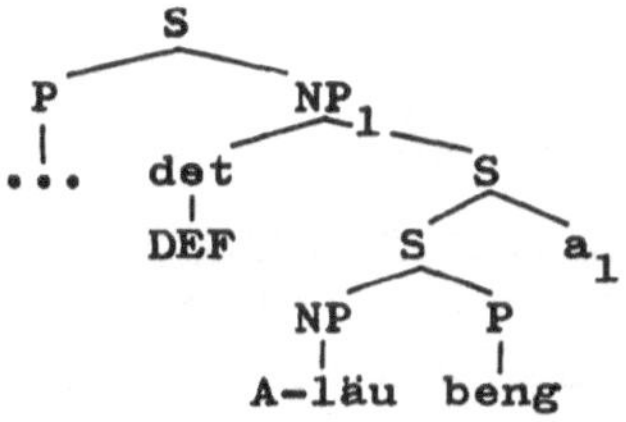

Weil <u>DEF</u> nicht in der Oberflächenstruktur erscheint, muß es vorher getilgt werden. Nach der Anwendung von T-DET-TILG.a, T-KNOT-TILG und T-KONST-TILG.u wird (iib) zu

(iic)

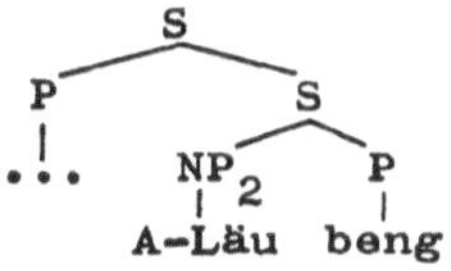

Wo ein S in einen anderen S eingebettet ist, ist die Struktur

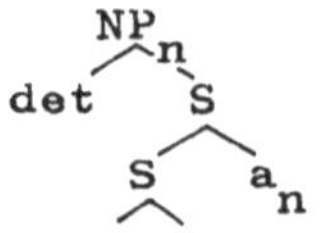

immer vorhanden; diese Struktur kann deswegen als Bedingung der Det-Tilgung betrachtet werden. Die Det-Tilgung muß vor der Tilgung der Konstanten "a_n" (T-KONST-TILG) stattfinden, sonst würde diese Struktur durch T-KONST-TILG und T-KNOT-TILG in

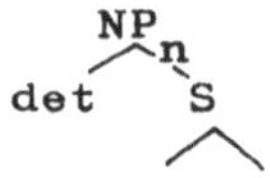

transformiert, wobei das typische Kennzeichen für die Det-Tilgung verloren ginge. Der Grund, daß der Knoten det bei

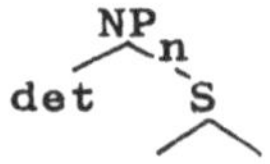

nicht ohne weiteres getilgt werden kann, kann durch das Beispiel (51a) erklärt werden. (51a) hat genau diese Struktur. Wenn die Det-Tilgung stattfinden würden, müßte anschließend auch der Knoten NP_1 durch T-KNOT-TILG getilgt werden; dies ist offensichtlich falsch.

<u>T - DET - TILG.b</u>

obl	NP [det	,	S [NP	,	X	,	P [rel]	,	Y]]
⇒	—	∅	,	______					

16bc, 49bc

Wenn eine NP den Wert einer graduierbaren Eigenschaft bezeichnet, kann man über diesen Wert etwas aussagen; z.B. kann (16a) derart gelesen werden: "der Wert der Höhe von x ist 'sehr'". Das höhere Prädikat (z.B. <u>hou</u> 'sehr' von (16)) wird durch eine Präfigierungstransformation Präfix des Prädikativs, das die graduierbare Eigenschaft bezeichnet. Dabei ist es erforderlich, daß der Knoten det dieser NP zuerst getilgt wird.

<u>T - dou - TILG</u> (<u>dou</u> - Tilgung)

obl	$P_{(1)}$, (<u>m</u>)	, <u>dou</u>	, $P_{(2)}$	, NP
⇒	______	, ∅	, ______	

19fg

In (19) wird $S_{(2)}$ durch einige Transformationen zu

x da dou sei y

Diese Kette ist noch keine Endkette, weil dou noch getilgt werden muß. Durch T-dou-TILG bekommen wir

x da sei y

Es liegt nahe, T-dou-TILG als eine zyklische Regel zu betrachten. In (19) muß aber das Präfix m zwischen da und sei eingeschoben werden; ohne dou wäre die richtige Stellung schwer zu finden. Die Präfigierung liegt jedoch in einem höheren Zyklus; bei der Präfigierung wäre entweder dou nicht mehr vorhanden, oder könnte dou später nicht mehr getilgt werden. Darum kann T-dou-TILG keine zyklische Regel sein.

T - gäm - EINF (gäm - Einführung)

VP [X , P[rel] , (NP)] , Y

⇒ VP [– , gäm , ———] , –

Bedingungen:

1. Kein Präfix steht vor P,
2. Y fängt nicht mit einem mit P gleichförmiges Prädikativ an.

obligatorisch: wenn P auch [*2] trägt,
oder wenn P ein Objekt hat.

optional: sonst.

1jk, 3gh, 6cd, 7bc, 30ef, 39ef, 55cd

Die Komparierungspartikel gäm 'so' wird durch eine nachzyklische Regel eingeführt. Die Einführung ist obligatorisch, wenn das nachstehende Prädikativ das Merkmal [*2] trägt. Man kann nicht statt der Beispielsätze (1), (3), (36) und (39) sagen:[1]

* löng go do ge hogsang
* y bei x mai jo löng yäd loi
* y bei x cung guo köi sam bong do
* x ba jo löng yäd gung loi

Wenn das nachstehende Prädikativ ein Objekt hat, wie es bei (30) und (7) der Fall ist, muß gäm eingeführt werden.

* x gäu y jungyi z
* x tung y yädyöng gäm jungyi z

Wenn aber vor dem Prädikativ schon ein Präfix steht, kann gäm nicht eingeführt werden. Z.B.

---

1 Diese Beispielsätze finden sich in 6.2.

* x hou gäm gou (vgl.(16))
* x gäm hou gou
* x m gäm gou (vgl.(34))
* x gäm m gou

Wenn hinter der VP noch ein mit P gleichförmiges Prädikativ steht, das durch T-SUBORD.b entsteht, kann gäm nicht eingeführt werden, obwohl alle andere Bedingungen erfüllt sind.

* x gäm puifug y puifug joi köi sig z (vgl.(18))

Hinter P darf innerhalb der VP nur eine NP stehen. Folgende Bildungen sind z.B. unmöglich:

* x gäm gou guo y (vgl.(28))
* x gäm cöng guo löng ceg (vgl.(33))
* x jungyi y gäm jungyi guo y (vgl.(29))
* x gäm jögsou joi sig y (vgl.(20))

Wir zeigen noch einige mögliche Bildungen:

x löng ceg (gäm) cöng (vgl.(27))
x tung y yädyöng (gäm) gou (vgl.(6))
x gäu lug ceg (gäm) cöng (vgl.(31))
x gäu y (gäm) cöng

(Das eingeklammerte gäm ist fakultativ)

Die Prädikative gou und cöng haben das Merkmal [rel].

T - ge - DISTR (ge - Distribution)

Attr [A [B , tung , C] , ge]
opt ⇒ Attr [B , ge] , tung , Attr [C , ge]

Nach T-ge-EINF steht am Ende des Attributes die Attributspartikel ge. Wenn das Attribut aus zwei koordinierenden Elementen besteht, kann es kurch T-ge-DISTR aufgeteilt werden. Beispiel: Die NP

dai ngangeng tung jög yüläu ge yän
tragen Brille und tragen Regenmantel Mensch
Menschen, die Brillen und Regenmäntel tragen

der die Struktur (i) entspricht, kann zu

dai ngangeng ge tung jög yüläu ge yän

die (ii) entspricht, transformiert werden.

(i)

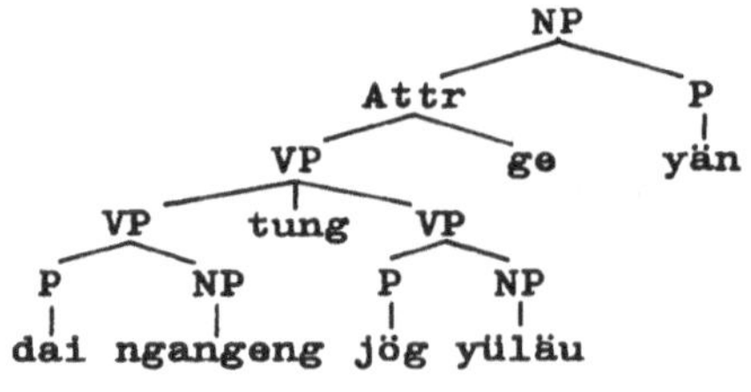

(ii)

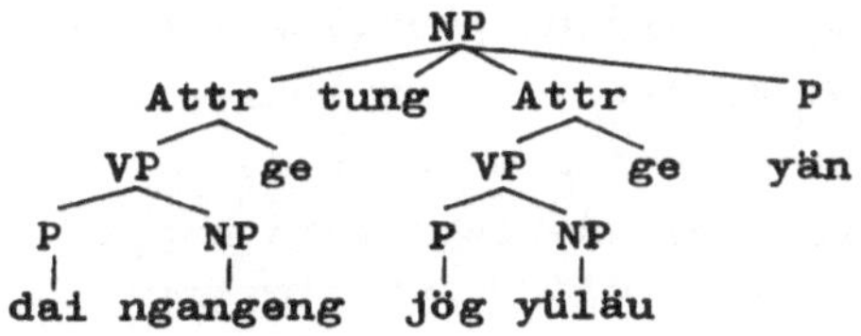

<u>T - ge - EINF</u> (ge - Einführung)

obl NP [X , A , P]
⇒ NP [– , Attr [A , <u>ge</u>] , –]

Bedingung: X ist Null oder endet mit Quan.

<u>11m</u>, <u>11ef</u>, 47bc, <u>51fg</u>, 55cd

Durch T-ge-EINF wird die Attributspartikel <u>ge</u> erzeugt, die am Ende des Attributes steht. Diese Partikel dient dazu, den attributiven Charakter des Attributes zu verdeutlichen.

<u>T - ge - TILG</u> (ge - Tilgung)

opt NP [X , ((det) Quan) P [getilg] , <u>ge</u> , P]
⇒ NP [———————————————— , ∅ , –]

Es gibt eine ganze Reihe von Prädikativen, die kein <u>ge</u> brauchen, wenn sie am Ende eines Attributes stehen. Sie haben das Merkmal [getilg] (Beispiele solcher Prädikative siehe in 6.0.2 unter [getilg]).

Obwohl meist das Attribut die Anwendung von T-ge-TILG entscheidet, wie bei (i),

(i)a <u>tiuca</u> ge hogsang
untersuchen Student = Student, der untersucht

b * tiuca hogsang

hat das Prädikativ hinter dem Attribut manchmal auch einen gewissen Einfluß darauf:

(ii)a tiuca ge <u>gidguo</u>
Ergebnis = Untersuchungsergebnis

b tiuca gidguo

Die Tilgungsmöglichkeit hängt also nicht ausschließlich vom Attribut ab, und T-ge-TILG kann daher nicht ganz angemessen sein.

<u>T - INDEF - TILG</u> (INDEF - Tilgung)

obl INDEF
⇒ ∅

<u>1kl</u>, <u>11de</u>, 47bc, <u>51ef</u>

Der Determinator INDEF hat keine phonologische Form, und muß daher getilgt werden. Der Knoten det ist aber ein wichtiger Kontext bei vielen zyklischen Regeln, deshalb ist es sehr wahrscheinlich, daß T-INDEF-TILG eine nachzyklische Regel ist. Es wird hier jedoch kein Beweis aufgeführt. Ich weiß auch nicht genau, wo T-INDEF-TILG unter den nachzyklischen Regeln liegen soll.

T - K - TILG (K - Tilgung)

```
      K
obl  [*]
 ⇒    ø
```

15ef

Konjunktionen, die eine Nullform haben, tragen das Merkmal [*].[1] Durch diese Regel wird der K-Knoten getilgt.

T - K - UMST (K - Umstellung)

$$\begin{array}{lcccc} & \left\{\begin{matrix}K1\\K2\end{matrix}\right\}, & A, & & P \\ \Rightarrow & \emptyset\;, & -, & \left\{\begin{matrix}K1\\K2\end{matrix}\right\}, & - \end{array}$$

Bedingung: A enthält kein P oder PART.

obligatorisch: wenn K das Merkmal [po2] trägt.

optional: wenn K [po1] trägt.

Es gibt zwei Arten von Konjunktionen: nämlich die mit dem syntaktischen Merkmal [po1] und die mit dem Merkmal [po2].[2] Die [po2]-Konjunktionen stehen immer hinter dem Subjekt. Z.B.

x yüd gaisig , y yüd läu
je erklären desto zornig
Je mehr x erklärte, desto zorniger wurde y

Nicht möglich sind:

* yüd x gaisig, y yüd läu
* x yüd gaisig, yüd y läu
* yüd x gaisig, yüd y läu

Die [po1]-Konjunktionen können am Anfang der KP oder hinter dem Subjekt stehen. Z.B.

Jäusün x cidou , ...
obwohl sich verspätet

x jäusün cidou, ... (Siehe (14))

---

1 Vgl. die Erläuterung zu T-KONJ.1.
2 Eine Liste dieser Konjunktionen findet sich bei der Erläuterung zu T-KONJ.

Die Bedingung, daß A kein P enthalten darf, gilt auch in (iv): Die Konjunktion yingyin 'trotzdem', die [po2] trägt, kann das Prädikativ da nicht überspringen, obwohl da in diesem Kontext nicht den höchsten Rang hat.[1]

(iv) ... , x yingyin da m sei y (vgl. Beispiel (19))

T - KERN - TILG (Kern - Tilgung)

$$\overset{opt}{\Rightarrow} \quad \underline{NP_{(1)} [\ X,\ P_{(1)}\ ],\ Z,\ NP_{(2)} [\ Y,\ \begin{Bmatrix} Quan \\ \underline{ge} \end{Bmatrix},}\ \underset{\emptyset}{P_{(2)}}\ ]$$

Bedingung: $P_{(1)} = P_{(2)}$

Der Nominalkern kann getilgt werden, wenn der Kontext es zuläßt. $NP_{(1)}$ und $NP_{(2)}$ müssen nicht korreferentiell sein. Ich zeige hier einige Beispiele:

(i) Ni-dou gei wäi sinsang dai ngangeng go wäi
hier einige Stück Herr tragen Brille jenes Stück

(sinsang) jöi gou .
am -sten hoch

Unter den Herren hier ist der, der eine Brille trägt, am größten.

(ii) Nei jungyi bin jung benggon ? —— Ngo jungyi ham
du mögen welche Sorte Keks ich salzig

go jung (benggon).
jene Sorte

Welche Kekssorte magst du ? —— Ich mag jene salzige.

(iii) Köi gämyäd diu yü ge singjig m
er heute angeln Fisch (Attributspartikel) Ergebnis nicht

co , köi diu dou yäd tiu sam
schlecht (Affix des Gelingens) ein Stück drei

bong cong ge (yü).
Pfund schwer

Er hat heute ein gutes Ergebnis beim Angeln; er hat einen gefangen, der drei Pfund schwer ist.

T - KNOT - TILG (Knotentilgung)

Knoten, die nicht verzweigen und kein Lexem dominieren, werden getilgt.

Diese Regel ist notwendig, um konter-intuitive Strukturen zu vermeiden. Bei Ross (1966b:289) wird aus diesem Grund eine 'Metaregel' geschaffen:

---

1 Vgl. (19d) und T-P-RANG.

Tilge jeden eingebetteten Knoten S, der nicht verzweigt (d.h. derjenige, der nur NP oder VP direkt dominiert).

Sie wird "Metaregel" genannt, weil sie nicht auf einen bestimmten Punkt der Derivation beschränkt ist; sie wird angewendet, sobald die Bedingung erfüllt ist. Ross (1966b:299) vermutet, daß diese Regel eine universelle Regel sein kann.

Einige Autoren haben diese Regel kritisiert. Durch viele linguistische Daten wird der Universalanspruch dieser Regel in Frage gestellt.[1] Schwischay (1971:243-244) bemängelt diese Gegenbeispiele, weil sie zu viele Zwischenstufen enthalteten. Z.B. werde bei

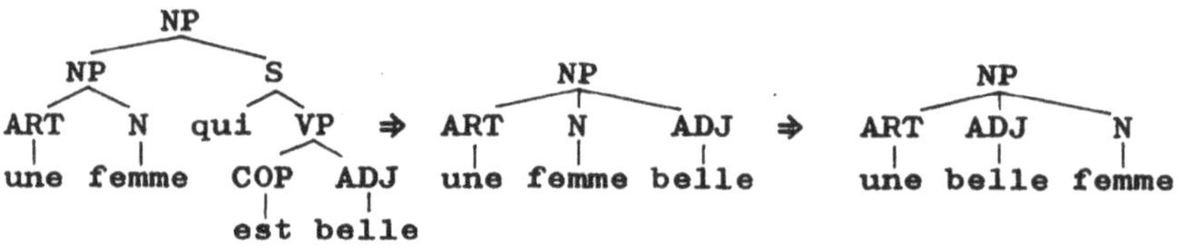

zwischen der ersten und der zweiten Struktur die Zwischenstufe

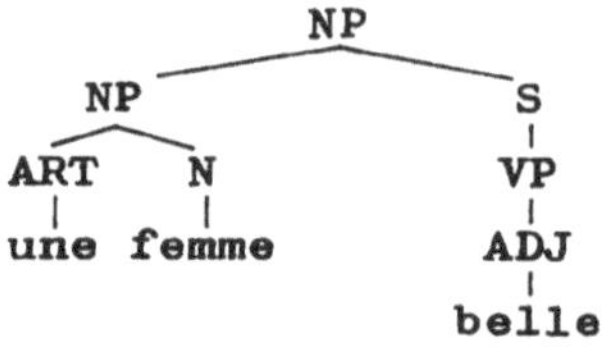

eingeschaltet. Nach Ansicht von Schwischay ist hier wie in vielen anderen Fällen die Knotentilgung überflüssig;[2] ein Knoten solle getilgt werden, wenn er entweder einen gleichförmigen Knoten dominiere, oder wenn er nichts dominiere.[3]

In der vorliegenden Arbeit gibt es eine etwas andere Tiefenstrukturanalyse. Es ist schon notwendig, am Anfang der Transformationen viele S-Knoten und NP-Knoten zu tilgen (siehe die Beispiele in 6.2); die Regel von Ross muß deswegen erweitert werden (also nicht nur S, sondern auch andere Knoten werden getilgt). Nach der Schwischayschen Überlegung könnte man später (außer ganz am Ende der Ableitung) auf diese Regel verzichten; und statt überall verwendbar zu sein, würde diese Regel fest lokalisiert. Wie in 6.2 gezeigt wird, ist die Knotentilgung nach der Subjekt-

---

1 Näheres siehe bei Schwischay (1971:239-242).
2 Siehe dort S.244.
3 Siehe dort S.245, Anm.8.

anhebung (T-SUBJ-ANH), der Suffigierung (T-SUFF) und vieler anderer Transformationen oft unerläßlich. Deswegen halte ich die Einschränkung von Schwischay für zu stark; und ich möchte diese Regel als eine überall verwendbare Regel betrachten. Sobald eine Transformationsregel angewendet worden ist, wird das Ergebnis gleich geprüft, ob es die Bedingung dieser Tilgungsregel erfüllt.

T-KNOT-TILG, wie sie am Anfang dieses Abschnittes formuliert wird, ist noch viel zu einfach; sie muß noch die folgenden Ergänzungen haben:

(i) Wenn ein nicht verzweigter S-Knoten der höchste Knoten ist, wird der von ihm dominierte Knoten getilgt. Z.B. wird (24b) durch die Anwendung von T-SUBJ-TILG in die folgende Struktur verwandelt:

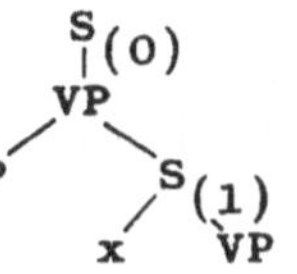

Nun wird nicht $S_{(0)}$, sondern VP getilgt; wir bekommen

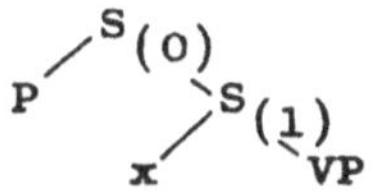

Nach der Anwendung von T-SUBJ-ANH haben wir

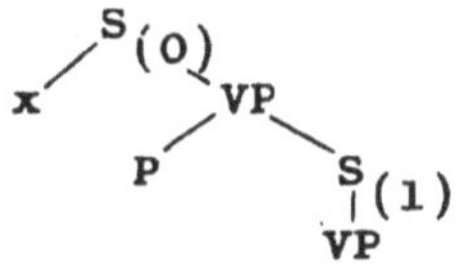

Da $S_{(1)}$ nicht der höchste Knoten ist, gilt (i) nicht. $S_{(1)}$ muß jetzt getilgt werden; das Ergebnis ist (24d).

(ii) Wenn wir einen nicht verzweigten S-Knoten haben, der einen prop-Knoten dominiert, wird statt S der Knoten prop getilgt.[1]

Wenn ein nicht verzweigter NP-Knoten keinen S- oder NP-Knoten dominiert, wird der von ihm dominierte Knoten getilgt. Z.B. wird der Knoten det in der folgenden Struktur durch eine bestimmte Transformation getilgt:

---

1 Der Knoten prop wird gebraucht,um die Prädikation "P + NP + .." zusammenzufassen. Über die Notwendigkeit des Knoten S siehe den Schluß von 3.0.2.i. Die Struktur (G1) in 3.2 enthält viele prop-Knoten, die tilgbar sind.

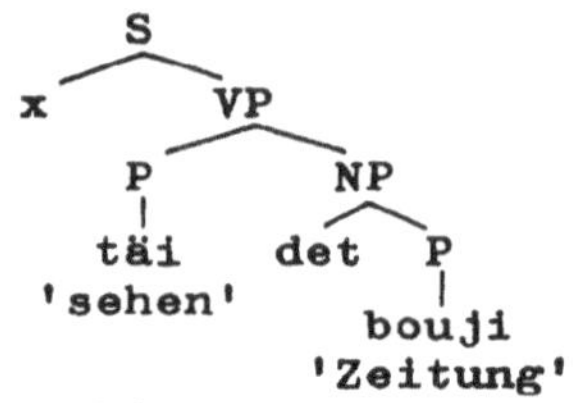

Wir bekommen die Teilstruktur

Nun wird statt NP der Knoten P getilgt, sodaß die folgende Struktur entsteht.

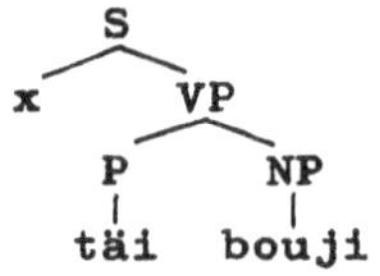

<u>T - KOMPL.a</u> (Komplementierung)

$$\begin{array}{c} \text{obl} \\ \Rightarrow \end{array} \quad \frac{S\,[\;\underset{[\text{kompl.a}]}{P}\;,\; NP_{(1)}\;,\; NP_{(2)}\;,\; S\,[\,NP_{(3)}\,,\,A\,]]}{\qquad\qquad\qquad\qquad\qquad\qquad\qquad\qquad \emptyset \quad , -}$$

Bedingung: $NP_{(1)} = NP_{(3)}$

22bc

Es gibt im KT zwei Subklassen von Prädikativen, die ein S als Komplement haben. Die erste Subklasse enthält z.B. die Prädikative <u>bong</u> 'helfen', <u>wäi</u> 'zugunsten', <u>doibiu</u> 'vertreten' usw.[1] Sie haben das syntaktische Merkmal [kompl.a]. Solche Prädikative haben drei Komplemente; das erste und das zweite Komplement bezeichnet Personen, während das dritte einen Sachverhalt bezeichnet. Das Subjekt des eingebetteten S muß mit dem ersten Komplement korreferentiell sein. Dieses Subjekt wird durch die Komplementierungstransformation getilgt.

Es ist naheliegend, für den Satz

x bong y jou si
helfen machen Sache
x arbeitet für y

analog zum Beispiel (17) die Struktur mit <u>dou</u> (vgl. T-dou-TILG) anzunehmen:

---

1 Über die zweite Subklasse siehe T-KOMPL.b.

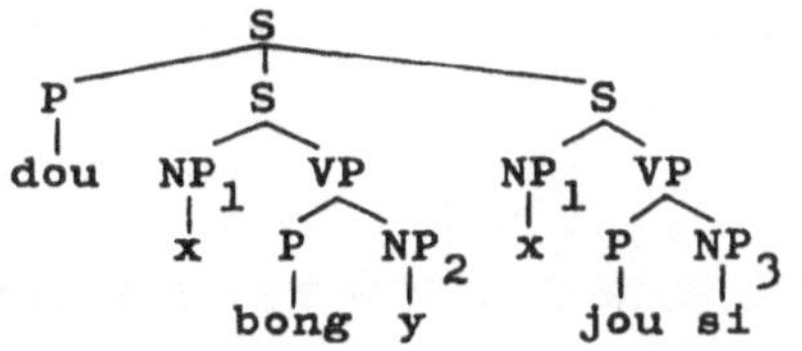

(etwa: 'x hilft y, sodaß x arbeitet')

Außer der semantischen Abweichung können wir diese Annahme auf folgende Weise widerlegen: Nach unseren Regeln müßten die Ketten

x bong y dou x jou si	(T-P-UMST.1)
x bong y bong dou x jou si	(T-SUBORD.b)
x bong y bong dou jou si	(T-NP-TILG.c)

nacheinander entstehen, wenn die angenommene Struktur stimmen würde. Das Ergebnis ist aber ungrammatisch. Die Handlungen Helfen und Arbeiten finden auch nicht nacheinander statt, sondern gleichzeitig; es besteht keine Beziehung von Ursache - Wirkung zwischen ihnen, wie das Prädikativ <u>dou</u> fordert.

<u>T - KOMPL.b</u>

$$\text{obl} \quad \text{S}\left[\begin{matrix}\text{P}\\ [\text{kompl.b}]\end{matrix}, \text{NP}_{(1)}, \text{NP}_{(2)}, \text{S}[\text{NP}_{(3)}, \text{A}]\right]$$
$$\Rightarrow \quad \overline{\qquad\qquad\qquad\qquad} \quad \emptyset \quad , \text{—}$$

Bedingung: $\text{NP}_{(2)} = \text{NP}_{(3)}$

23bc

Außer den Prädikaten, die bei T-KOMPL.a geschildert werden, gibt es noch eine Subklasse von Prädikaten, die ein S als Komplement haben. Es sind z.B. <u>big</u> 'zwingen', <u>mingling</u> 'befehlen', <u>päijön</u> 'genehmigen' und <u>ho</u> 'beglückwünschen'. Sie tragen das Merkmal [kompl.b]. Prädikate dieser Klasse haben drei Komplemente. Das erste und das zweite Komplement bezeichnen Personen; das dritte Komplement bezeichnet einen Sachverhalt, und hat die Form eines S, dessen Subjekt mit dem zweiten Komplement des höheren Prädikats korreferentiell ist. Durch T-KOMPL.b wird das Subjekt des dritten Komplements getilgt.

<u>T - KONJ.1</u>

$$\text{obl} \quad \begin{matrix}\text{P}\\ [\text{konj}]\end{matrix}, \text{S}, \text{S}$$
$$\Rightarrow \quad \text{K1}, \text{K2}, \overline{\qquad}$$

14ab, 15bc

Konjunktionen sind auch Prädikative. Sowohl im Deutschen, als auch im KT gibt es Paare wie

entweder ... oder ...
sowohl ... als auch ...

, die nicht isoliert verstanden werden sollen. Jedes Paar ist als ein Prädikativ zu betrachten, das durch eine Transformation diskontinuierliche Form bekommt. Im Gegensatz zum Deutschen, wo meist nur im Vordersatz oder im Nachsatz eine Konjunktion auftritt, sind im KT solche zweiteiligen Formen ausgeprägter.

Durch T-KONJ.1 wird das Prädikativ, das das Merkmal [konj] trägt, durch K1 und K2 ersetzt, die wiederum lexikalische Formen dominieren. Die Korrelationen zwischen den K- und P-Formen zeigen wir unten durch eine Tabelle. Für dasselbe Prädikativ gibt es manchmal mehrere mögliche K1-K2-Kombinationen. Für <u>KONSEK</u> z.B. gibt es die Paare <u>yänwäi</u>/<u>soyi</u> 'weil/darum', <u>yänwäi</u>/Ø, <u>yäuyü</u>/Ø und Ø/<u>soyi</u>. Dieser Sachverhalt kann in der Lexikonregel auf folgende Weise festgehalten werden (vgl. auch die Tabelle unten):

KONSEK ... [konj] yänwäi [pol]/ soyi[pol], yänwäi [pol] / [*], yäuyü[pol] / [*], [*] / soyi[pol]

Bei T-KONJ.1 wird nur eine Kombination ausgewählt. Die Nullform wird durch das Merkmal [*] repräsentiert, das die Tilgungsregel T-K-TILG ermöglicht.[1] (Siehe (15ef))

Je nach dem, ob die Konjunktionen vor dem Subjekt oder zwischen dem Subjekt und dem Prädikat stehen, bekommen sie die Merkmale [po1] ('Position') oder [po2].[2]

<u>T - KONJ.2</u>

obl K1 , K2 , S[A], S[B]
⇒ KP [K1 , A] , KP [K2 , B]

14bc, 15bc

Die Konjunktionen K1 und K2 werden dem ersten bzw. dem zweiten S adjungiert. Sie bilden dann KP (konjunktionale Phrasen).

---

1 Die angegebene Regel T-KONJ.1 hat noch nicht gezeigt, daß lexikalische Formen erzeugt werden; deshalb muß die Form dieser Regel noch revidiert werden. Ob eine Transformationsregel diese Fähigkeit haben kann, ist auch fraglich.

2 Weiteres über diese Merkmale siehe bei T-K-UMST.

T - KONST - TILG (Konstantentilgung)

obl NP_n [A , a_n , X]
⇒ ———— , ∅ , —

ef, 1hi, 2ab, 3de, 40ab, 41ab, 50ab, 51bc

Die Gegenstandskonstanten erscheinen nicht in der Oberflächenstruktur; sie müssen zyklenweise getilgt werden. Es gibt eine Regel — T-KONST-TILG.u — die solche Konstanten tilgt; aber sie setzt die Tilgung der dominierenden NP mit dem gleichen Index voraus. Die Gegenstandskonstanten müssen jedoch getilgt werden, auch wenn die dominierenden NP-Knoten noch bleiben. Deswegen ist T-KONST-TILG notwendig.

Diese Regel kann nicht vor T-DET-TILG.a angewendet werden, sonst könnte die Bedingung für T-DET-TILG.a nicht mehr erfüllt werden. Z.B. könnte sich (2c) auf folgende Weise weiter entwickeln, wenn T-KONST-TILG vor T-DET-TILG.a stünde.

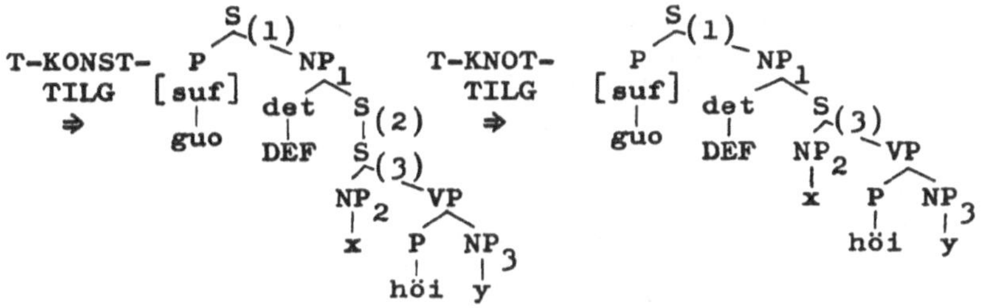

Auf die letzte Struktur kann T-DET-TILG.a nicht angewendet werden. Da det nicht mehr elidiert werden kann, kann T-SUFF auch nicht durchgeführt werden. Deswegen muß T-KONST-TILG nach T-DET-TILG.a stehen.

T - KONST - TILG.u

Sobald eine NP getilgt wird, kann unter Umständen noch eine Gegenstandskonstante mit dem gleichen Index wie die NP bleiben (z.B. in (16d)); deswegen wird hinter T-KNOT-TILG eine Regel eingebaut, die es uns ermöglicht, nach jeder NP-Tilgung auch die zugehörigen Konstanten zu tilgen.

T - KOORD.1 (Koordinierung)

Zur Koordinierung gebraucht man im KT das Wort <u>tung</u> 'und', das ich als ein Prädikativ betrachte. Es kann auch die Form <u>tungmai</u> haben. Außer <u>tung</u> können auch Konjunktionen verwendet werden (mit ... yäu .. , .. yäu ... , oder allein durch yäu im Nachsatz, oder durch eine Pause).

x yäu bei y lau , yäu bei z da
(Passivpartikel) schimpfen schlagen

x bei y lau, yäu bei z da

x bei y lau, bei z da (vgl. auch (15))

Ich betrachte sie alle als Synonyme. Die Konjunktionen brauchen jedoch andere Transformationen, die bei T-KONJ näher beschrieben werden. Die Verbindung

x tung y ...

kann auf verschiedene Weise abgeleitet werden. Im folgenden zeige ich Beispiele von fünf Typen, die die Anwendung von T-KOORD.1a bis T-KOORD.1e erfordern.

(a) x tung y dou yäu yäd go yäudim
und allesamt haben ein Stück Vorzug
x und y haben beide einen Vorzug

(b) x gau y dägmän tung gau z yingmän
lehren Deutsch Englisch
x lehrt y Deutsch und z Englisch

(c) x tung y wusöng biubong
gegenseitig anpreisen
x und y machen gegenseitig Anpreisungen

(d) x tung y yädyöng gäm gou
gleich so hoch
x und y sind gleich hoch

(e) x tung y ge goudou yädyöng
(Attributspartikel) Höhe gleich
Die Höhen von x und y sind gleich

T - KOORD.1a

opt P [tung] , S [$NP_{(1)}$, A] , S [$NP_{(2)}$, B]
⇒ $NP_{[pl]}$ [$NP_{(1)}$, P [tung] , $NP_{(2)}$] , VP [dou , A]

Bedingungen:

1. $NP_{(1)}$ und $NP_{(2)}$ sind unmittelbare Konstituenten der beiden S.

2. $NP_{(1)} \neq NP_{(2)}$.

3. A = B.

4bc, 5bc

Eine neue NP wird geschaffen, die die Vereinigungsmenge der Referenten von $NP_{(1)}$ und $NP_{(2)}$ bezeichnet. Das Merkmal [pl] ist wichtig für die Pronominalisierung (siehe T-PRON). Außerdem wird der Knoten S zu VP geändert und die Koordinierungspartikel dou 'allesamt' beigefügt.

$NP_{(1)}$ und $NP_{(2)}$ müssen unmittelbare Konstituenten der beiden S sein; sonst würde man durch T-KOORD.1a außer

(i) x ge cin tung y ge cin dou
(Attributspartikel) Geld und

bei yän täu jo
(Passivpartikel) Mensch stehlen (Perfektivsuffix)

Das Geld von x und das Geld von y sind gestohlen worden

auch die folgende ungrammatische Kette ableiten können.

(ii) * x tung y dou ge cin bei yän täu jo

Vergleichen wir auch

(iii)a x gämyäd höi tam z , y gämyäd höi tam z
heute gehen besuchen

b x tung y gämyäd dou höi tam z

(iv)a x gämyäd höi tam z, y tingyäd höi tam z
morgen

b * x gämyäd tung y tingyäd dou höi tam z

(iv)b kommt nicht zustande, weil x gämyäd und y tingyäd keine Konstituenten sind und die Anwendung von T-KOORD.1a deswegen nicht möglich ist.

Partee (1969:12-13) hat Bedenken, daß bei der Transformation von

Mary will answer few questions and Susan will answer few questions and Joan will answer few questions

in

Mary, Susan, and Joan will answer few questions

die drei few questions nicht denselben Referenten haben, und daß die Forderung von Lakoff, daß die 'conjunction-reduction' bei referentiell nicht-identischen NP nicht erlauben würde. Nach meiner Auffassung handelt es sich hier um eine indefinite NP; deswegen können alle drei NP denselben Index haben. Wir können diese Möglichkeit auch durch ein kantonesisches Beispiel demonstrieren:

x tung y dou jungyi täi jingtam-siusüd
mögen lesen Kriminalroman
x und y lesen Kriminalromane gern

Die NP jingtam-siusüd ist indefinit. Bei (5) in 6.2 haben wir sogar eine NP ohne referentiellen Index. Die NP verliert bei der Reflexivierung den Index; der Inhalt der NP wird durch das Reflexivierung den Index; der Inhalt der NP wird durch das Reflexivpronomen jigei ersetzt. Dadurch wird das Identitätsverhältnis zwischen den beiden NP hergestellt.

T - KOORD.1b

$$P\,[\underline{tung}]\;,\; S\,[NP_{(1)}\,,\, A]\;,\; S\,[NP_{(2)}\,,\, B]$$
$$\overset{opt}{\Rightarrow}\; NP_{(1)},\; VP\,[A\,,\, P\,[\underline{tung}]\,,\, B]$$

Bedingungen:

1. $NP_{(1)}$ und $NP_{(2)}$ sind unmittelbare Konstituenten der beiden S.
2. $NP_{(1)} = NP_{(2)}$.
3. $A \neq B$.

53ab

Von einem anderen Typ der Koordination sind Sätze, deren Konstituentensätze gleiche Subjekte haben. Das Wort tung 'und' wird wie bei T-KOORD.1a zwischen die ungleichen Elementen gestellt.

T - KOORD.1c

$$P_{(1)}\,[\underline{tung}]\;,\; S\,[NP_{(1)}, \underset{[rez]}{P_{(2)}}, NP_{(2)}, X], S[NP_{(3)}, \underset{[rez]}{P_{(3)}}, NP_{(4)}, Y]$$
$$\overset{opt}{\Rightarrow}\; \underset{[pl]}{NP}\,[\,NP_{(1)}\,,\, \underline{tung}\,,\, NP_{(2)}\,],\; VP[\,P\,[\,\underline{wusöng}\,,\, P_{(2)}\,]\,,\, X]$$

Bedingungen:

1. $P_{(2)} = P_{(3)}$.
2. $NP_{(1)} = NP_{(4)} \neq NP_{(2)} = NP_{(3)}$.
3. $X = Y$.

12ab

Die Prädikate der beiden S müssen gleich sein; sie müssen auch das Merkmal [rez] (reziprok) tragen.

Das neu entstandene wusöng 'gegenseitig' wird mit dem ursprünglichen Prädikat zusammen von dem Knoten P dominiert, weil zwischen wusöng und dem Prädikativ nichts eingeschoben werden kann. Auch das Präfix m 'nicht' muß vor wusöng stehen:

x tung y m wusöng bongmong
helfen
x und y helfen sich nicht

* x tung y wusöng m bongmong

T - KOORD.1d

$$\text{obl}\quad \underset{[\text{koord}]}{P},\ S\ [\ NP_{(1)},A\ ],\ S\ [\ NP_{(2)},\ B\ ]$$
$$\Rightarrow\quad P,\ \underset{[\text{pl}]}{NP}\ [\ NP_{(1)},\ \underline{\text{tung}},\ NP_{(2)}\ ],\ A$$

Bedingungen:

1. $NP_{(1)}$ und $NP_{(2)}$ sind unmittelbare Konstituenten der beiden S.
2. $NP_{(1)} \neq NP_{(2)}$.
3. A = B.

6ab, 7ab

Die Form tung ist bei T-KOORD.1a, T-KOORD.1b und T-KOORD.1c Prädikat in der Tiefenstruktur. Sie kann aber auch transformationell erzeugt werden, wie es bei T-KOORD.1d der Fall ist, und fungiert nur als Marker für die Koordination. Diese Transformation ist natürlich vom Prädikat bedingt. Prädikative wie lönläu 'nacheinander', yädcäi 'gemeinsam', yädyöng 'gleich' usw. erfordern diese Transformation, und tragen das Merkmal [koord]. Sie haben zwei Komplemente, die Sätze sind. T-KOORD.1d setzt voraus, daß die Subjekte der Komplementsätze verschieden sind, daß sie unmittelbare Konstituenten dieser Sätze sind,[1] und daß die restlichen Teile gleich sind.

Die Ergebnisse von T-KOORD.1d und T-KOORD.1a sind sehr ähnlich. Sie unterscheiden sich nur darin, daß die in T-KOORD.1a verwendete Partikel dou nicht in T-KOORD.1d erzeugt wird. Die Kette A tung B, die durch T-KOORD.1a bis T-KOORD.1d entsteht, kann auf die gleiche Weise weiter modifiziert werden.

T - KOORD.1e

$$\text{opt}\quad NP_{(1)},\ VP\ [\ \underline{\text{tung}},\ NP_{(2)},\ A\ ]$$
$$\Rightarrow\quad \underset{[\text{pl}]}{NP}\ [\ NP_{(1)},\ \underline{\text{tung}},\ NP_{(2)}\ ],\ VP\ [A]$$

11bc

Tung in dieser Regel ist eine Nominalpartikel.[2] Eine Struktur, die die Form (i) hat,

---

1 Als Subjekte der Konstituentensätze sind sie automatisch unmittelbare Konstituenten dieser Sätze.
2 Siehe T-PART-SEGM.

(i)

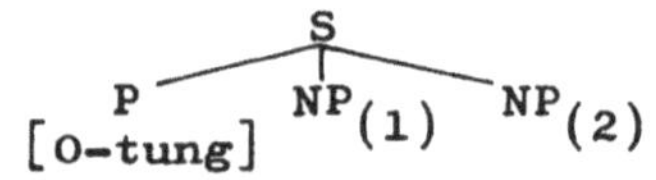

wird durch T-PART-SEGM, T-SUBJ und T-OBJ-VOR in (ii) verwandelt.

(ii)

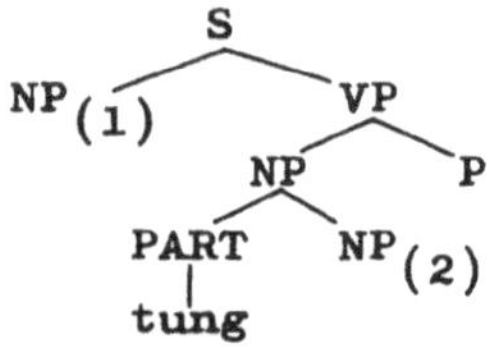

Diese Struktur kann weiter durch T-KOORD.1e und T-KNOT-TILG in (iii) transformiert werden.

(iii)

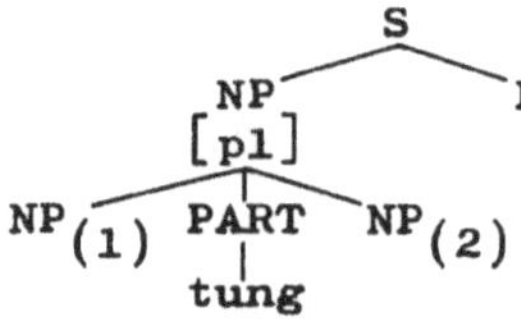

Die Reihenfolge von NP$_{(1)}$, <u>tung</u> , NP$_{(2)}$ und P bleibt unverändert. Der Zweck von T-KOORD.1e ist der, NP$_{(1)}$, <u>tung</u> und NP$_{(2)}$ unter einen Knoten zusammenzufassen. Nur so kann (11c) durch die Anwendung von T-KOORD.2 in (11d) verwandelt werden. Auch die Pronominalierung ist jetzt möglich. Man kann (10d) durch T-KOORD.1e in (iv) transformieren, und dann (iv) durch T-PRON.1, T-PRON.2 und T-PRON.3 in (v) verwandeln.

(iv)

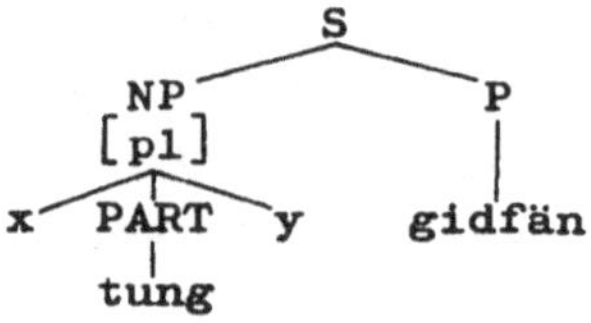

(v)

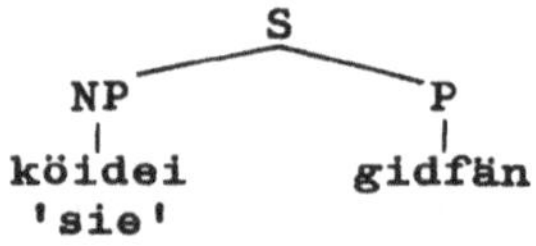

<u>T - KOORD.2</u>

opt H [A [W , B [C] , X] , <u>tung</u> , D [Y , E [F] , Z]]

⇒ H [W , G [B [C] , <u>tung</u> , E [F]] , X]

Bedingungen:

1. W = Y.

2. X = Z.

3. W und X können nicht gleichzeitig Null sein.

4. B und E sind gleich oder ähnlich.[1]

5. Wenn B = VP, E = P, oder B = P, E = VP, dann G = VP.

6. C ≠ F.

7. Wenn X = Null, kann B kein P sein.

8. Wenn B NP ist, bekommt G zusätzlich das Merkmal [pl].

11bc, 53bc, 54ab, 55ab

Die Kombination

A tung B

, die durch die T-KOORD.1-Regeln entsteht, kann durch T-KOORD.2 noch weiter verkürzt werden, wenn A und B teilweise gleich sind.

W und X können nicht gleichzeitig Null sein, sonst hätte diese Regel keinen Sinn mehr.

Da B und E Knoten dominieren können, sind sie natürlich auch Konstituenten. Aus der Kette

x kämyäd da y tung gämyäd teg y
gestern schlagen und heute treten

kann man nicht

* x kämyäd da tung gämyäd teg y

bilden, weil kämyäd da und gämyäd teg keine Konstituenten sind. Diese Bedingung ist eine sehr wichtige Kriterium für die Konstituentenanalyse der Oberflächenstruktur; die Koordinierbarkeit spielt bei Bestimmungen der strukturellen Änderungen vieler Regeln (z.B. bei T-ATTR.1, T-OBJ-ANH, T-P-GRUPP, T-SUBORD und T-SUBJ) eine entscheidene Rolle.

W, X, Y und Z brauchen aber keine Konstituenten zu sein; z.B. ist die Kette se ji im Beispiel (55), die den Platz von X hat, keine Konstituente.

Wenn einer der Knoten B und D eine VP, und der andere ein P ist, können die beiden koordiniert werden, wenn andere Bedingungen erfüllt sind. Der übergeordnete Knoten wird VP sein. Bei

x söng camga tiugou tung da namkäu
möchten sich beteiligen Hochsprung spielen Basketball
x möchte sich am Hochsprung und Basketballspiel beteiligen

werden tiugou und da von P dominiert, namkäu von NP dominiert, und da namkäu von VP dominiert. Obwohl P und VP nicht gleich sind, können tiugou und da namkäu koordiniert werden.

---

1 Die Knoten VP und P betrachte ich als ähnlich.

Wenn X kein Null ist, kann B kein P sein. Aus

x jü fan tung sig fan
kochen Reis essen Reis

kann man nicht

x jü tung sig fan

bilden.

X kann kein Suffix sein. Man kann nicht aus

x fei jo tung leng jo
dick (Perfektivsuffix) hübsch
x ist dicker und hübscher geworden

den ungrammatischen Satz

* x fei tung leng jo

bilden. Aber diese Bedingung braucht nicht explizit angegeben zu werden, weil die Bedingung, daß B kein P sein kann, wenn X kein Null ist, diese Möglichkeit schon ausschließt.

Wenn X Null ist, kann B aber P sein. Z.B.

x camga tiugou tung tiuyün
sich beteiligen Hochsprung und Weitsprung

<u>T - KOORD.3</u>

opt $KP [NP_{(1)} , A] , KP [NP_{(2)} , B]$
$\Rightarrow NP_{(1)} , VP [A , B]$
Bedingung: $NP_{(1)} = NP_{(2)}$.

15de

Nicht nur Kombinationen mit <u>tung</u> können reduziert werden, wenn die koordinierenden Elemente gleich sind; reduzierbar sind auch Konstruktionen mit zwei KP (siehe T-KONJ.2). Wenn zwei KP gleiche Subjekte haben, kann T-KOORD.3 angewendet werden. Diese Regel ist T-KOORD.1b sehr ähnlich, zumal nach meiner Auffassung die Konjunktionen der vorderen und der hinteren KP aus einem Prädikativ abgeleitet werden. T-KOORD.3 muß hinter T-SUBJ-ANH.k stehen, weil die Subjektstellung der äquivalenten NP vorausgesetzt wird.

<u>T - MM</u> (Merkmalsübertragung)

$$P [\underset{[B]}{A}] \overset{obl}{\Rightarrow} \underset{[B]}{P} [A]$$

<u>1bc</u>, 2ab

Syntaktische Merkmale der Prädikative werden durch diese Transformation von dem Knoten P aufgenommen. Z.B.

```
   P      ⇒     P
   |          [suf]
  guo           |
 [suf]         guo
```

Nach dieser Übertragung brauchen wir bei der Formulierung der merkmalsbedingten Regeln (z.B. T-KOMPL und T-SUFF) nicht mehr die individuellen Prädikative zu erwähnen, sondern nur die Merkmale. Diese Regel ist vorzyklisch, weil sie die zyklischen Regeln nicht voraussetzt, aber von manchen zyklischen Regeln vorausgesetzt wird. Wo sie aber unter den vorzyklischen Regeln eingeordnet werden soll, ist vielleicht unwesentlich, da der Kontext keine Rolle spielt. Bei Weinreich (1966:436) werden schon Merkmale für nicht-terminale Knoten (z.B. NP) vorgeschlagen. Nur die Richtung der Übertragung ist von oben nach unten (und nicht wie hier von unten nach oben). Z.B. bekommt eine NP ein bestimmtes Merkmal; dieses Merkmal wird auf den Knoten 'Determiner' und 'noun' übertragen.

<u>T - NP - ERS</u> (NP-Ersetzung)

Durch T-NP-ERS werden alle a_n, die außerhalb NP_n stehen, durch NP_n ersetzt. (Siehe die Beispiele (1ab) und (2ab))

Es gibt aber eine Ausnahme, die ich nicht berücksichtigt habe: Der Satz

Der Kunde, der die Ware sieht, bekommt die, die er verlangt

kann durch T-NP-ERS nicht gebildet werden.[1] Dies bedeutet, daß T-NP-ERS komplizierter sein muß. Auf diese Schwierigkeit gehe ich hier aber nicht ein.

<u>T - NP - TILG.a</u> (NP-Tilgung)

$$
\begin{array}{llll}
\text{obl} & NP_{(1)} & , VP\ [\ P\ ,\ NP_{(2)}\ [\ (\text{Part})\ NP_{(3)}\ ]\ ,\ X\ ] \\
\Rightarrow & \underline{\qquad\quad} & , VP\ [\ -\ ,\qquad\qquad \emptyset \qquad\qquad ,\ -\ ]
\end{array}
$$

Bedingungen:

1. VP unmittelbar dominiert $NP_{(2)}$.
2. $NP_{(1)} = NP_{(3)}$.

1de, 2bc, 6bc, 7bc, 8bc, 9bc, 10bc, 11ab, 16ab, 22cd, 24ab, 27ab, 28cd, 51ab, 52ab, 55bc, 56cd

Wenn die unmittelbar hinter dem Prädikat stehenden NP mit dem Subjekt korreferentiell ist, muß sie getilgt werden, weil diese

---

1 Vgl. 3.0.1.c.ii über das 'Bach-Paradoxon'.

Kombination nicht grammatisch ist. Vergleichen wir:

x da y 'x schlägt y'
x jöng y da
* x bei x da y
* x bei x jöng y da

Alle Ketten sind aus der folgenden Struktur abgeleitet.

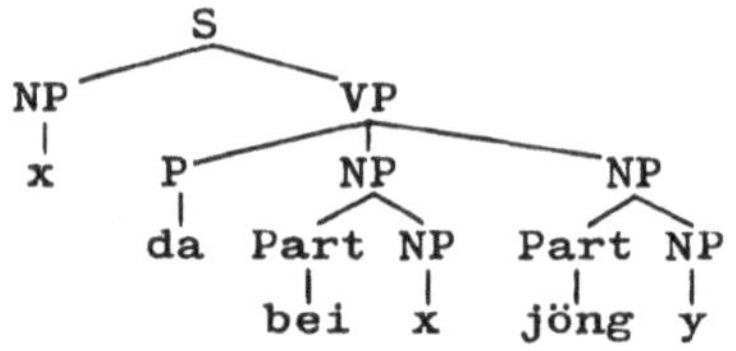

Wir vergleichen auch (3), (23), (35) und (36), wo nach der Anwendung von T-SUBJ und T-NP-TILG.a nicht angewendet wird, weil die Korreferenz-Bedingung nicht erfüllt ist.

T - NP - TILG.b

S [$NP_{(1)}$, X , P , $NP_{(2)}$]
⇒ S [———————— , ∅]

obligatorisch: wenn $NP_{(1)} = NP_{(2)}$ und X ein P enthält, das das Merkmal [nptilg] trägt

optional: wenn $NP_{(1)} = NP_{(2)}$ und P [nptilg] nicht trägt.

3ab, 8cd

Wenn die Kette

$NP_{(1)}$, X , P , $NP_{(2)}$

vorkommt, wobei X eine Nullkette sein kann, und $NP_{(1)}$ mit $NP_{(2)}$ korreferentiell ist, kann $NP_{(2)}$ getilgt werden. Z.B. kann statt

y bei x da köi
schlagen er/sie/es
y wird von x geschlagen

auch y bei x da gesagt werden. Wenn das Prädikat das Merkmal [ngtilg] trägt, wie es bei gäu (siehe Beispiel (8)) der Fall ist, muß die zweite NP getilgt werden.

T - NP - TILG.c

obl VP [A , S [NP , B]]
⇒ ———————— ∅ , -

Bedingungen: 1. A ist kein P.
2. A endet nicht mit joi.

17de, 19bc, 21bc, 43ab, 45bc

Es handelt sich bei dieser Regel um die Tilgung der NP, die im folgenden Kontext steht:

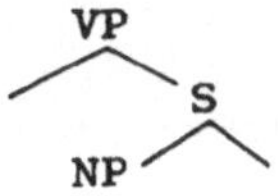

Hier kommen fünf Möglichkeiten in Betracht:

(i)

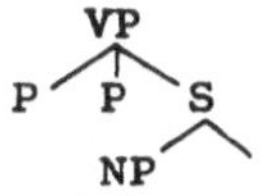

(17d), (18c)

(ii)

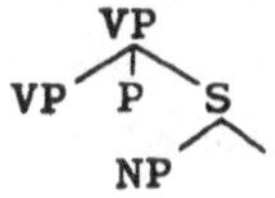

(19b), (21b)

(iii)

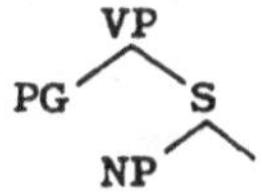

(20c)

(iv)

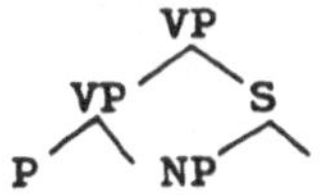

(45b)

(v)

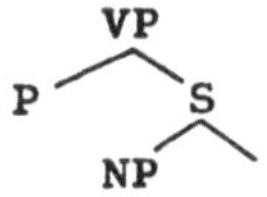

(5c)

Bei (i) ist die Tilgung nur möglich, wenn das zweite P das Prädikativ <u>joi</u> nicht dominiert; man kann nicht statt (18c)

* x puifug y puifug joi sig z

sagen. Ein Beispiel für Fall (iii) ist (20c), wo A auch mit <u>joi</u> endet. Die NP kann getilgt werden; die Tilgung ist jedoch fakultativ. Dafür wird nicht T-NP-TILG.c, sondern T-NP-TILG.d angewendet. Im Fall (v) ist eine Tilgung der NP ausgeschlossen. In den anderen Fällen kann die NP getilgt werden. Induktiv habe ich diese Regel gebildet. Über die Stellung dieser Regel siehe T-OBJ-ANH.

<u>T - NP - TILG.d</u>

$$S\,[\;NP_{(1)}\,,\,X\,,\,\underline{joi}\,,\,\begin{Bmatrix} NP_{(2)}\;[\;NP_{(3)}\,,\,(det)\;A\;]\,,\;B \\ S\;\;[\;NP_{(3)}\,,\quad C\quad\;] \end{Bmatrix}]$$

$$\overset{opt}{\Rightarrow}\;\underline{\qquad\qquad\qquad}\;\;\emptyset\;\;,\;\underline{\qquad\qquad}$$

Bedingung: $NP_{(1)} = NP_{(3)}$.

20cd, 46bc

Um Redundanz zu vermeiden, kann $NP_{(3)}$, die mit $NP_{(1)}$ korreferentiell ist, eliminiert werden. Diese Regel hängt mit dem Lexem joi zusammen. $NP_{(1)}$ ist Subjekt von S; anderenfalls kann T-NP-TILG.d nicht angewendet werden, z.B. in (18) und (47).

T - NP - TILG.e

```
obl   VP [ S [NP , A] B ]
 ⇒    ——————   ∅ , —————
```

42de, 44bc

Die NP im angegebenen Kontext ist mit dem Subjekt korreferentiell. Man braucht diese Tilgungsregel, um Redundanz zu vermeiden. Das Subjekt ist in der Strukturbeschreibung nicht angegeben, weil alle NP in diesem Kontext mit dem Subjekt korreferentiell sind und daher diese Angabe sich erübrigt. Die Anwendung dieser Regel setzt die Anwendung von T-S-UMST.a voraus, und nach der Anwendung von T-S-UMST.a wird diese Regel stets angewendet; es ist zu überlegen, ob diese beiden Regeln in einer einzigen Regel zusammengefaßt werden sollten.

T - NP - UMST (NP-Umstellung)

```
      VP [     P        , A , NP ]
obl       [npumst]
 ⇒    VP [ ———————— , NP , — , ∅ ]
```

25bc, 26ab

Die lokale und temporale Beziehung wird im KT durch das Prädikativ häi 'sich befinden in' ausgedrückt, das das Merkmal [npumst] trägt. Genauer gesagt, häi bezeichnet die lokale Beziehung (im weitesten Sinn) zwischen einem Sachverhalt und einem 'Raum' (inkl. Zeitraum). Das Adverbial, das als Zeit- oder Ortangabe eines Sachverhaltes fungiert, steht in der Tiefenstruktur nicht unmittelbar neben häi; durch T-NP-UMST wird es unmittelbar hinter häi gestellt.

Zeitbestimmungen wie gämyäd 'heute', yi yüd 'Februar', sam dim jung 'drei Uhr' usw. werden ohne häi gebraucht. Es ist aber nicht ratsam, aus diesem Grund ein besonderes Prädikativ (z.B. TEMP anstelle von häi) zu schaffen. Außer der Bedeutungsgleichheit würde man nicht erklären können, warum einige Zeitbestimmungen mit häi gebraucht werden. Nach meiner Ansicht ist die folgende Lösung besser: Wenn häi unmittelbar vor einer NP steht, die ein bestimmtes syntaktisches Merkmal trägt, wird *häi* eliminiert.[1]

T - OBJ - ANH (Objekt-Anhebung)

```
        VP [        VP [ A , NP(1) ] , dou  ,        B
obl
 ⇒      VP [ { VP [ ———— , ∅      , ——— ,          ——— ] , NP(1) } ]
               { VP [ ———— , ∅      , ——— ] , NP(1) , ———          }
```

Bedingung: Die erste Alternative gilt, wenn B ein einsilbiges Prädikativ ist; sonst gilt die zweite Alternative.

19cd, 21cd

Analog zur Subjektanhebung (T-SUBJ-ANH) gibt es auch eine Objektanhebung. Das Subjekt wird bei der Subjektanhebung nach links angehoben, während das Objekt bei der Objektanhebung nach rechts angehoben wird. So gesehen sind diese beiden Transformationen spiegelbildlich.

Durch T-OBJ-ANH kann das Objekt, wie bei (19), ganz nach hinten verlegt werden:

x da dou sei y [2]

Wenn B kein einsilbiges Prädikativ ist, wird das Objekt zwischen *dou* und B verlegt; die vorderen Elemente werden ebenfalls durch einen VP-Knoten zusammengefaßt, z.B. bei (21), wo die folgende Kette nach der Anwendung von T-OBJ-ANH entsteht:

x da dou y hou tung

Was die beiden Alternativen gemeinsam haben, ist außer der Anhebung des Objektes auch die Zusammenfassung der Prädikative in einer VP. Anhand des Koordinierungstests (siehe T-KOORD.2) kann man die Relevanz dieser Regel erkennen:

(i)a x da m sei y (Beispiel (19))

b x da m sei y tung teg m söng y
und treten verletzt
x da m sei tung teg m söng y

c x da m sei y tung da m söng y
x da m sei tung da m söng y
* x da m sei tung m söng y
* x da y m sei tung m söng

(ii)a x da dou y hou tung (Beispiel (21))

---

1 In der vorliegenden Arbeit wird diese Regel nicht aufgeführt.

2 Diese Kette wird durch T-dou-TILG in *x da sei y* transformiert.

b x da dou y hou tung tung teg dou y hou tung
x da dou tung teg dou y hou tung
* x da dou y tung teg dou y hou tung

c x da dou y hou tung tung da dou z hou tung
x da dou y tung z hou tung
* x da dou y tung da dou z hou tung
* x da dou y tung dou z hou tung

T - OBJ - PART - TILG (Objekt-Partikel-Tilgung)

obl VP [P , Part , NP , X]
⇒ VP [– , ∅ , ———]

Bedingung: Part dominiert $\underline{\text{döi}}_2$, $\underline{\text{höng}}_2$, jöng oder $\underline{\text{tung}}_2$.

3ab

Wenn hinter dem Prädikat eine NP vorkommt, die die Partikel $\underline{\text{döi}}_2$, $\underline{\text{höng}}_2$, jöng oder $\underline{\text{tung}}_2$ hat,[1] muß die Partikel getilgt werden. Vergleichen wir:

(i) a x hou sungbai y [2]
b x döi y hou sungbai
c * x hou sungbai döi y

(ii) a x cinggau y yäd-go mäntäi [3]
b x höng y cinggau yäd-go mäntäi
c * x cinggau höng y yäd-go mäntäi

(iii) a x da y [4]
b x jöng y da
c * x da jöng y

T - OBJ - VOR (Objekt-Voranstellung)

VP [P , NP , X]
⇒ VP [NP , VP [– , ∅ , –]]

obligatorisch: wenn NP bei , $\underline{\text{döi}}_1$, $\underline{\text{höng}}_1$, $\underline{\text{tung}}_1$, wäi oder yäu dominiert

optional: wenn NP $\underline{\text{döi}}_2$, $\underline{\text{höng}}_2$, jöng oder $\underline{\text{tung}}_2$ dominiert

3ab, 10cd, 11ab, 23de, 35cd, 36ab, 51ab, 52ab

Die Objekt-Voranstellung stellt eine NP, die unmittelbar hinter dem Prädikat steht, vor das Prädikat. Sie ist obligatorisch, wenn die betreffende NP bei , $\underline{\text{döi}}_1$, $\underline{\text{höng}}_1$, $\underline{\text{tung}}_1$, wäi oder yäu dominiert. Vergleichen wir die folgenden Sätze, die semantisch gleich sein sollten:

---

1 Diese NP kann natürlich durch die fakultative T-OBJ-VOR vor das Prädikat gestellt werden.
2 Vgl. Beispiel (v) in der Erläuterung zu T-PART-SEGM.
3 Vgl. ebenda, Beispiel (vi).
4 Vgl. ebenda, Beispiel (ii) und (iv).

(i)a y bei x da
  y wird von x geschlagen
 b * y da bei x
 c y da x

(i)b entsteht ohne die Anwendung von T-OBJ-VOR und ist deswegen ungrammatisch. (i)c, der durch die Anwendung von T-OBJ-PART-TILG auf (i)b entsteht, ist zwar grammatisch; er hat jedoch eine andere Bedeutung: 'y schlägt x'. Ebenso obligatorisch sind Nominalphrasen mit $\underline{döi}_1$, $\underline{höng}_1$, $\underline{tung}_1$, wäi und yäu, die unmittelbar hinter dem Prädikat stehen:

(ii) x döi y yäulei
  vorteilhaft
 x ist für y vorteilhaft

(iii) x höng y bougou hoghau ge cingying
  berichten Schule Situation
 x berichtet y über die Situation in der Schule

(iv) x tung y toulön yüyin-gauyug ge mäntäi
  diskutieren Spracherziehung Problem
 x diskutiert mit y die Probleme der Spracherziehung

(v) x wäi y heisäng
 x opfert sich für y

(vi) y yäu x jüci
 y wird von x geleitet

Fakultativ ist T-OBJ-VOR für die Nominalpartikeln $\underline{döi}_2$, $\underline{höng}_2$, jöng und $\underline{tung}_2$.[1] Die Fakultativität ist jedoch relativ. Da die Bedingungen der Anwendung ziemlich kompliziert sind, kann ich in diesem Rahmen nicht darauf eingehen.

T-OBJ-VOR kann nicht angewendet werden, wenn die unmittelbar hinter dem Prädikat stehende NP die Partikel $\underline{bei}_2$ dominiert. Vergleichen wir die folgenden Sätze:

(vii)a x sung jo go-bou sü bei y
  schenken (Perfektiv) jenes Buch
  x hat y jenes Buch geschenkt

 b x jöng go-bou sü sung jo bei y

 c * x jöng go-bou sü sung jo y

 d * x jöng go-bou sü bei y sung jo

 e Go-bou sü bei x sung jo bei y [2]

---

1 Vgl. die Beispiele (ii) bis (vi) bei der Erläuterung zu T-PART-SEGM.

2 Es gibt zwei Nominalpartikeln mit der Form bei; in (vii)e treten sie gleichzeitig auf.

(vii)a, b und e sind transformationell verwandt und haben dieselbe semantische Bedeutung. $\underline{Bei}_2$ kann weder getilgt ((vii)c), noch vor das Prädikat gestellt werden ((vii)d). Ähnlich verhält sich die Partikel jou:

(viii)a   x dong y jou cag [1]
      b   x jöng y dong jou cag
      c * x jöng y dong cag
      d * x jöng y jou cag dong

T-OBJ-VOR kann wie T-P-TEIL und T-"P"-TILG innerhalb eines Zyklus wiederholt angewendet werden, solange die Bedingung erfüllt ist.[2]

T - P - ANH (Prädikativ-Anhebung)

NP [det (Quan) , S [A , P [nom]]]
obl ⇒ NP [———— , P [nom] , S [– , ø]]

51cd

T-ATTR.1, die die Attribuierung ermöglicht, setzt immer voraus, daß der umzustellende Teil hinter einem Prädikativ steht. Wenn wir eine NP haben (siehe (51)), die nur ein S dominiert, wobei das Prädikativ, das der Kern der NP ist, ganz hinten steht, kann der Teil, der später als Attribut der NP fungiert, nicht durch T-ATTR.1 verlegt werden, weil die Bedingung von T-ATTR.1 nicht erfüllt ist. Durch T-P-ANH wird das Prädikativ direkt hinter det gestellt; dann kann T-ATTR.1 durchgeführt werden. Der Vorgang (51a) bis (51g) kann man als eine Nominalisierung betrachten. Dies ist aber nicht für alle Prädikative möglich. Z.B. kann die folgende Struktur

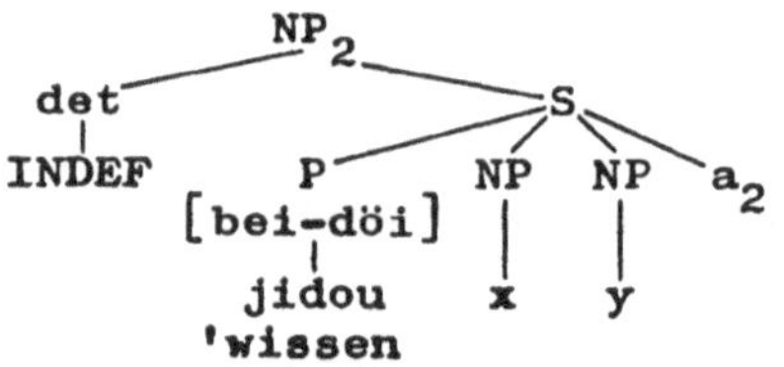

, die (51a) entspricht, nicht durch Transformationen in die Kette

---

1 Siehe die Beispielsätze (ix) in der Erläuterung zu T-PART-SEGM.
2 Siehe (35ce).

* x döi y ge jidou 'x's Wissen von y'

verwandelt werden. Die Nominalisierbarkeit eines Prädikativs wird durch das syntaktische Merkmal [nom] gekennzeichnet.

<u>T - P - GRUPP</u> (P - Gruppierung)

obl VP [P , P , A]
⇒ VP [PG [———] , –]

Bedingung: Die beiden P werden vor der Transformation unmittelbar von VP dominiert.

<u>20bc</u>, <u>33bc</u>, 46ab

Wir brauchen diese Transformation, um die Durchführung von T-KOORD.2 zu ermöglichen; die zu koordinierenden Elemente müssen Konstituenten sein. A könnte S, NP, Quan oder vielleicht noch ein anderer Knoten sein. Beispiele:

x <u>leng joi</u> tung <u>bäi joi</u> go söng ngan (vgl.(46))
schlimm

x <u>jögsou joi</u> tung <u>leg joi</u> sig y (vgl.(20))
gekonnt

x <u>cöng guo</u> tung <u>fud guo</u> lug ceg (vgl.(33))
breit

<u>T - P - RANG</u>

Die Ranghöhen der Prädikative werden von oben nach unten durch Merkmale gekennzeichnet: das ranghöchste Prädikativ bekommt das Merkmal [1], das zweithöchste das Merkmal [2] usw. Es kann in einer Struktur mehr als ein Prädikativ das gleiche Rangmerkmal (mit Ausnahme von [1]) haben. (Vgl.(19a))

T-P-RANG ist erforderlich, um die einwandfreie Präfigierung und Suffigierung zu ermöglichen. Die Präfixe und die Suffixe werden als Prädikative betrachtet, was auch die Ansicht vieler Transformationalisten ist. In (9), (13), (23) und (26) werden die ersten Prädikative gleich hinter dem Affix affiziert. Man kommt mit den folgenden Regeln schon gut aus:

obl $P_{(1)}$ [präf] , X , $P_{(2)}$, Y
⇒ ∅ , – , P [$P_{(1)}$, ——] , –

Bedingung: X enthält kein P.

obl $P_{(1)}$ [suff] , X , $P_{(2)}$, Y
⇒ ∅ , – , P [—— , $P_{(1)}$] , –

Bedingung: X enthält kein P.

Bei Negierung von (17), (33) und (43), deren Ergebnisse

x da y da m gui
x cöng m guo lug ceg
x hang lou hang m (däg) fai

sind, sind die zu negierenden Prädikative nicht die ersten Prädikative hinter dem Affix. Es ist aber sehr schwierig, eine passende Regel für sie zu finden. Wenn aber die Prädikative nach den Ranghöhen geordnet sind, wird die Negierung sehr einfach sein; man braucht nur das ranghöchste Prädikativ (d.h. dessen Merkmal die niedrigste Zahl hat) zu suchen, um das Präfix richtig zu plazieren (Näheres siehe bei der Erläuterung zu T-PRÄF). In unseren Beispielen werden mit Ausnahme von (19) diese Merkmale nicht angegeben.

T - P - TEIL (Prädikativ-Teilung)

P [A / B] , C
obl [zt]
⇒ P [A] , – , B

Bedingung: P und C müssen unmittelbare Konstituenten desselben Knotens sein.

38cd, 38de, 39bc

Es gibt im KT Prädikative mit diskontinuierlichen Formen, die zwar etymologisch noch weiter aufgespalten werden können, aber synchronisch als eine unteilbare Einheit zu betrachten sind. Diese Prädikative tragen das Merkmal [zt] ('zweiteilig'). Manche haben Objekte (z.B. cau/yäuyü 'entlassen', hab/cou 'eifersüchtig auf'), manche haben keine (z.B. cüg/säi 'geboren werden'); und es gibt eins, das als Suffix fungiert (siehe Beispiel (38)).

Die Bedingung, daß P und C unmittelbare Konstituenten desselben Knotens sein müssen, ist erforderlich; sonst würde sich in (39b) die folgende Änderung ergeben:

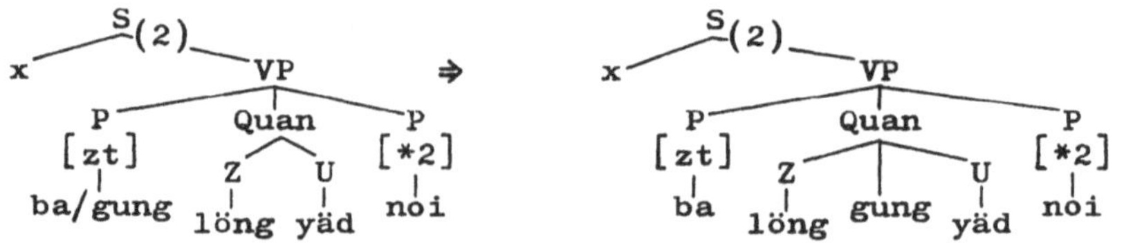

Diese Regel kann auch innerhalb eines Zyklus wiederholt angewendet werden. (Siehe Beispiel (38ce))

T - "P" - TILG ("P" - Tilgung)

obl P [X , P [A] , Y]
⇒ P [– , A , –]

2hi, 38ef, 39de ...

Durch eine Präfigierung oder eine Suffigierung entsteht die Struktur

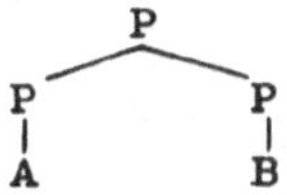

Der Grund, warum nicht gleich

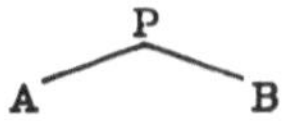

erzeugt wird, wird bei der Erläuterung zu T-SUFF angegeben. Ähnlich entstehen durch T-P-TEIL bzw. T-KOORD.1c die folgenden Strukturen:

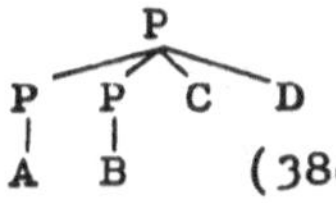

(38ef)

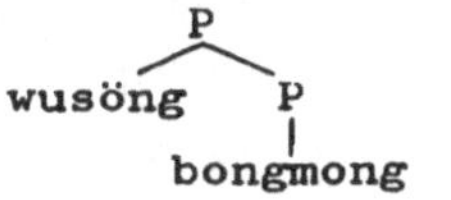

(12ab)

Die vorliegende Regel tilgt diejenigen P-Knoten, die von einem anderen P-Knoten direkt dominiert werden. Wie T-P-TEIL kann diese Regel innerhalb eines Zyklus mehrmalig, aber nicht von der Anwendung einer anderen Regel getrennt, angewendet werden.

T - P - UMST.1 (Prädikat-Umstellung)

obl VP [P [pumst] , A , X]
⇒ VP [∅ , – , P [pumst] , –]

Bedingung: P und A werden von VP direkt dominiert.

17bc, 18ab, 19ab, 20ab, 29ab, 33ab, 43ab, 46ab, 47ab, 21ab

Außer durch Konjunktionen können zwei Sätze durch andere Prädikative verbunden werden, die normalerweise nicht als Verben betrachtet werden. So werden die kausalen, finalen, und andere Beziehungen ausgedrückt. Diese Prädikative werden durch Transformationen zwischen die beiden S verlegt. Ich kennzeichne sie mit dem Merkmal [pumst], weil eine Umstellung von P durchzuführen ist. Es gibt mindestens vier solcher Prädikative:

a. dou 'sodaß' (Siehe die Beispiele (17), (19) und (21))

(i) und (ii) sind typische Konstruktionen, wobei $NP_1 \neq NP_2$.

(i) 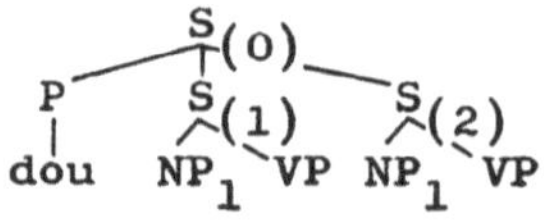 (ii) 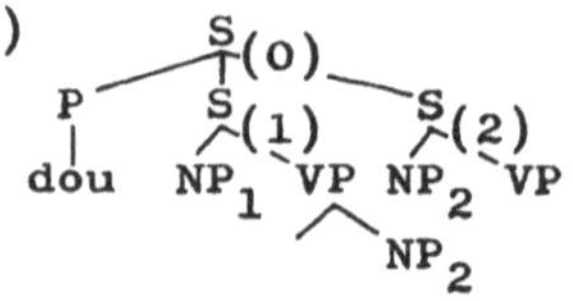

Der Sachverhalt, der von $S_{(2)}$ bezeichnet wird, ist das Resultat des Sachverhaltes, der $S_{(1)}$ bezeichnet. In $S_{(1)}$ von (i) darf die Nominalpartikel jöng nicht stehen; in $S_{(2)}$ von (ii) darf die Nominalpartikel bei nicht stehen. Diese Beschränkungen haben jedoch mit T-P-UMST.1 nicht zu tun.

b. däg (Siehe Beispiel (43))

Die typische Konstruktion ist:

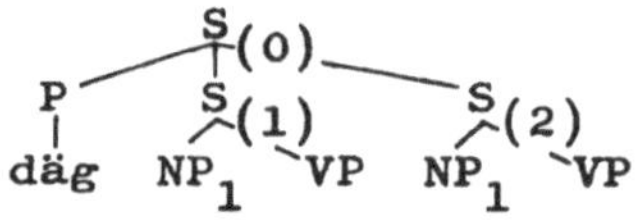

$S_{(2)}$ drückt die Bewertung der von $S_{(1)}$ bezeichneten spezifischen Handlung aus.(Siehe auch die Erläuterung zu T-S-UMST.a)

x hang-lou hang däg hou fai (Siehe (43))
sehr schnell
(Wie schnell? —— sehr schnell.)

x gong däg söngdong dai-seng
sprechen ziemlich laut
(Wie laut? —— ziemlich laut.)

x cöng däg tung y yädyöng gäm hou
singen wie genauso so gut
(Wie gut? —— genauso gut wie y.)

c. guo 'als, übertreffen' (Siehe (28), (29) und (33))

Die typische Konstruktion ist:

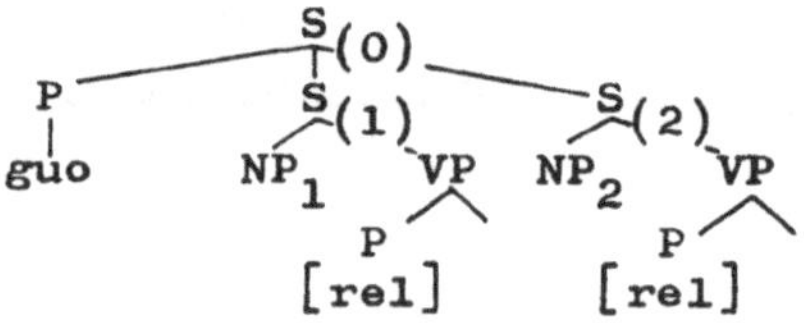

wobei $NP_1 \neq NP_2$, aber alle andere Elemente von $S_{(1)}$ und $S_{(2)}$ gleich sind; VP kann auch allein aus P bestehen. Wie in (28) und (16) zu sehen ist, drücken $S_{(1)}$ und $S_{(2)}$ keine Sachverhalte, sondern Grade einer relativen Eigenschaft (z.B. Höhe, Größe, Güte usw.) aus.

d. joi 'wegen' (Siehe (18), (20), (46) und (47))

Typische Konstruktionen sind:

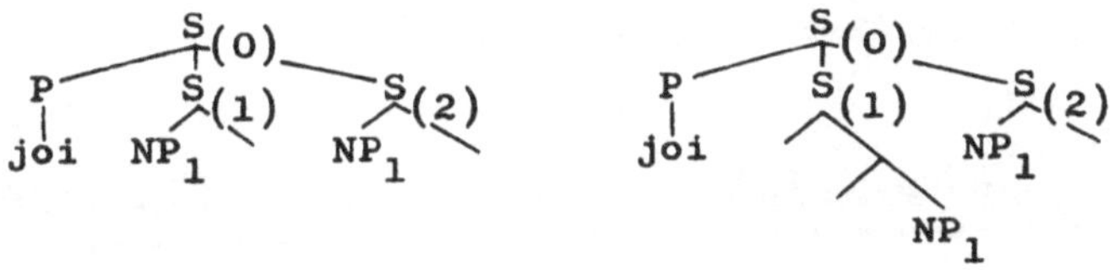

In $S_{(1)}$ wird ein Sachverhalt genannt, der durch $S_{(2)}$ begründet wird. Die Erklärung basiert auf einer spezifischen Eigenschaft des Gegenstandes, der durch eine NP bezeichnet wird, die sowohl in $S_{(1)}$ als auch in $S_{(2)}$ vorkommt. Allein diese Eigenschaft soll für die Behauptung $S_{(1)}$ verantwortlich sein.

T - P - UMST.2

obl VP [P , X , Quan]
⇒ VP [∅ , ——— , P]

Bedingung: X kann nicht mit guo beginnen.

1gh, 3fg, 27bc, 28fg, 37ab, 39ab, 49cd

Das Prädikativ, das die Dimension der Quantitätsangabe (z.B. Dauer, Länge, Menge) bezeichnet, muß direkt hinter Quan verlegt werden.

(33b) hat die Struktur

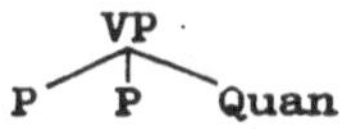

Aber das bezeichnete Quantum ist keine Quantitätsangabe eines Gegenstandes oder eines Sachverhaltes; es ist selbst das Vergleichsobjekt, womit die Länge von x (siehe (33)) verglichen wird. T-P-UMST.2 kann in diesem Fall nicht angewendet werden. Ein Kennzeichen dieser Konstruktion ist das zweite P, das guo dominiert (siehe die Zusatzbedingung von T-P-UMST.2). Wenn T-P-UMST.2 doch auf (33b) angewandet würde, könnte (33b) in

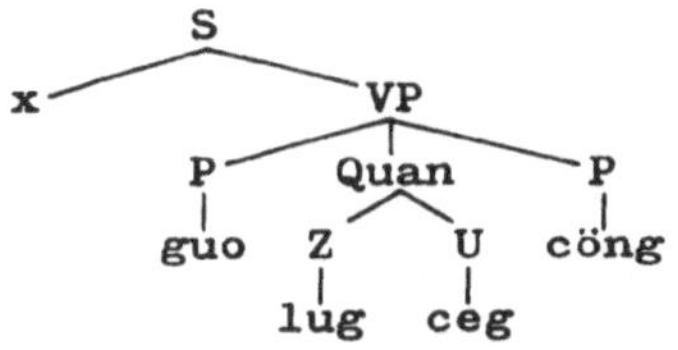

transformiert werden, woraus die ungrammatische Kette

* x guo lug ceg cöng

abgeleitet werden könnte. Bei (28e) dominiert der Knoten VP zwischen P und Quan auch ein guo; es steht jedoch nicht am Anfang der VP, deswegen kann dort T-P-UMST.2 angewendet werden.

T - PART - SEGM (Partikel - Segmentierung)

a. P$_{\text{obl}}$ [A-B] , NP [C] , NP [D]
⇒ P , NP [Part [A] , NP [C]] , NP [Part [B] , NP [D]]

b. P$_{\text{obl}}$ [A-B-C] , NP[D] , NP[E] , NP[F]
⇒ P ,NP[Part[A],——],NP[Part[B], ——],NP[Part[C], ——]

Bedingung: Wenn das Merkmal ein "O" enthält, wird an der entsprechenden Stelle kein Part erzeugt.

3ab, 10ab, 11ab, 23ab, 28bc, 35ab, 36ab, 51ab, 52ab

Um diese Regel zu erklären, muß zuerst über Struktur (i) gesprochen werden, die die Sätze (ii) und (iii) haben.

(i)

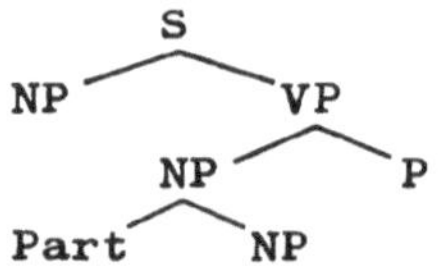

(ii) x jöng y da
schlagen
x schläg y

(iii) y bei x da
y wird von x geschlagen

(ii) und (iii) haben die gleiche semantische Bedeutung wie (iv).

(iv) x da y
x schlägt y

Die Partikeln jöng und bei in (ii) bzw. (iii) sind semantisch leer. Sie sind nur dazu da, die Funktion der NP bezüglich des Prädikats anzuzeigen. Außer jöng und bei gibt es noch andere Partikeln, die eine solche Funktion haben. Es sind z.B. döi, höng, tung, bei und jou in (v) bis (ix); die (a)-Sätze haben wie die (b)- und (c)-Sätzen dieselbe Tiefenstrukturen, die die Form (x) haben.

(v)a x hou sungbai y
sehr verehren
x verehrt y sehr

b x döi y hou sungbai

(vi)a x cinggau y yäd - go mäntäi
höflich fragen ein Stück Frage
x stellt y höflich eine Frage

b x höng y cinggau yäd-go mäntäi

(vii) x tung y toulön yäd-go mäntäi
diskutieren

(viii)a x sung y bei z [1]
schenken
x schenkt z (Empfänger) y (Geschenk)

b x jöng y sung bei z

c x sung z y

(ix)a x dong y jou cag
betrachten Dieb
x betrachtet y als ein Dieb

b x jöng y dong jou cag

c y bei x jöng köi dong jou cag
er

(x)

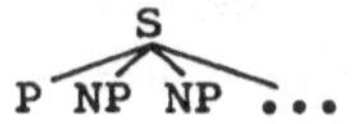

Das Prädikat bestimmt, welche Nominalpartikeln die Komplemente regieren. Die Anwesenheit dieser Partikeln entscheidet wiederum, ob eine Nominalphrase subjektiviert oder wenigstens vor das Prädikat gestellt werden kann. Um die Nominalpartikeln zu erzeugen, kann man besondere syntaktische Merkmale für die Prädikative schaffen, die in den Lexikoneinträgen der Prädikative angegeben werden.

Durch P-PART-SEGM werden die NP, die Komplemente des Prädikats sind, mit Nominalpartikeln versehen. Z.B. haben wir für da das Merkmal [bei-jöng] und die Struktur (xi).

(xi)

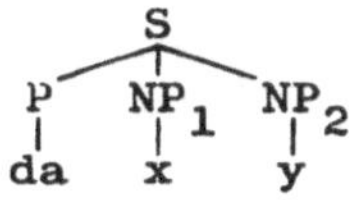

Durch T-MM und T-PART-SEGM bekommen wir die Struktur (35b).

(35b)

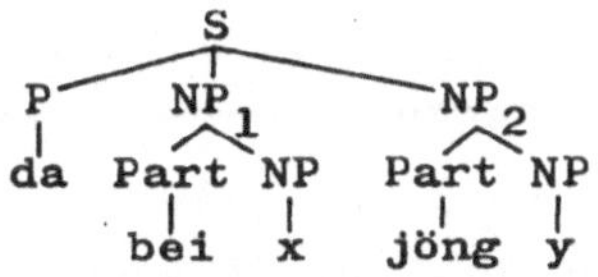

Eine andere Transformation, die Subjektivierung, ermöglicht, daß eine Nominalphrase vor das Prädikat gestellt wird. Sowohl "x" als auch "y" können gewählt werden. Wir bekommen entweder (35c) oder (xii), die noch durch andere Transformationen modifiziert werden.

---

1 Das bei in (viii) hat einen anderen Tonverlauf als das bei in (iii) und (ix)c.

(xii)

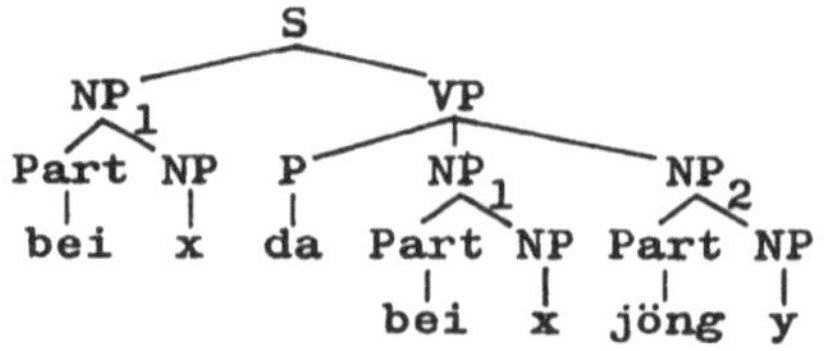

Da es viele Nominalpartikeln gibt, ist die Anzahl der Zusammensetzungen ziemlich groß. Wenn ein Komplement nicht mit einer Nominalpartikel kombiniert werden kann, schreiben wir "O" an die betreffende Stelle. Z.B. hat das Prädikativ sungbai (siehe Beispiel (v)) das Merkmal [O-döi]; das Komplement "x" in (v) kann mit keiner Partikel kombiniert werden. Weitere Beispiele sind cinggau mit [O-höng] (siehe Beispiel (vi)), toulön mit [O-tung] (siehe Beispiel (vii)), sung mit [bei-jöng-bei] (Beispiel (viii)) und dong mit [bei-jöng-jou] (Beispiel (ix)).

Die Regel T-PART-SEGM zu formulieren ist besonders schwierig, weil die Anzahl der Komplemente nicht bei allen Prädikativen gleich ist, und nicht alle Komplemente eines Prädikativs mit einer Nominalpartikel kombiniert werden können.

T - PRÄF (Präfigierung)

$$
\begin{array}{llll}
 & P_{(1)} , & X , & P_{(2)} \\
\text{obl} & [P^{\text{präf}}_{m}] & & [n] \\
\Rightarrow & \emptyset , & - , & P\,[\,P_{(1)} + P_{(2)}\,]
\end{array}
$$

Bedingungen:

1. $P_{(2)}$ hat kein [*2].
2. Es gibt keine Prädikative (außer derjenigen mit [*2]), deren Ranghöhen zwischen m und n liegen. (Vgl.T-P-RANG)

13cd, 16ef, 19ef, 26ef, 34ef, 56ef

Affixe sind auch Prädikative in der Tiefenstruktur; sie werden später präfigiert oder suffigiert. Sie unterscheiden sich von den anderen Prädikativen dadurch, daß sie in der Antwort auf eine Frage nicht allein auftreten können. Vergleichen wir:

Köi sig m sig ? —— Sig.
er essen nicht
Ißt er (oder ißt er nicht) ? —— M sig.
—— * M.

Köi sig jo mei ? —— Sig jo.
(Perfektiv) noch nicht —— Mei sig.
Hat er schon gegessen ?
—— * Jo.

Die Verbindungen mit "Präfix + Prädikativ" oder "Prädikativ + Suffix" können auch nicht durch T-KOORD.2 reduziert werden. Z.B. kann x m sig yin tung m yäm jäu
nicht essen Zigarette und trinken Alkohol
x raucht nicht und trinkt nicht

nicht in

x m_sig_yin tung yäm_jäu

transformiert werden. Ebenfalls ist die Transformation

x fäi jo tung leng_jo ⇒ x fäi tung leng_jo
dick (Perfektiv) hübsch
x ist dicker und hübscher geworden

nicht möglich.

Wir kommen jetzt zu der Regel selbst. Daß $P_{(1)}$ einen höheren Rang als $P_{(2)}$ haben muß, ist offensichtlich. Wenn es hinter $P_{(1)}$ auch andere Prädikative gibt, wird dasjenige Prädikativ präfigiert, das den nächst niedrigeren Rang als das Präfix hat, z.B. wenn das Präfix das Merkmal [2] hat, muß das zu präfigierende Prädikativ das Merkmal [3] haben. Die Bedingung, daß $P_{(2)}$ kein [*2] tragen darf, liegt an dem redundanten Charakter solcher Prädikative. Sie können durch die nachzyklische Regel T-*2 getilgt werden. Statt

* x gou guo y löng ceg m do

muß (28) so negiert werden:

x gou m guo y löng ceg (gäm do)

Der Grund, warum wir nicht gleich die beiden untergeordneten P tilgen, etwa wie

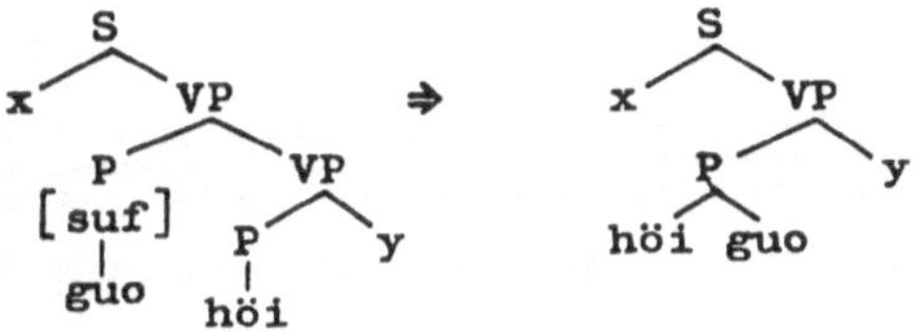

wird bei der Erläuterung von T-SUFF angegeben.

Es scheint so, daß das kombinierte P kein Rangmerkmal mehr braucht, deswegen erscheint bei der strukturellen Änderung kein Rangmerkmal mehr.

---

1 Siehe (2gh).

<u>T - PRON.1</u> (Pronominalisierung)

$$
\begin{array}{l}
\quad S\,[\ NP_{(1)}\ ,\ Y\ ,\ NP_{(2)}\ ,\ Z\ ]\\
\overset{obl}{\Rightarrow}\left\{\begin{array}{llll}
\underline{\qquad\qquad\qquad} & ,\ \underset{[pron]}{NP_{(2)}} & ,\ - & \text{(Bedingung 1)}\\
-\ \ \underset{[pron]}{NP_{(1)}} & ,\ \underline{\qquad\qquad\qquad} & & \text{(Bedingungen 1 bis 4)}
\end{array}\right\}
\end{array}
$$

Bedingungen:

1. $NP_{(1)} = NP_{(2)}$.
2. $NP_{(1)}$ kommandiert nicht $NP_{(2)}$.
3. $NP_{(1)}$ und $NP_{(2)}$ sind nicht indefinit.
4. Keine Kopula der referentiellen Identität steht zwischen den beiden NP.

9bc, 14de, <u>18cd</u>, 23ef, 35ef, 36bc, 47ab

Es ist unmöglich, die Pronominalisierung auf nur ein paar Seiten zu beschreiben. Es ist auch nicht möglich, hier die umfangreichen Arbeiten über dieses Thema zu berücksichtigen. In diesem Bereich sind die dialektischen und idiolektischen Unterschiede besonders groß; ohne ein großes Korpus ist seine Behandlung unmöglich. Aber weil die Pronominalisierung in dem transformationellen Gefüge eine wichtige Rolle spielt, kann hier auf eine kurze Behandlung nicht verzichtet werden.

Bei einer progressiven Pronominalisierung wird die zweite NP pronominalisiert; sie bekommt das syntaktische Merkmal [pron]. Bei einer regressiven Pronominalisierung bekommt die erste NP das Merkmal [pron]. Der referentielle Index wird ausgelöscht; der Inhalt bleibt aber noch unter dem Knoten NP. Erst bei T-PRON.3 wird er durch ein Pronomen ersetzt. Die progressive Pronominalisierung setzt nur die Bedingung 1 voraus, während die regressive Pronominalisierung auch die Bedingungen 2,3 und 4 voraussetzt.

Bedingung 1 schreibt vor, daß die beiden NP korreferentiell sein müssen; d.h. sie müssen denselben referentiellen Index haben. Aber nur die noch nicht pronominalisierten NP haben solche Indizes. Bei der Pronominalisierung werden sie ausgelöscht; diese NP können dann nicht noch einmal pronominalisiert werden.

Bedingung 2 fordert, daß $NP_{(1)}$ $NP_{(2)}$ nicht kommandiert. Ein Knoten kommandiert einen anderen Knoten B, wenn (i) weder A B dominiert, noch B A dominiert; und (ii) der Knoten, der A unmittelbar dominiert, auch B dominiert. Z.B.

so:  oder 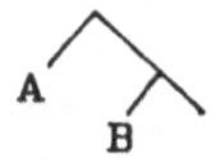 oder 

aber nicht so:

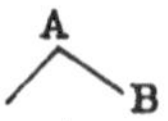 oder 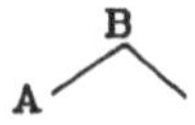 oder  oder 

Die regressive Pronominalisierung ist nur möglich, wenn Bedingung 2 erfüllt ist.

Bedingung 3: Wenn die NP indefinit sind, kann keine regressive Pronominalisierung stattfinden. Diese Beschränkung kommt bei Postal (1971:22) vor; sie gilt wahrscheinlich nicht nur für Englisch, sondern auch für Deutsch, Chinesisch und andere Sprachen. Vergleichen wir:

Yüguo yäu yän lei , nei m hou lei köi
wenn haben Mensch kommen du nicht sollen kümmern er
Wenn jemand kommt, sollst du dich nicht um ihn kümmern

* Yüguo köi lei, nei m hou lei yän
* Wenn er kommt, kümmere dich nicht um jemand

Bedingung 4: Wenn zwischen den beiden NP eine Kopula der referentiellen Identität steht, ist die regressive Pronominalisierung nicht möglich. Diese Restriktion steht ebenfalls bei Postal (1971:23). Beispiel: Der Satz

Go - go yän sung ge läimäd häi köi
jenes Stück Mensch schenken (Attr.Part.) Geschenk ist er

soyäu ge coican
alles Vermögen

Das Geschenk jenes Menschen ist sein ganzes Vermögen

kann nicht in

Köi sung ge läimäd häi go-go yän soyäu ge coican
Sein Geschenk ist das ganze Vermögen jenes Menschen

transformiert werden. Nur im ersten Satz kann go-go yän und köi korreferentiell sein.

Zum Schluß will ich über den obligatorischen Charakter dieser Regel sprechen. Der erste Satz des eben angegebenen Beispiels kann die folgende Paraphrase haben:

Go-go yän sung ge läimäd häi go-go yän soyäu ge coican

Die zweite go-go yän braucht nicht unbedingt pronominalisiert zu werden. Manchmal ist die Pronominalisierung unerläßlich:

Go-go nöiyän bei yän täu jo köi ge cin
Frau von Mensch stehlen (Perfektiv) sie Geld
Jener Frau wurde das Geld gestohlen

* Go-go nöiyän bei yän täu jo go-go nöiyän ge cin

Auf dieses Problem möchte ich hier nicht eingehen.

<u>T - PRON.2</u>

$$NP_{[pron]}\,[\,A\,] \overset{obl}{\Rightarrow} NP\,[\,A\,] \left\{ \begin{array}{ll} \begin{bmatrix} pron \\ sg \end{bmatrix} & \text{wenn } A = \left\{ \begin{array}{c} B + Quan\,[\,Z\,[yäd] + U_{[sg]} + C\,] + D \\ ? \end{array} \right\} \\ \begin{bmatrix} pron \\ pl \end{bmatrix} & \text{wenn } A = \left\{ \begin{array}{c} ? \end{array} \right\} \end{array} \right\}$$ [1]

9bc, 14de, 18cd, 23ef, 35ef, 36bc, 47ab

Da wir jetzt nur die Pronominalisierung des Kantonesischen beschreiben wollen, brauchen wir den komplizierten Vorgang, der die Genuskonkordanz und den Kasus einbezieht, und manchmal sogar semantisch relevant ist, nicht zu berücksichtigen, da es im Kantonesischen keinen morphologischen Kasus gibt. Immerhin spielt der Numerus im KT bei der Pronominalisierung eine wesentliche Rolle. Im KT entsprechen

köi : er, sie, es

köidei : sie (pl.)

Dementsprechend haben wir die Merkmale [sg] und [pl] für die zu pronominalisierende NP. Wenn eine NP das Merkmal [pron] hat (durch T-PRON.1), wird die innere Struktur dieser NP untersucht; sie bekommt dann [sg] oder [pl] zugeteilt. Bei Anwendung von T-PRON.3 wird dann der Inhalt der NP durch ein Pronomen ersetzt.

Z.B.

NP [pron, pl] — go löng go yän 'jene zwei Menschen'

NP — köidei 'sie'

Die Zuteilung der Merkmale [sg] und [pl] ist von dem Zahlwort, dem Einheitswort und auch dem Prädikativ abhängig. Die Einheitswörter haben entweder das Merkmal [sg] oder [pl]. Wenn die zu pronominalisierende NP einen Quan enthält, der das Zahlwort <u>yäd</u> 'eins' und ein Einheitswort mit [sg] (z.B. <u>go</u> 'Stück'), <u>jung</u>

---

1 "?" heißt, daß die erforderliche Angabe noch fehlt.

'Art') dominiert, bekommt sie das Merkmal [sg]. Z.B.

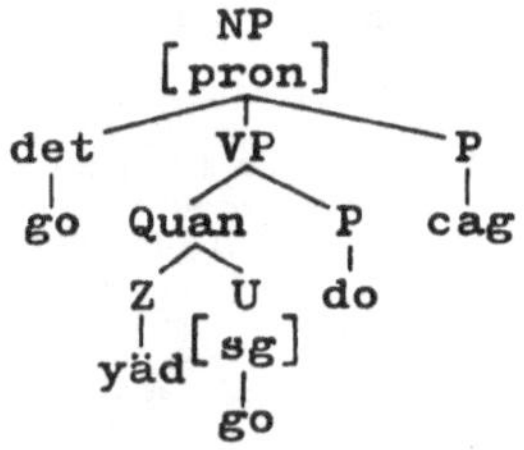

⇒

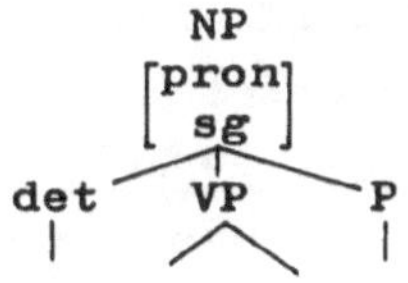

(*go* 'jener', *yäd* 'eins', *go* 'Stück', *do* 'viel', *cag* 'Dieb')

Aber die Wahl der Merkmale ist keineswegs so einfach, wie es eben beschrieben wurde. Natürlich muß man der NP

yäd ban hogsang
eine Gruppe Schüler

das Merkmal [pl] geben (das Einheitswort hat das Merkmal [pl]); aber bei

Go gei go cang dou lan sai la ,
einige Apfelsine allesamt verfaulen ganz (Satzsuffix)

nei diu jo köi la !
du wegwerfen (Perfektiv) es (Satzsuffix)

Die Apfelsinen sind alle verfault, werfe sie weg !

wird trotz des Zahlwortes *gei* 'einige' das Pronomen *köi* genommen. Im Peking-Dialekt ist es ähnlich. Chao (1968:634) meint:

> While *ta* [entspricht *köi*] is frequently used for inanimate things if it is in the object position, the plural form *ta men* [entspricht *köidei*] is not used for inanimate things in any position, except, of course, when they are personified.

Wenn diese Feststellung auch bei KT zutrifft, muß das Prädikativ für die Entscheidung des Pronomens auch eine gewisse Rolle spielen. Wenn NP den Determinator *INDEF* hat, aber keinen Quan enthält, kann sie manchmal [sg], und manchmal [pl] bekommen. Auf diese Fragen können wir hier leider nicht eingehen; deswegen werden bei T-PRON.2 keine präzise Angaben gemacht. Es soll nur darauf hingewiesen werden, daß dies eine notwendige Maßnahme der Pronominalisierung ist.

T - PRON.3

$$\begin{array}{lll} & \underset{[pron]}{NP}\ [\quad A \quad , & (\underline{jigei})\ ] \\ \overset{obl}{\Rightarrow} & NP\ [\left\{\begin{array}{l} \underline{köi} \\ \underline{köidei} \end{array}\right\}, & \text{———}\ ] \end{array}$$

Bedingung: Wenn NP [sg] trägt, wird *köi* erzeugt;
wenn NP [pl] trägt, wird *köidei* erzeugt.

9bc, 14de, 18de, 23ef, 35ef, 36bc, 47ab

Durch T-PRON.3 wird eine NP, die das Merkmal [pron] trägt, durch ein Pronomen ersetzt. Die NP kann schon reflexiviert sein. Da sie auch die Merkmale [pron] und [sg] oder [pl] trägt, wird ihr Inhalt (d.h. was sie dominiert) mit Ausnahme von jigei durch köi oder köidei ersetzt. Z.B.

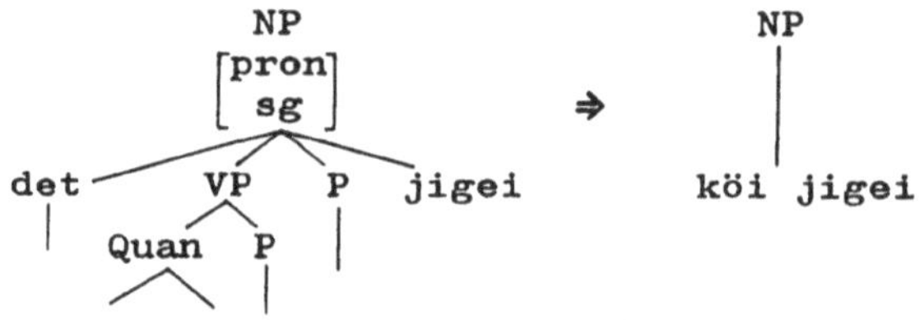

T - PSPASS

obl S [P [pspass] , $NP_{(1)}$, S [$NP_{(2)}$, A , $NP_{(3)}$, X]]

⇒ S [———— , $NP_{(2)}$, S [∅ , ————]]

Bedingungen:

1. $NP_{(1)} = NP_{(3)}$.
2. A ist kein bei.

8ab, 9ab

$NP_{(1)}$, die mit $NP_{(3)}$ korreferentiell ist, bekommt bei dieser Konstruktion einen passiven Sinn. Die Bedeutung des Prädikativs mit [pspass] ist aber keineswegs leer, wie es bei der Passivpartikel bei ist. Gäu z.B. hat die Bedeutung 'genügen', däg die Bedeutung 'begünstigt werden'. Gäu und eine ganze Reihe von [pspass]-Prädikative sind graduierbar, und däg kann suffigiert werden (vgl.(9)). Aus diesen Gründen nenne ich diese Konstruktion "Pseudopassiv".

Die strukturelle Änderung durch diese Transformation können wir durch gäu demonstrieren. Bei dieser Transformation wird das Subjekt des eingebetteten S herausgenommen (siehe (8ab)); die Kette x yäm in (8) ist keine Konstituente, und ist deswegen auch nicht koordinierbar (siehe T-KOORD.2). Aus

x gäu y yäm tung x gäu z sig
genügen trinken und essen[1]
x genügt y zum Trinken und z zum Essen

kann man durch T-KOORD.2

x gäu y yäm tung gäu z sig

1 Es gibt Dinge, die trink- und eßbar sind; z.B. Kokonüsse.

aber nicht

* x gäu y_yäm tung z_sig_

bilden.

$NP_{(3)}$, die mit $NP_{(1)}$ korreferentiell ist, muß einen passiven Charakter haben. Dies ist auch der Grund, warum A keine Passivpartikel bei sein darf; denn sonst würde $NP_{(3)}$ keinen passiven Charakter haben. Die folgende Konstruktion (vgl.(9a)) erfüllt diese Bedingung nicht und ist daher nicht durch T-PSPASS transformierbar.

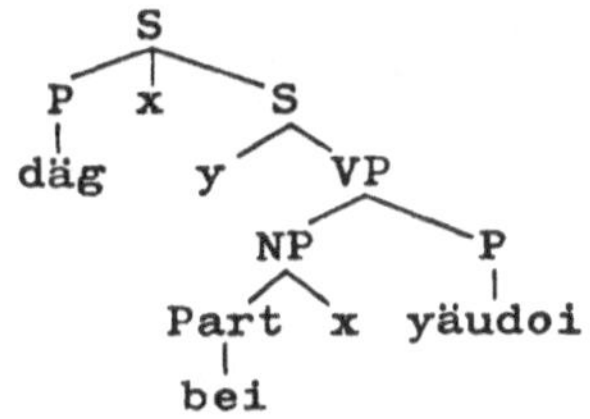

T - QUAN - UMST.1 (Quan - Umstellung)

```
obl  NP [ det ,                       A , VP [ Quan , P ] , X ]
 ⇒   — [ —— , VP [ Quan , P ] , - ,        ∅             , - ]
```

1hi, 40bc, 50ab

In einer NP steht normalerweise det auf der ersten Stelle und die Mengenangabe auf der zweiten. Wenn es zwischen det und der VP, die Quan enthält, andere Knoten gibt,[1] wird diese VP unmittelbar hinter det gestellt. Das Prädikativ do hinter Quan kann durch die fakultative Regel T-*2 elidiert werden, z.B.

löng go gäm do ge hogsang (Siehe Beispiel (1))

löng go hogsang

T - QUAN - UMST.2

```
obl  NP [          A , Quan , B ]
 ⇒   — [ Quan , - ,   ∅   , - ]
```

Bedingung: A enthält kein det.

Das restriktive Attribut steht normalerweise am Anfang einer NP (siehe T-ATTR). Wenn diese NP indefinit ist, wird det durch T-INDEF-TILG elidiert. Aber dann muß die Mengenangabe wieder vor das restriktive Attribut gestellt werden. T-QUAN-UMST.2 erfüllt diese Funktion. Z.B. haben wir

1 Daß es so ist, ist nur ein Zufall.

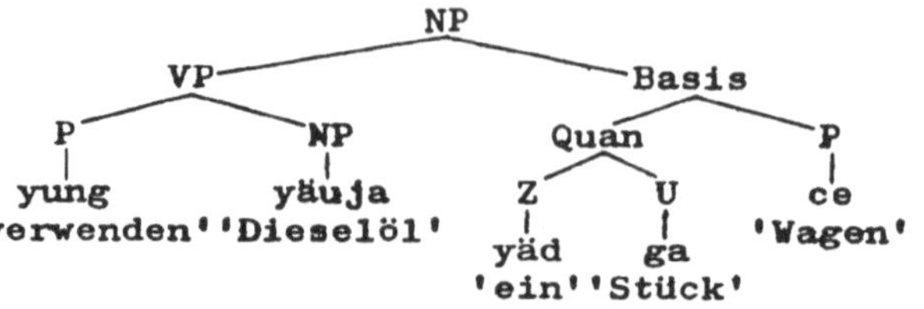

('ein Wagen, der Dieselöl verwendet');

durch T-QUAN-UMST.2 entsteht dann

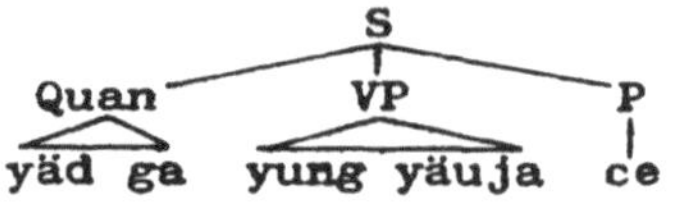

die durch T-ge-EINF noch die Attributspartikel ge bekommt:

yäd ga yung yäuja ge ce

T - REFL (Reflexivierung)

$$\begin{array}{ll} & \text{S}\ [\ \text{NP}_{(1)}[\ \text{A}\ ],\ \overset{\text{P}}{\text{Part}},\ \text{NP}_{(2)}[\ \text{B}\ ]\qquad ,\ \text{X}\ ] \\ \overset{\text{obl}}{\Rightarrow} & \text{—————————————},\left\{\begin{array}{l}\text{NP} \\ \text{NP} \\ [\text{pron}]\end{array}\left[\begin{array}{l}\underline{\text{jigei}} \\ \text{B},\ \underline{\text{jigei}}\end{array}\right]\right\},\ - \end{array}$$

Bedingung: $\text{NP}_{(1)} = \text{NP}_{(2)}$.

5ab, 56ab, 56cd

T-REFL setzt voraus, daß $\text{NP}_{(1)}$ und $\text{NP}_{(2)}$ den gleichen referentiellen Index und die gleiche innere Struktur haben. Natürlich darf $\text{NP}_{(2)}$ nicht schon reflexiviert sein. Der referentielle Index der reflexivierten NP wird ausgelöscht. Aus diesem Grund können zwei NP, die aus dem Reflexivpronomen jigei 'selbst' bestehen, als gleich betrachtet werden (vgl.(5bc)).

Im KT ist die Verbindung

Personalpronomen + Reflexivpronomen

möglich. Das Personalpronomen ist optional. Wenn es erzeugt werden soll, bekommt die neue NP das Merkmal [pron]; durch T-PRON.3 wird das Personalpronomen erzeugt. Man kann entweder

Go löng go hogsang päiping jigei
jene zwei Stück Schüler kritisieren selbst
Jene zwei Schüler kritisieren sich selbst.

oder

Go löng go hogsang päiping ködei jigei
sie

sagen.

Daß T-REFL zyklisch ist, zeigt Lakoff (1966:33-34) durch den Beispielsatz

Harry expected himself to shave himself

, der durch zwei Reflexivierungen entsteht, wobei die zyklische Regel 'IT REPLACEMENT' zwischendurch angewendet werden muß. Wir können auf ähnliche Weise das Beispiel (56) konstruieren. In (5) wird auch T-REFL angewendet, bevor die zyklische Regel T-KOORD.1a angewendet wird.

T - S - UMST.a (S - Umstellung)

```
        VP [     P      , A , S ]
obl         [sumst.a]
  ⇒     VP [ S , ———————— , ∅ ]
```

Bedingung: VP unmittelbar dominiert S.

42bc, 44ab

Für diese Regel ist die folgende Struktur erforderlich:

```
           VP
        P  A  S
```

Dabei kann A entweder eine VP oder ein P (wenn die VP kein Objekt enthält) sein. S wird durch diese Transformation die erste Konstituente von VP, und fungiert nach einer Subordinierung (T-SUBORD.a) als adverbiale Bestimmung für A; diese adverbiale Bestimmung drückt die Art und Weise der Handlung aus, die von A bezeichnet wird. Es gibt zwei Prädikative, die solche Beziehungen bezeichnen:

a. gäm [1]

(i) x hou dai seng gäm gong ye (Vgl.(42))
x spricht sehr laut (Auf welcher Art?)

b. MD [2]

(ii) x hou dai seng gong ye (Vgl.(44))
x spricht sehr laut (Durch welche Methode?)

Die Bedeutungen von (i) und (ii) sind schwer zu unterscheiden; trotzdem ist der Unterschied erkennbar. In (i) ist der Sprecher nur an dem momentanen Verhalten von x interessiert; es ist unwesentlich, ob es sich um eine Methode, eine Gewohnheit, ein unerklärliches Verhalten oder etwas anderes handelt. Dagegen spezifiziert das Adverbial in (ii) die Methode, wodurch x die Handlung ausführt. Der Unterschied wird deutlicher, wenn wir die

1 Das Prädikativ gäm hat einen anderen Tonverlauf als die Komparierungspartikel gäm. (Siehe T-gäm-EINF)

2 MD hat keine phonologische Form; es wird durch T-*1 getilgt.

folgenden Beispiele betrachten:

(iii) x hou geng gäm gong ye (Vgl. (42))
x spricht auf eine ängstliche Weise

(iv) * x hou geng gong ye
* x spricht durch seine Angst

(iv) ist inakzeptabel, weil die Angst nicht als eine Methode betrachtet werden kann.

Die sogenannte instrumentale Bestimmung kann als das erste Komplement von MD betrachtet werden:

(v) x yung Mägbäd se ji
benutzen Pinsel schreiben Schriftzeichen
x schreibt mit Pinsel (D.h., durch Pinselbenutzung)

Das Lexem yung ist selbst ein Prädikativ.

Es gibt noch zwei Typen von modalen Bestimmungen:

(vi) x gong ye gong däg hou dai seng (Vgl.(43))
x spricht sehr laut

(vii) x gong ye hou dai seng (Vgl.(45))
x spricht sehr laut

Obwohl (vi) und (vii) die gleiche Übersetzung haben, sind sie keineswegs Paraphrasen. In (vi) und (vii) stehen die Adverbiale hinter däg bzw. POTENT. Bei (vii) ist POTENT das verknüpfende Prädikativ, das jedoch in der Endkette nicht mehr erscheint, weil es durch T-*1 getilgt werden muß. Wie bei der Erläuterung zu T-P-UMST.1 erklärt wird, drückt das Adverbial mit däg die Bewertung einer spezifischen Handlung (nicht Handlungen einer spezifischen Art, sondern eine zeit- und räumlich lokalisierbare Handlung). Dagegen drückt das Adverbial mit POTENT die Bewertung einer potentiellen Handlung aus; sie entspricht eher einer Reihe von Handlungen.

T-S-UMST.a muß vor T-*1 angewendet werden; sonst könnte die Umstellungstransformation bei (44) nicht mehr durchgeführt werden.

T - S - UMST.b (S-Umstellung)

$$\text{obl} \quad {}_{VP}[\ \underset{[\text{sumst.b}]}{P}\ ,\qquad VP\ ,\ \begin{Bmatrix}S\\ Quan\end{Bmatrix}\ ]$$

$$\Rightarrow \quad {}_{VP}[\ \underline{\qquad\qquad}\ ,\ \begin{Bmatrix}S\\ Quan\end{Bmatrix}\ ,\ —\ ,\ \emptyset\ ]$$

Bedingung: VP unmittelbar dominiert $\begin{Bmatrix}S\\ Quan\end{Bmatrix}$.

30bc, 31bc

Diese Regel ist für die Ableitung von Sätzen mit gäu bestimmt.

Die Motivierung zur Formulierung dieser Regel erfordert eine längere Diskussion, die einer ausführlicheren Beschreibung der Transformationsregeln des KT vorbehalten bleiben soll. Ich begnüge mich hier mit den Beispielen (30) und (31), die die Funktion dieser Regel einigermaßen veranschaulichen.

<u>T - SUBJ</u> (Subjektivierung) [1]

obl S [P , X , $NP_{(1)}$, Y]
⇒ S [$NP_{(1)}$, VP [————————]]

Bedingungen: $NP_{(1)}$ steht unmittelbar hinter P (d.h. X = ∅) oder X dominiert "<u>bei</u> + NP" ausschließlich.

1de, 2bc, 3ab, 6bc, 7bc, 8bc, 9bc, 10bc, 11ab, 16ab, 22cd, 23cd, 24ab, 27ab, 28cd, 35bc, 36ab, 51ab, 52ab, 55bc, 56cd

In der Tiefenstruktur ist der Satzteil 'Subjekt' noch nicht vorhanden. Erst durch die 'Subjektivierung' wird ein Komplement als Subjekt ausgewählt. Durch diese Transformation wird ein Komplement, das unmittelbar hinter dem Prädikat oder hinter einer "<u>bei</u> + NP"-Verbingung steht,[2] vor das Prädikat gestellt; es fungiert dann als Subjekt von S. Der ursprüngliche Inhalt von S wird von einem neuen Knoten — VP — dominiert. Die vorangestellte NP wird an der alten Stelle nicht gelöscht, sonst könnten (23) und (35) nicht abgeleitet werden.

Ein wichtiger Grund für die Annahme von T-SUBJ ist die Koordinierbarkeit von zwei S, die gleiche Subjekte, aber verschiedene VP haben. Siehe hierzu T-KOORD.2.

T-SUBJ kann nicht vor T-KOORD, T-KOMPL und T-PSPASS angewendet werden, sonst hätten diese Transformationsregeln keine Gelegenheit, angewendet zu werden.

<u>T - SUBJ - ANH</u> (Subjekt - Anhebung)

S [P , S [NP , A] , X]
⇒ – [NP , VP [– , –[∅ , –] , –]]

obligatorisch: wenn P [*1], [*2], [aux1], [npumst], [präf], [pumst], [suff], [sumst.a], oder [sumst.b] trägt.

optional: wenn P [aux2] trägt.

---

1 Vgl. die Erläuterung zu T-PART-SEGM.
2 Vgl. (23cd) und (35bc).

[*1] : 34bc, 45ab, 48bc, 49ab
[*2] : 1fg, 3ef, 28ef, 37ab, 39ab, 49cd
[aux1] : 12cd, 13ab, 24cd, 26cd
[aux2] : 37cd
[npumst] : 25ab, 26ab
[präf] : 13cd, 16de, 19ef, 26ef, 34ef, 56ef
[pumst] : 17ab, 18ab, 19ab, 20ab, 21ab, 29ab, 33ab, 43ab
[suff] : 2fg, 3cd, 9de, 23gh, 38ab, 39de, 49ef
[sumst.a] : 42ab, 44ab
[sumst.b] : 30ab, 31ab

Bei der Subjekt-Anhebung wird das Subjekt des eingebetteten Satzes zum Subjekt des Matrixsatzes erhoben. Wenn das Prädikat die syntaktischen Merkmale [*1], [*2], [aux1], [npumst], [präf], [pumst], [suff], [sumst.a] oder [sumst.b] hat, ist diese Transformation obligatorisch; wenn das Prädikat das Merkmal [aux2] hat, ist die Transformation fakultativ.

T - SUBJ - ANH.k1

KP [K1 , S [$NP_{(1)}$, A]] , KP [K2 , S [$NP_{(2)}$, B]]
⇒ — [$NP_{(1)}$, VP [— , – [∅ , –]]] , ————————

obligatorisch: wenn K1 [po2] trägt.

optional: wenn K1 [po1] und K2 [po2] tragen,

14cd oder wenn K1 und K2 [po1] tragen und $NP_{(1)} = NP_{(2)}$.

Wie wir bei der Erläuterung zu T-KONJ.1 gesagt haben, gibt es hinsichtlich der Wortstellung zwei Typen von Konjunktionen. Sie haben die Merkmale [po1] bzw. [po2]. Die [po2]-Konjunktionen stehen immer hinter dem Subjekt, und die [po1]-Konjunktionen können am Anfang der KP oder hinter dem Subjekt stehen (siehe T-K-UMST). Aber wenn beide Konjunktionen vom Typ [po1] sind, setzt die Voranstellung von $NP_{(1)}$ voraus, daß $NP_{(1)}$ und $NP_{(2)}$ korreferentiell sind. Man kann nicht statt

Yänwäi x beng jo , soyi y höi tam köi
weil krank (Perfektiv) deswegen gehen besuchen er

Weil x erkrankt ist, geht y ihn besuchen

die folgenden Ketten bilden:

* x yänwäi beng jo, soyi y höi tam köi

* x yänwäi beng jo, y soyi höi tam köi

T - SUBJ - ANH.k2

KP [K2 , S [NP , B]]
⇒ — [NP , VP [——— ∅ —]

obligatorisch: wenn K2 [po2] trägt.
optional: wenn K2 [po1] trägt.

14cd, 15cd

Auch die hintere KP kann auf ähnliche Weise wie T-SUBJ-ANH.k2 transformiert werden. Wenn K2 [po2] trägt, muß diese Regel angewendet werden:

x jäusün cidou, y dou m yinggoi da köi (Siehe (14))
* x jäusün cidou, dou y m yinggoi da köi
jäusün x cidou, y dou m yinggoi da köi
* jäusün x cidou, dou y m yinggoi da köi

Wenn K2 [po1] trägt, ist diese Regel fakultativ.

T - SUBJ - PART - TILG (Subjekt-Partikel-Tilgung)

obl S [Part , NP , A]
⇒ – [∅ , ———]

3ab, 28cd, 35cd

Am Anfang eines S kann keine Nominalpartikel stehen, deshalb muß eine Tilgungstransformation durchgeführt werden, wenn eine Nominalpartikel an dieser Stelle vorkommt. Es ist auch möglich, diese Tilgung als Teilvorgang der Subjektivierung zu betrachten.

T - SUBJ - TILG (Subjekt - Tilgung)

obl S [NP [subjtilg] , A]
⇒ – [∅ , –]

24bc

Das Prädikativ yäu 'haben' kann ein S als Komplement haben. Da es das Merkmal [auxl] hat, wird die Struktur mit yäu durch T-SUBJ-ANH geändert. Z.B.

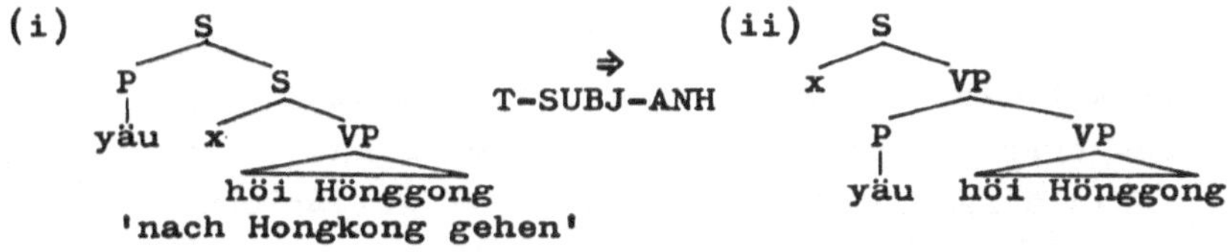

Wenn wir statt eines S eine NP als Komplement von yäu haben, findet die Subjektanhebung natürlich nicht statt. Z.B.

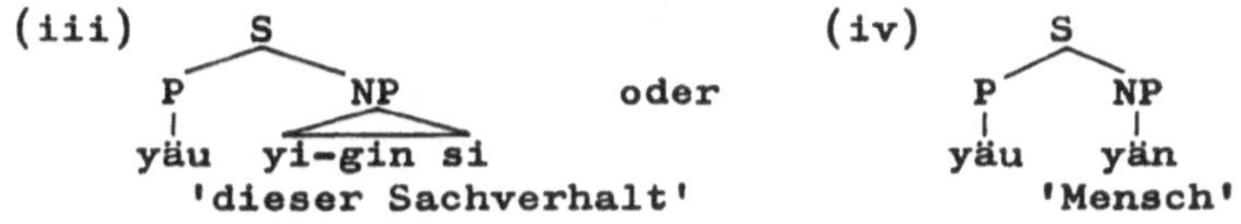

(iii) und (iv) bedeuten 'dieser Sachverhalt hat stattgefunden' bzw. 'es gibt Menschen'. Merkwürdig ist, daß die NP in (iii) und (iv) nicht durch T-SUBJ vorangestellt werden. Übrigens hat die Kette x yäu yäd-jeg mau ('x hat eine Katze') die folgende Tiefenstruktur,

(v)

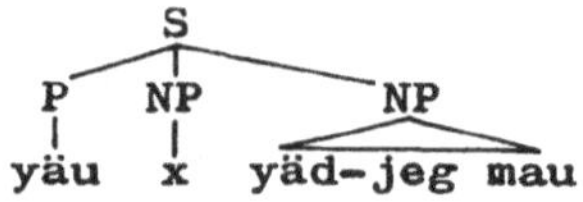

die durch die Anwendung von T-SUBJ in

(vi)

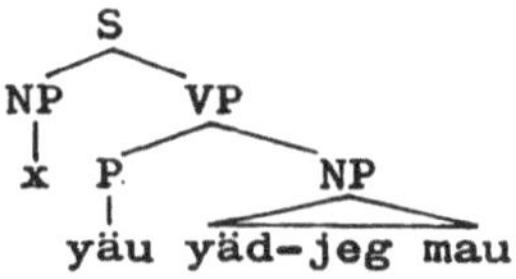

transformiert wird. Es ist zu fragen, ob es sich hier um das gleiche yäu handelt. Es ist naheliegend, daß (i) und (iii) das gleiche yäu haben; es läßt sich auch vermuten, daß (iii) und (iv) das gleiche yäu haben. Es muß aber erklärt werden, warum die NP in (iii) und (iv) nicht umgestellt werden können. Um diese Erscheinungen zu erklären, möchte ich postulieren, daß (v) das gleiche yäu wie in (i), (iii) und (iv) hat, und daß in (i), (iii) und (iv) das erste Komplement schon getilgt worden ist. Das erste Komplement bezeichnet das All (oder das Universum), und trägt das Merkmal [subjtilg], wie es in (vii) ersichtlich ist.

(vii)

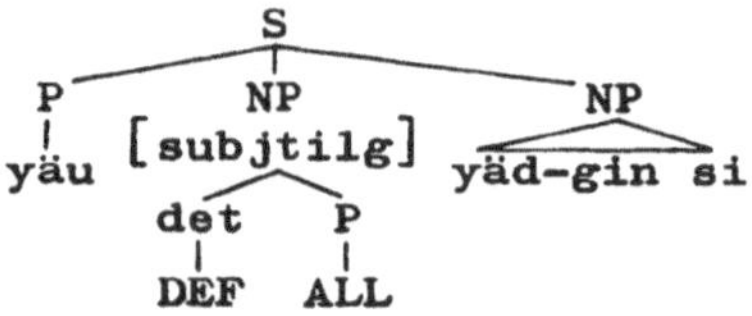

Vorausgesetzt wird das Lexem ALL, das auch das Merkmal [subjtilg] trägt. Das erste Komplement von (vii) wird aus (viii) abgeleitet; auf die Ableitung wird hier jedoch nicht weiter eingegangen.

(viii)

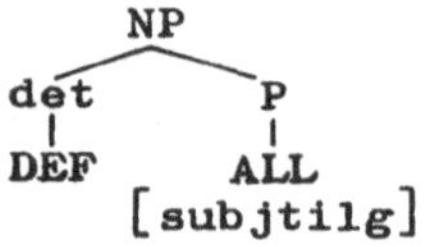

Durch T-SUBJ wird (vii) in (ix) verwandelt.

(ix)

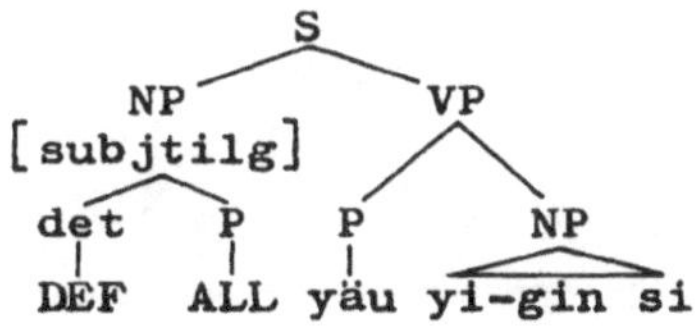

Diese Struktur wird durch T-SUBJ-TILG und T-KNOT-TILG in (iii) transformiert. Da T-SUBJ schon angewendet worden ist, kann die NP yi-gin si nicht noch einmal subjektiviert werden. Ähnlich wird (iv) abgeleitet. Die Vorgeschichte von (i) wird in (24ac) angegeben.

T - SUBORD.a (Subordinierung)

obl VP [A , B , C]
⇒ VP [VP [——] –]

Bedingungen:

1. A, B und C werden von VP direkt dominiert.
2. Entweder A ist ein P, das [npumst] oder [sumst.b] trägt, oder B ist ein P, das [sumst.a] trägt.

25bc, 26ab, 30cd, 42cd

Auch diese Regel basiert auf dem Kriterium der Koordinierbarkeit (Vgl. T-KOORD.2). Wenn A ein P ist, das [npumst] oder [sumst.b] trägt, kann man A und B zusammenfassen, und das Resultat mit einer ähnlichen Konstruktion koordinieren lassen. Z.B.

x gäu_y tung gäu_w gäm jungyi z (Vgl.(30))

Wenn B ein P ist, das [sumst.a] trägt, kann man wieder ähnliches tun. Z.B.

x hou_geng_gäm tung hou_gäb_gäm gong (Vgl.(42))
hastig

T - SUBORD.b

obl S [$NP_{(1)}$, VP [VP[$P_{(1)}$,$NP_{(2)}$], $P_{(2)}$,S[$NP_{(3)}$,VP]]]
⇒ – [—— ,— [—————— ,VP[$P_{(1)}$, ——————]]]

Bedingungen:

Entweder dominiert $P_{(2)}$ dou oder däg und $NP_{(1)} = NP_{(3)}$, oder dominiert $P_{(2)}$ joi und $NP_{(2)} = NP_{(3)}$, oder dominiert $P_{(2)}$ guo und $NP_{(1)} \neq NP_{(3)}$.

17cd (dou), 18bc (joi), 29bc (guo), 43ab (däg), 47ab (joi)

Nach der Anwendung von T-P-UMST.1 haben entweder Struktur (i) oder Struktur (ii):

(i)

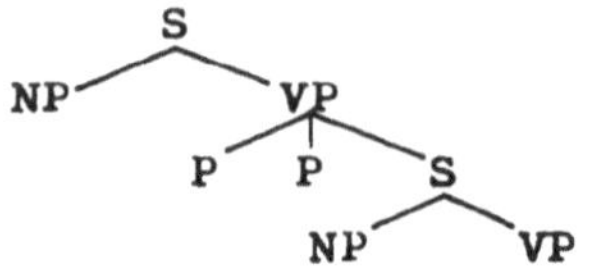

(ii)

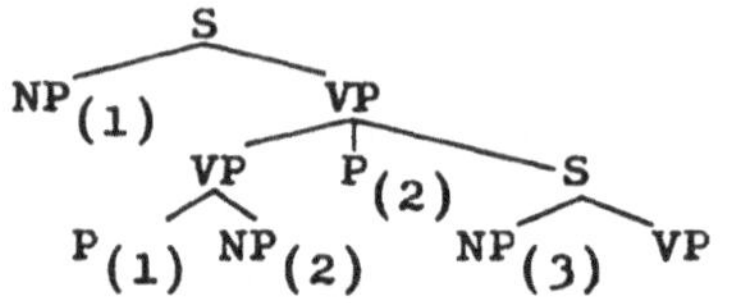

Die vorliegende Regel ist für die zweite Konstruktion bestimmt, die ein transitives $P_{(1)}$ hat. $P_{(2)}$ und S werden durch diese Regel zusammengefaßt, wenn die angegebenen Bedingungen erfüllt sind. Gleichzeitig findet eine Verdopplung von $P_{(1)}$ statt. Obwohl $P_{(1)}$ einen niedrigeren Rang als $P_{(2)}$ hat,[1] spielt es nun die dominierende Rolle; dies wird durch seine Verdoppelung unterstrichen.

Wenn $NP_{(1)}$ mit $NP_{(3)}$ korreferentiell ist, und $P_{(2)}$ dou oder däg dominiert, wird diese Regel angewendet. Z.B. bei

(iii) x da y da dou hou gui (17)
(x, und nicht y, ist müde)

(iv) x hang lou hang däg hou fai (43)
(x, und nicht der Weg, ist schnell)

Dabei ist es unwesentlich, ob $NP_{(1)}$ mit $NP_{(2)}$ korreferentiell ist. Man kann analog zu (iii) den Satz (v) bilden.

(v) x da jigei da dou hou gui
selbst
x schlägt sich selbst, bis er sehr müde ist

Auch bei däg kann $NP_{(1)}$ mit $NP_{(2)}$ korreferentiell sein:

(vi) x da jigei da däg hou dai lig
groß Kraft
x schlägt sich mit großer Kraft

Wenn $P_{(2)}$ joi dominiert und $NP_{(2)}$ mit $NP_{(3)}$ korreferentiell ist, wird T-SUBORD.b auch angewendet:

(vii) x puifug y puifug joi köi sig z (18)
(Das Pronomen köi vertritt "y", und nicht "z")

Hier ist es wieder unwesentlich, ob $NP_{(1)}$ mit $NP_{(2)}$ korreferentiell ist.

---

1 Siehe T-P-RANG und T-PRÄF.

Wenn $P_{(2)}$ guo dominiert und $NP_{(1)}$ mit $NP_{(3)}$ nicht korreferentiell ist, wird diese Regel auch angewendet. Z.B.

(viii) x jungyi y jungyi guo z (29)

(viii) ist Paraphrase von (ix).

(ix) x jungyi y jungyi guo z jungyi y

Aber die Gleichheit der VP hinter x und z wird bei T-SUBORD.b nicht vorausgesetzt:

(x) x jungyi y jungyi guo z jungyi w

T-SUBORD.b muß vor T-NP-TILG.c und T-NP-TILG.d stehen, sonst würde der notwendige Kontext für die Durchführung von T-SUBORD.b in (17cd), (29bc) und (43ab) durch die NP-Tilgung zerstört.

T - SUBORD.c

obl VP [A , Quan , P]

⇒ — [– , VP [———]]

Bedingung: VP unmittelbar dominiert A, Quan und P.

3fg, 28gh, 31bc, 37de, 39ab, 49cd

Die Kette "A + Quan + P", wo A, Quan und P von demselben Knoten unmittelbar dominiert werden, kann noch weiter gegliedert werden. Quan und P bilden zusammen eine Konstituente. Die Existenz dieser Konstituente kann durch den Koordinierungstest bewiesen werden:

x gäu lug ceg cöng tung sam ceg fud (Vgl.(31))
und drei Fuß breit

x ist mindestens sechs Fuß lang und drei Fuß breit

T - SUFF (Suffigierung)

$P_{(1)}$, X , $P_{(2)}$

$[^{suff}_{m}]$ [n]

obl

⇒ ∅ , – , P [$P_{(2)}$, $P_{(1)}$]

Bedingungen:

1. $P_{(2)}$ hat kein [*2].[1]
2. m < n (d.h. $P_{(1)}$ hat einen höheren Rang als $P_{(2)}$).[2]
3. Es gibt keine Prädikative (außer derjenigen mit [*2]),[1] deren Ranghöhen zwischen m und n liegen.

2gh, 3cd, 9de, 23gh, 38bc, 39de, 49ef

---

1 Vgl. Beispiel (39).

2 Siehe die Erläuterungen zu T-PRÄF und T-P-RANG.

Durch die Suffigierung wird ein Prädikativ Suffix eines anderen Prädikativs, das den nächstniederen Rang hat. Das suffixtragende Prädikativ kann das Merkmal [*2] nicht tragen, sonst wäre es tilgbar. Bedingung 3 besagt, daß $P_{(2)}$, das das Suffix bekommt, das ranghöchste Prädikativ nach $P_{(1)}$ ist. Sonst könnte bei (23g) auch die ungrammatische Kette

* y bei x big y jisad guo

entstehen.

Man könnte fragen, warum (2g) nicht gleich in (2i) transformiert wird. Die Motivierung ist aus (38) ersichtlich: Wenn wir statt (38c) die folgende Struktur hätten, könnte die Prädikatenteilungstransformation (T-P-TEIL) nicht mehr durchgeführt werden, weil die P-Knoten mit ihren Merkmalen getilgt worden wären.

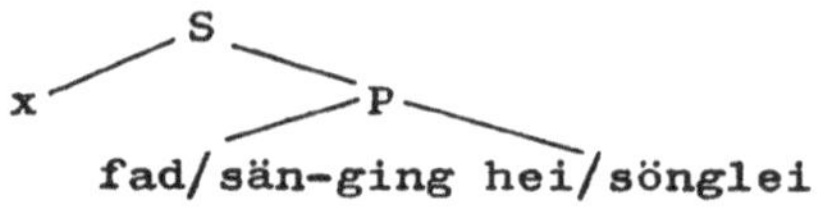

Daß Suffixe auch Prädikative sind, kann man auch durch die folgenden zwei Sätze veranschaulichen.

x höi däg gehen-bar	:	x hoyi höi können

Beide haben die gleiche Bedeutung: 'x kann gehen'; auch die tieferen Strukturen sind ähnlich:

Der Unterschied liegt nur in der Oberflächenstruktur.

<u>T - U - UMST</u> (U - Umstellung)

Durch diese obligatorische Transformation werden Z und U zusammengebracht. U wird von seiner ursprünglichen Stelle entfernt und hinter Z gestellt. Z und U sind von nun an unzertrennlich und werden von einem neuen Knoten — Quan — dominiert.[1] Diese Verbindung ist bei vielen späteren Transformationen relevant.[2]

---

1 Siehe Beispiel (1cd).

2 Vgl. T-*2, T-ATTR.1, T-ge-EINF, T-P-ANH, T-P-UMST.2, T-QUAN-UMST.1, T-QUAN-UMST.2, T-SUBORD.c, T-S-UMST.b und T-VP-TILG.

T - VP - TILG (VP - Tilgung)

obl	guo / gäu	, NP	, VP	, (Quan)	
⇒	———	, ∅	, ———		

29cd, 30de

Bei Komparierung zwischen zwei NP kommt eine VP zweimal vor. Durch T-VP-TILG wird eine davon getilgt.

T-VP-TILG muß vor T-NP-TILG.c stehen, sonst könnte (29c) durch diese NP-Tilgung die NP hinter guo elidieren. Die VP-Tilgung würde dann nicht mehr stattfinden können; es entstünde dann:

* x jungyi y jungyi guo gungyi y

T - Z - TILG (Z - Tilgung)

A , Z [yäd]

⇒ – , ∅

obligatorisch: wenn A det enthält.

optional: sonst.

40de, 41cd, 46cd

Das Zahlwort yäd 'ein' im KT wird oft elidiert, wie es im Deutschen der Fall ist:

diese Katze bedeutet 'diese eine Katze'

Wenn yäd zwischen det und dem Zähleinheitswort steht, wird es getilgt, sonst ist seine Tilgung fakultativ.

6.2 Beispiele

Um Platz zu sparen, und auch der Übersicht wegen, werden Beispiele unabhängig von den Regeln an einen Ort zusammengebracht. Zuerst wird die Endkette genannt, dann wird der Entwicklungsgang der Kette gezeigt. Der erste Stammbaum braucht aber nicht eine Tiefenstruktur zu sein. Zwischen den Bäumen stehen die Transformationspfeile "⇒". Über dem Pfeil steht die Angabe, innerhalb welchem S oder welcher NP die Transformation stattfindet. Unter dem Pfeil steht die Bezeichnung der angewendeten Regeln. Die Bäume werden noch mit den kleinen Buchstaben gekennzeichnet. Z.B. bezeichnet "(16d)" den Baum (d) im Beispiel (16).

(1) Löng go gäm do ge hogsang [1]
zwei Stück so viel (Attributspartikel) Schüler : zwei Schüler

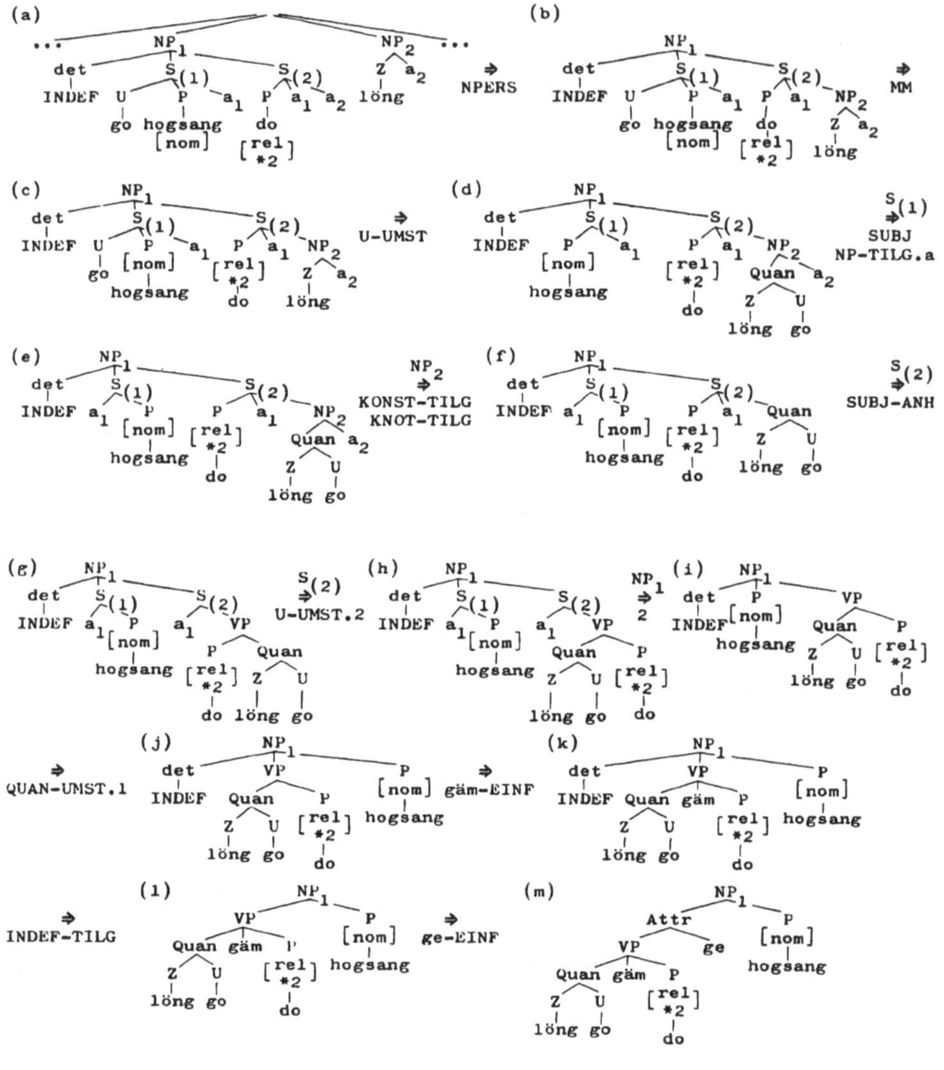

1. Man kann statt dieser Kette auch die üblichere Redeweise <u>löng go hogsang</u> verwenden.
2. Durch T-KONST-TILG und T-KNOT-TILG.

(2) x hӧi guo y[1]
gehen (Suffix) : x ist (wenigstens ein) mal in y gewesen

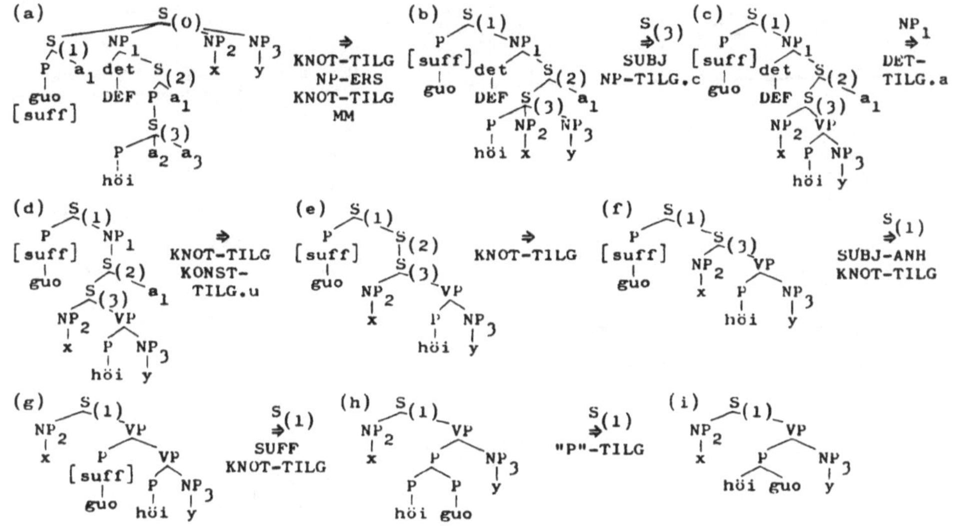

(3) y bei x mai jo löng yäd gäm noi
(Passivpartikel) kaufen (Perfektivsuffix) zwei Tag so lange
y ist schon vor zwei Tagen von x gekauft worden

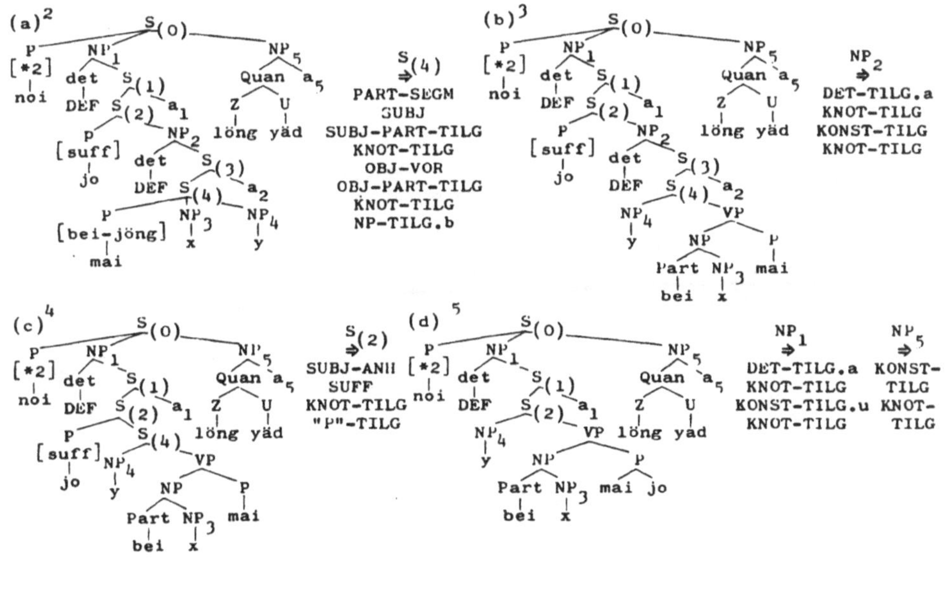

1. Guo bedeutet 'passiert schon (wenigstens ein) mal'. 2. (3a) ist das Ergebnis von T-NP-ERS, T-KNOT-TILG und T-MM; vgl. hierzu (2a)-(2b). 3. Vgl. (35a)-(35d). 4. Vgl. (2c)-(2f). 5. Vgl. (2f)-(2i).

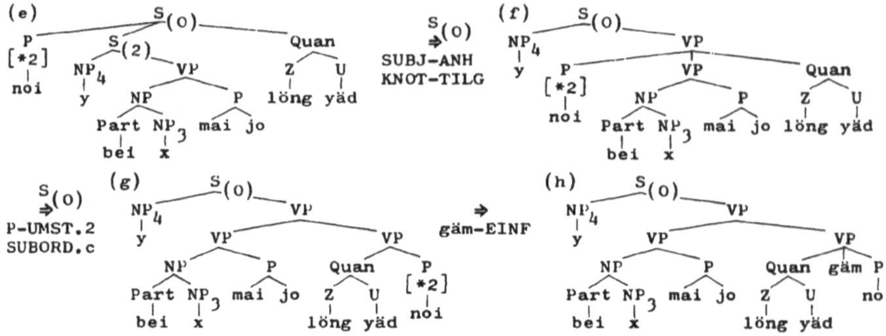

(4) x tung y dou bei z mai jo
und allesamt (Passivpart.) kaufen (Perfektivsuff.)
Sowohl x als auch y wurden von z gekauft

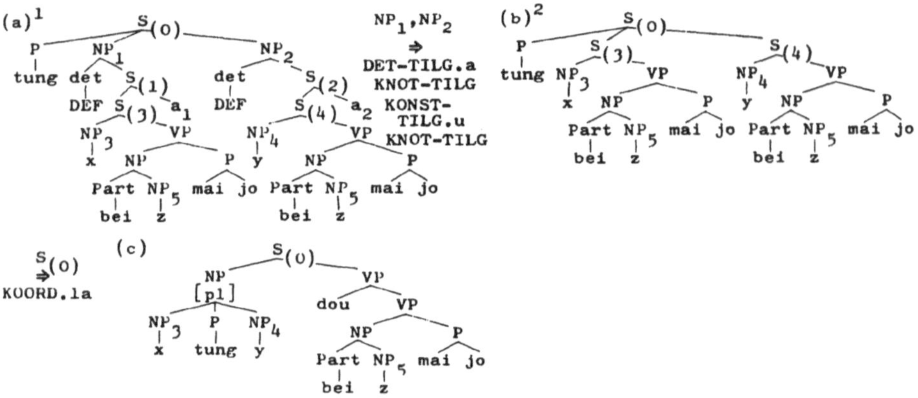

(5) x tung y dou söng jigei faddad
und allesamt möchten selbst zu Ruhm und Reichtum gelangen

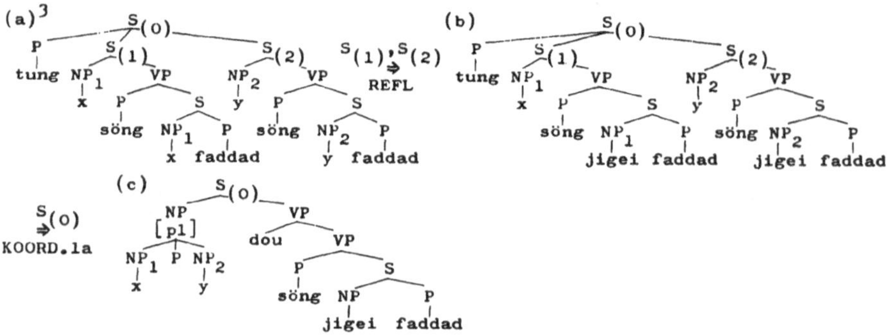

1. Zur Entstehung von $S_{(3)}$ und $S_{(4)}$ vgl. (3a)-(3d). 2. Vgl. (2c)-(2f). 3. Zur Entstehung von (5a) vgl. (4a)-(4b).

(6) x tung y yädyöng gäm gou
und gleich so hoch : x und y sind gleich hoch

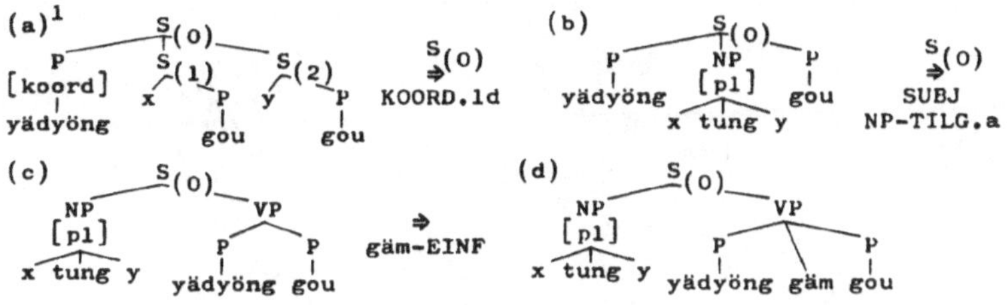

(7) x tung y yädyöng gäm jungyi z [2]
und gleich so mögen : x und y mögen z gleich viel

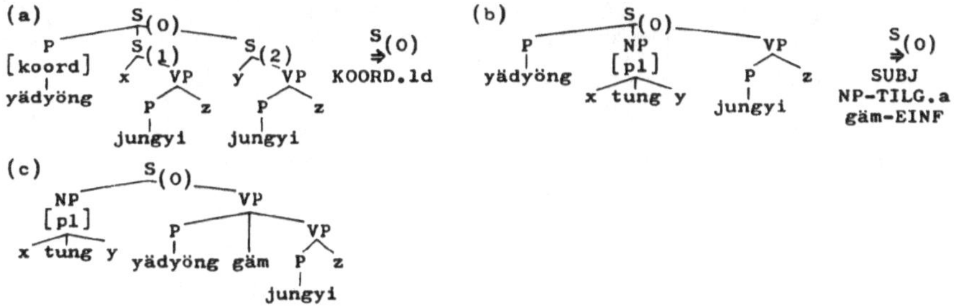

(8) y gäu x yäm
genügen trinken : y genügt x zum Trinken

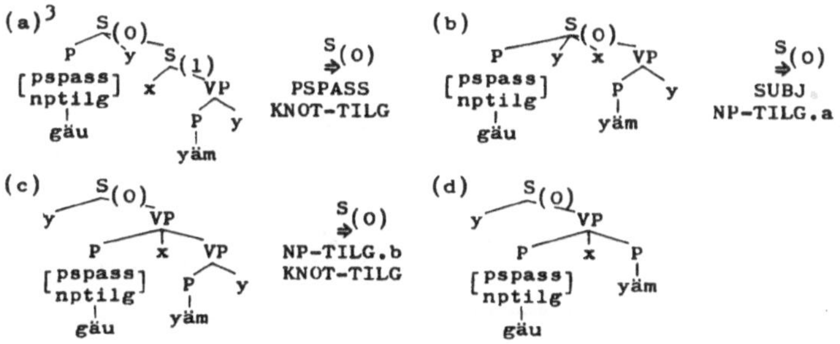

1 Vgl. (16a)-(16e) über die Vorgeschichte von $S_{(L)}$ und $S_{(2)}$. 2 Vgl.(6). 3 Zur Entstehung von $S_{(1)}$ vgl.(2a)-(2c).

(9) x däg guo[1] y döi köi yäudoi
bekommen (Suffix) (Nominalpart.) er/sie/es mit Vorzug behandeln
x hat schon (wenigstens ein-) mal Vorzugsbehandlung von y erhalten

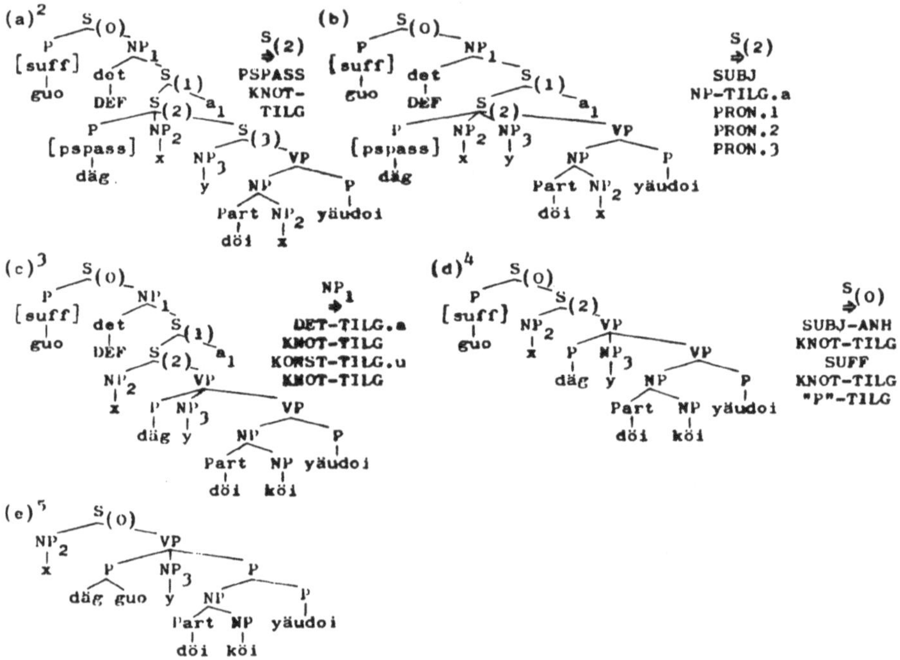

(10) x tung y gidfän
(Nominalpartikel) heiraten : x und y heiraten einander

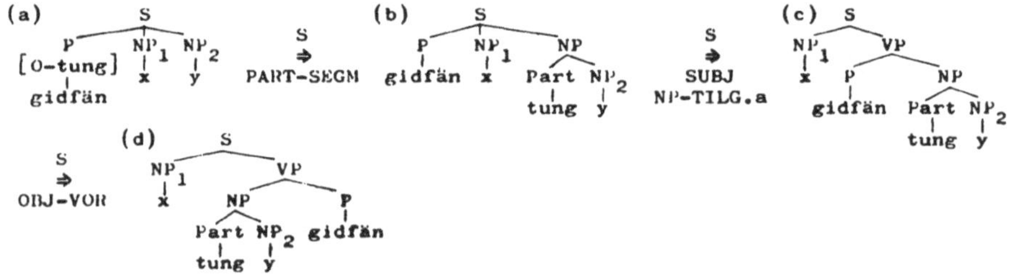

1 Guo bedeutet 'passiert schon (wenigstens ein-) mal. 2 Zur Vorgeschichte von S(3) vgl. die Entwicklung von NP1 in (2a)-(2f). Vgl.auch (51a)-(51c). 3 Zur Pronominalisierung vgl.(18c)-(18e). 4 Vgl.(2c)-(2f). 5 Vgl.(2f)-(2i).

(11) x tung y ge goudou yädyöng
(Nominalpart.) (Attributspart.) Höhe gleich
Die Höhen von x und y sind gleich

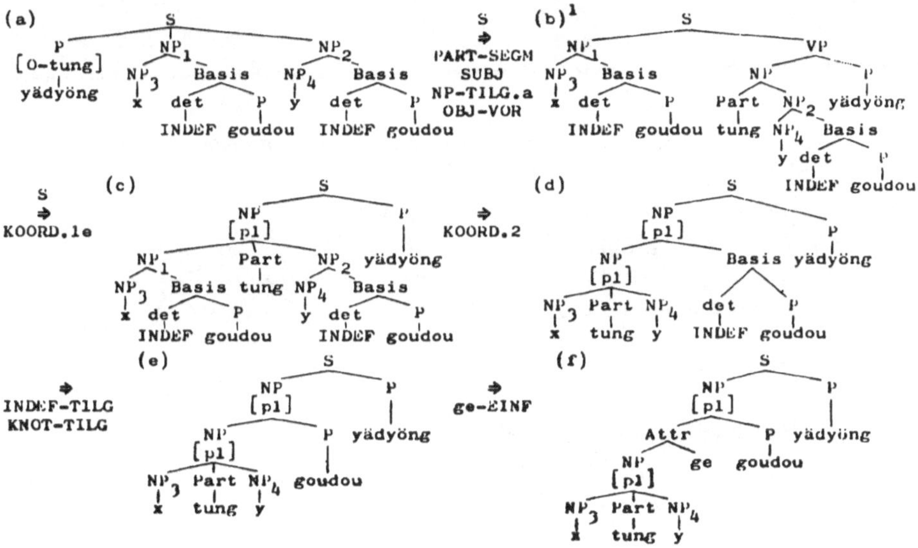

(12) x tung y wusöng bongmong yingäu z
und gegenseitig helfen erforschen
x und y helfen sich gegenseitig, z zu erforschen

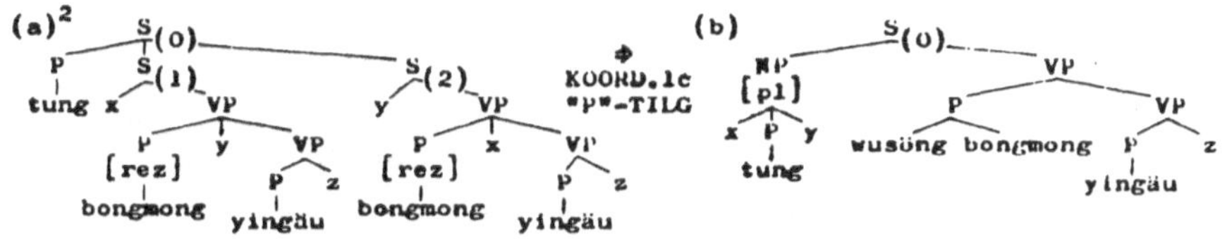

(13) x m yinggoi da y
nicht sollen schlagen : x soll y nicht schlagen

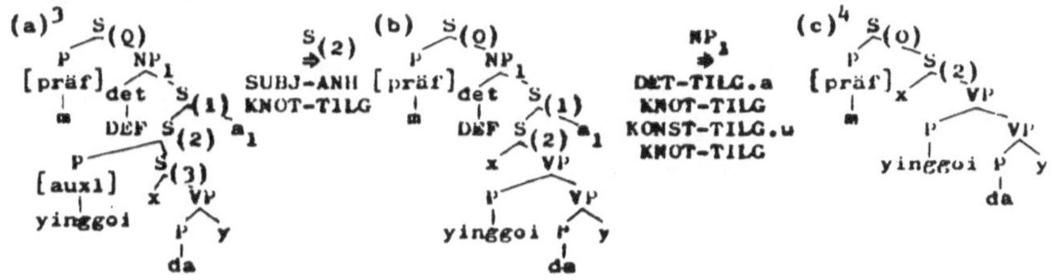

1 Vgl.(10a)-(10d). 2 Zur Entstehung von $S_{(1)}$ und $S_{(2)}$ vgl.(22a)-(22d) und (4a)-(4b). 3 Zur Vorgeschichte von $S_{(3)}$ vgl.(2a)-(2c). 4 Vgl.(2c)-(2f).

⇒
SUBJ-ANH
KNOT-TILG
PRÄF
"P"-TILG

(d)[1]

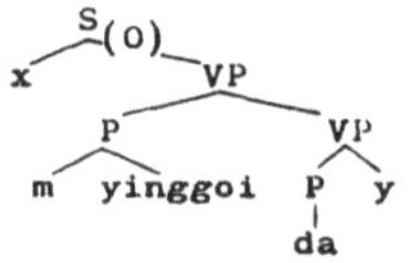

(14) x jäusün cidou , y dou m yinggoi da köi
obwohl sich verspäten trotzdem nicht sollen schlagen er/sie/es
Obwohl x sich verspätet hat, soll y ihn nicht schlagen

(a)[2]

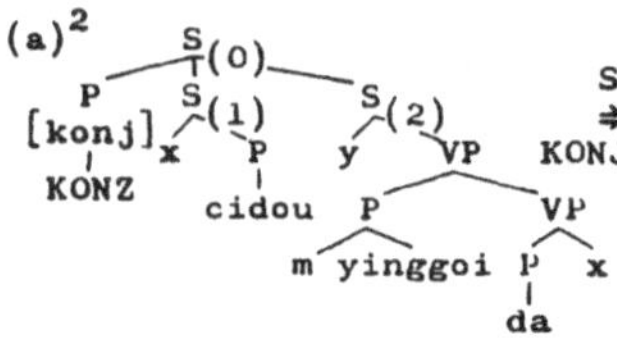

S(0) ⇒ KONJ.1

(b)

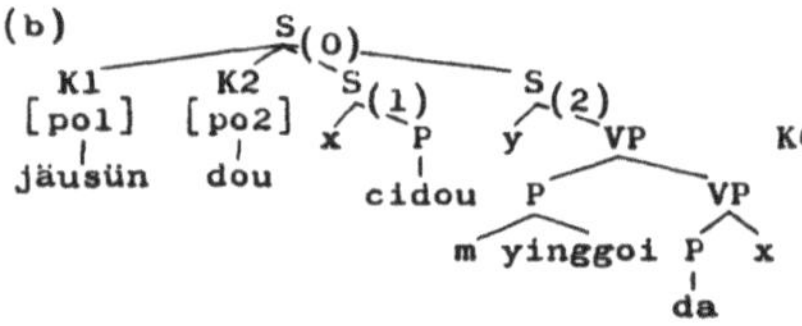

S(0) ⇒ KONJ.2

(c)

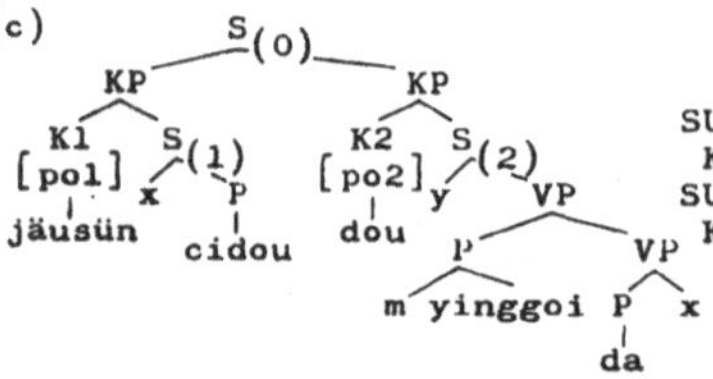

S(0)
⇒
SUBJ-ANH.k1
KNOT-TILG
SUBJ-ANH.k2
KNOT-TILG

(d)

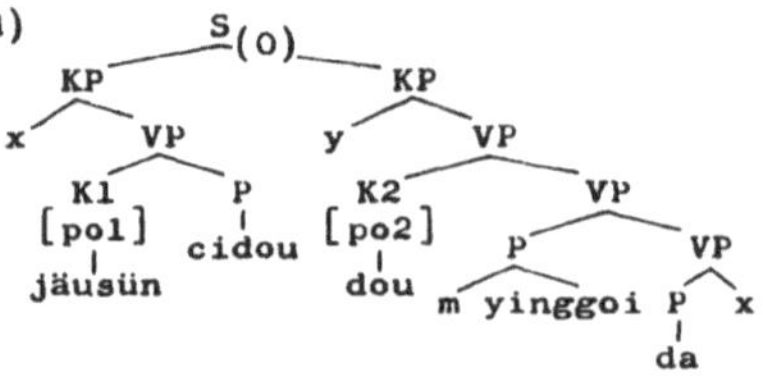

S(0)
⇒
PRON.1
PRON.2
PRON.3

(e)[3]

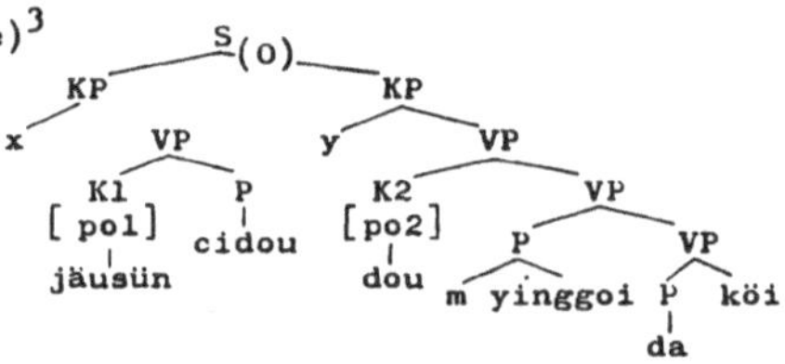

(15) x yäusi hang[4] ha[5] gai , yäusi höng y cöi[6] ha ngäu
manchmal zu Fuß gehen (Suffix) Straße (Nominalpart.) (Suff.)
Manchmal geht x auf der Straße bummeln, manchmal prahlt er vor y

(a)[7]

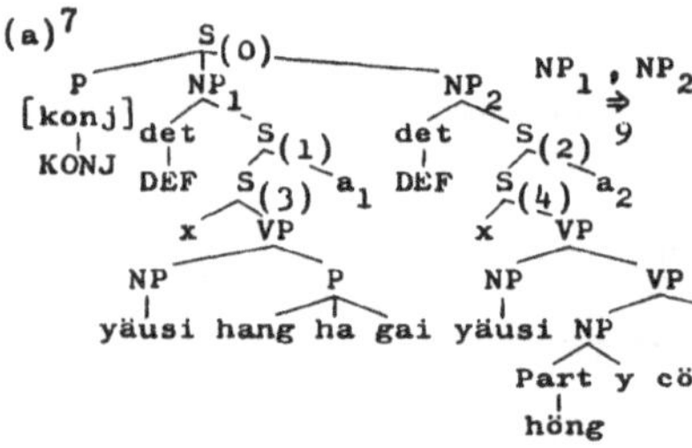

NP_1 , NP_2 ⇒ [9]

(b)[8]

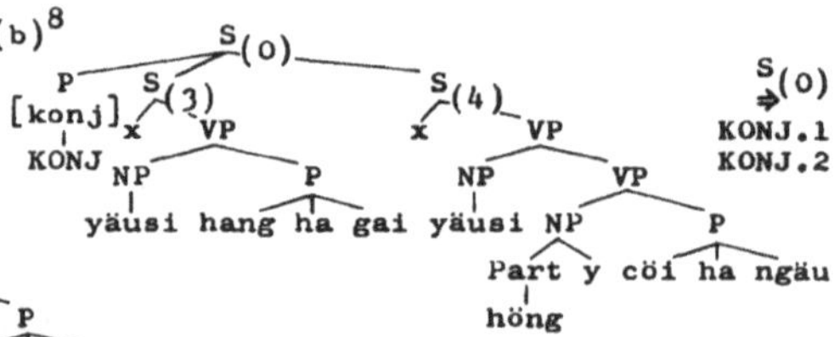

S(0)
⇒
KONJ.1
KONJ.2

1 Vgl.(16d)-(16f). 2 Zur Vorgeschichte von $S_{(1)}$ und $S_{(2)}$ vgl. (4a)-(4b) und (13). 3 Vgl.(23c)-(23e). 4 Hang gai bedeutet 'auf der Straße spazieren. 5 Ha bedeutet 'ein bißchen'. 6 Cöi ngäu bedeutet 'über verschiedene Dinge prahlen'. 7 Zur Vorgeschichte von $S_{(3)}$ vgl.(25). 8 Vgl.(2c)-(2f). 9 Durch T-DET-TILG.a, T-KNOT-TILG, T-KONST-TILG.u und T-KNOT-TILG.

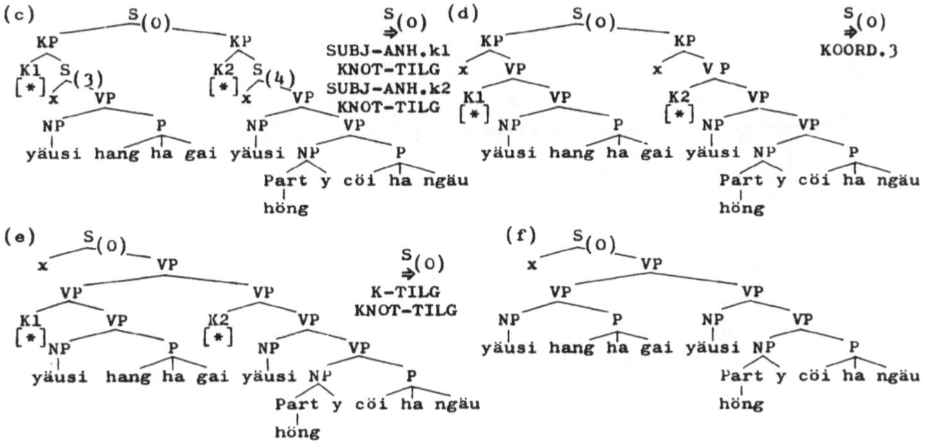

(16) x hou gou
sehr hoch

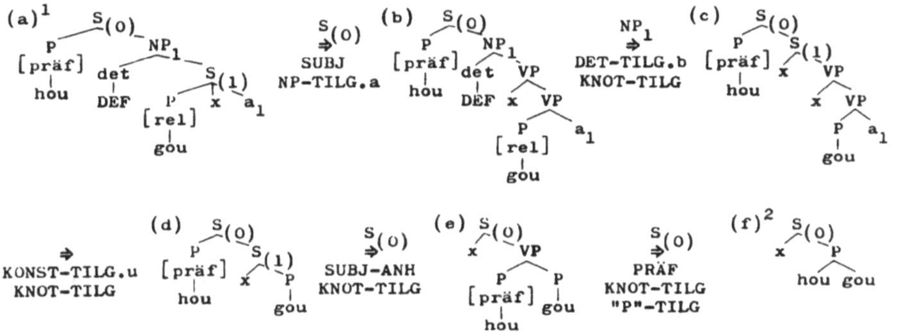

(17) x da y da dou hou gui
schlagen schlagen bis sehr müde : x schlägt y, bis er (x) sehr müde ist

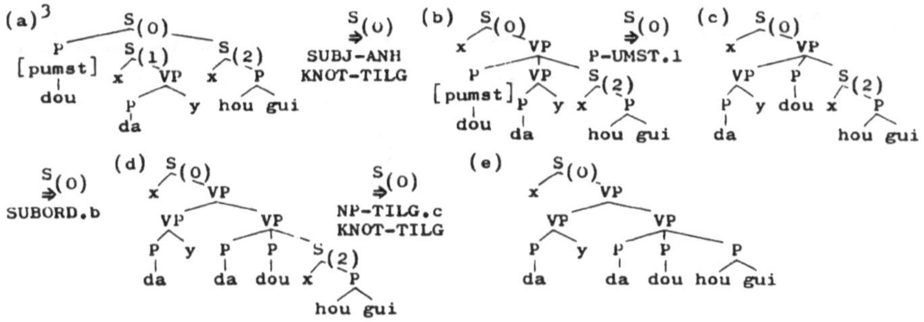

1 Zur Entstehung von (16a) vgl. (2a)-(2c). 2 Vgl. (2g)-(2i). 3 Zur Entstehung von $S_{(1)}$ und $S_{(2)}$ vgl. (2a)-(2c) und (16a)-(16f).

(18) x puifug y puifug joi köi sig z
bewundern in bezug auf er/sie/es kennen
x bewundert y in bezug auf seine Kenntnis von z

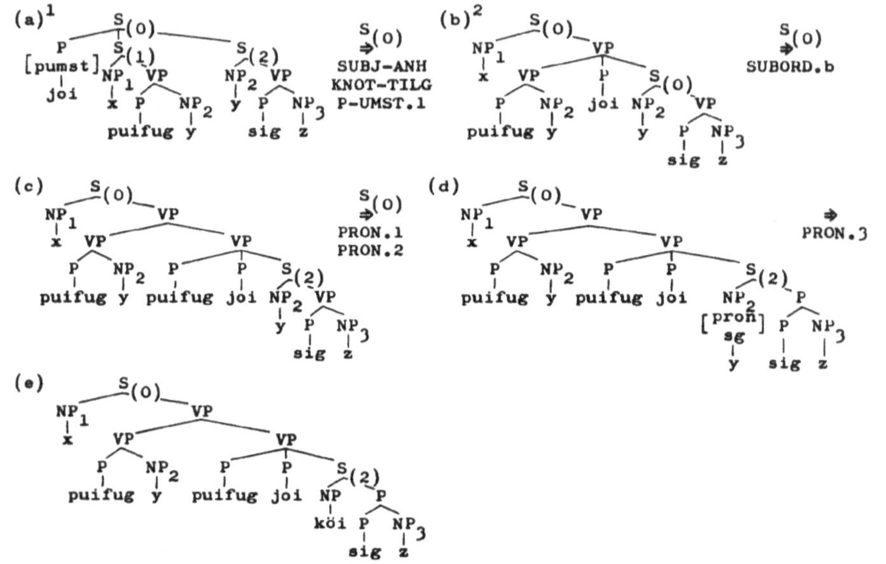

(19) x da m sei y
schlagen nicht tot : x hat y nicht totschlagen können

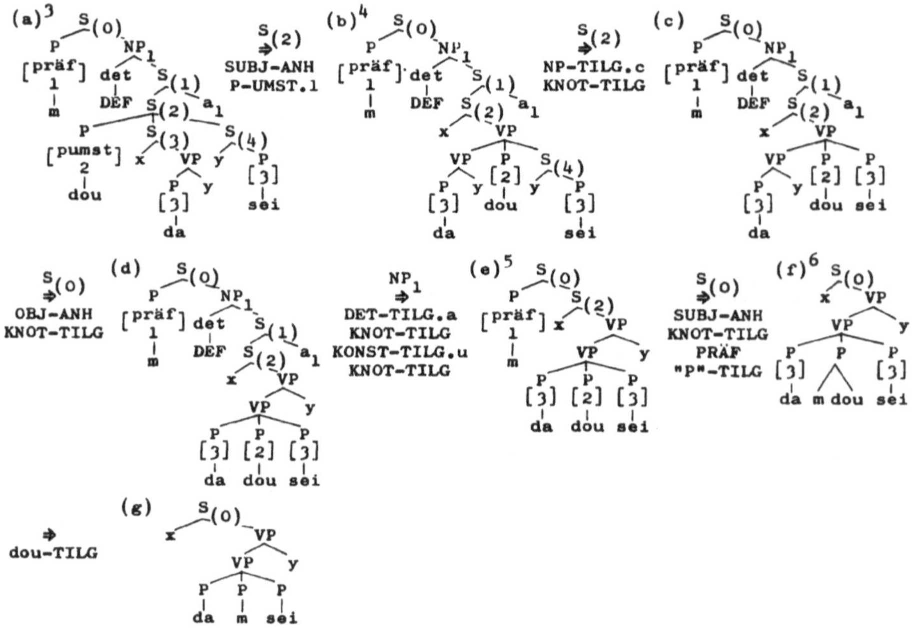

1 Zur Vorgeschichte von $S_{(1)}$ und $S_{(2)}$ vgl.(2a)-(2c). 2 Vgl.(17a)-(17c). 3 Vgl. (2a)-(2b). 4 Vgl.(17a)-(17c). 5 Vgl.(2c)-(2f). 6 Vgl.(2f)-(2i).

(20) x jögsou joi sig y
im Vorteil sein wegen kennen
x ist im Vorteil wegen seiner Kenntnis von y

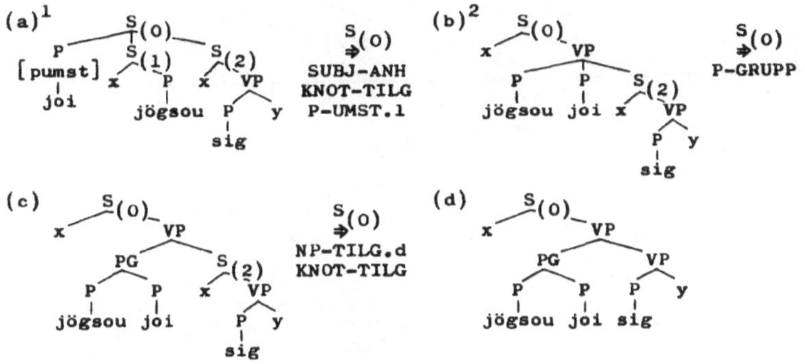

(21) x da dou y hou tung
schlagen sehr weh : x hat y durch Schlagen Schmerzen zugefügt

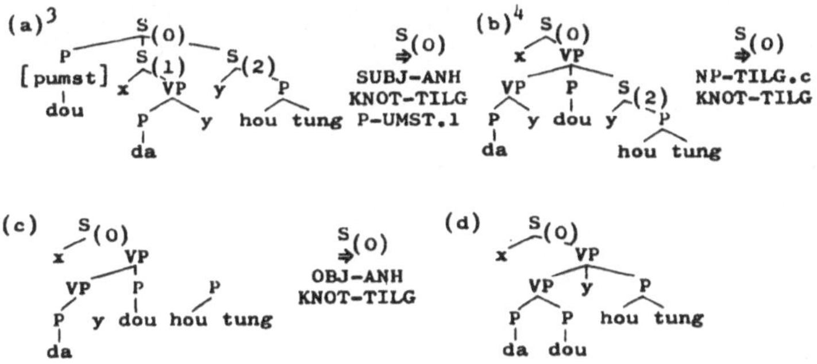

(22) x bong y gei süng
helfen Brief : x hilft y, einen (od.mehrere) Brief(e) abzusenden

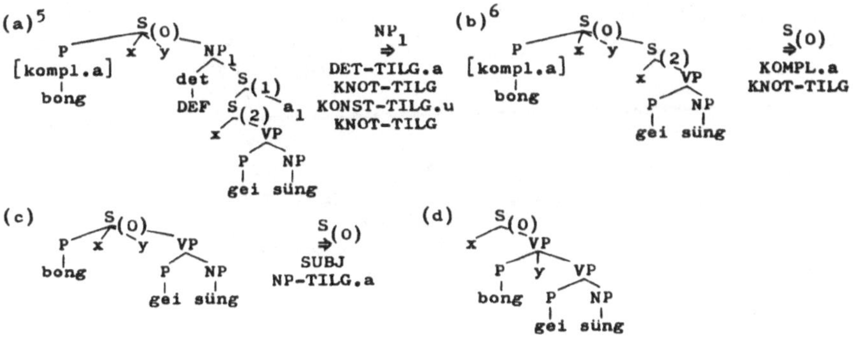

1 Zur Vorgeschichte von $S_{(1)}$ und $S_{(2)}$ vgl.(2a)-(2c). 2 Vgl.(17a)-(17c). 3 Zur Vorgeschichte von $S_{(1)}$ und $S_{(2)}$ vgl.(2a)-(2c) und (16a)-(16f). 4 Vgl.(17a)-(17c). 5 Zur Entstehung von (22a) vgl.(2a)-(2c). 6 Vgl.(2c)-(2f).

(23) y bei x big guo köi jisad
(Nominalpart.) zwingen (Suffix) er/sie/es Selstmord begehen
y wurde schon (wenigstens ein-) mal von x zum Selbstmord gezwungen

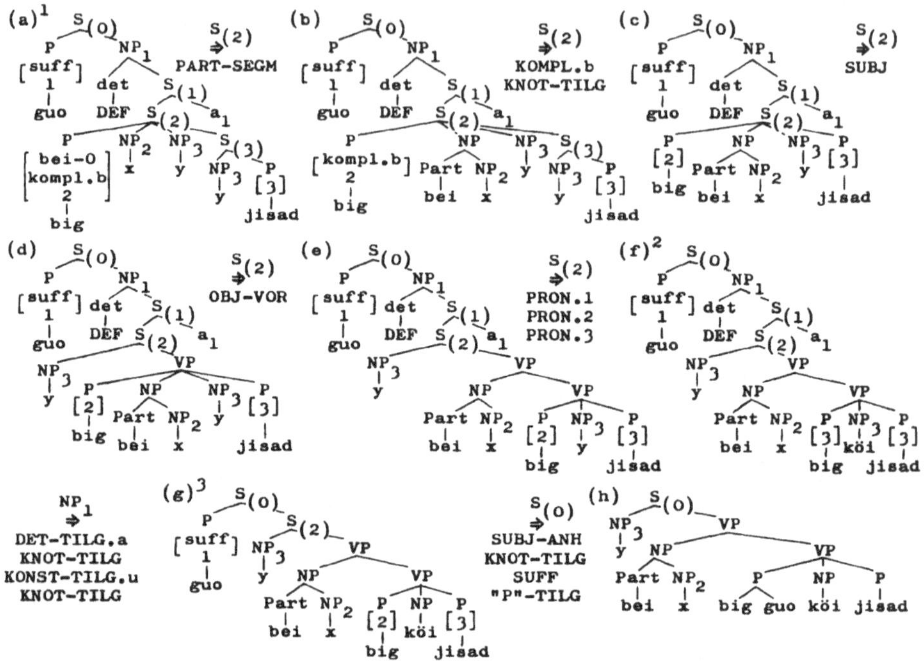

(24) x yäu höi Hönggong[4]
haben gehen Hongkong : x ist nach Hongkong gegangen

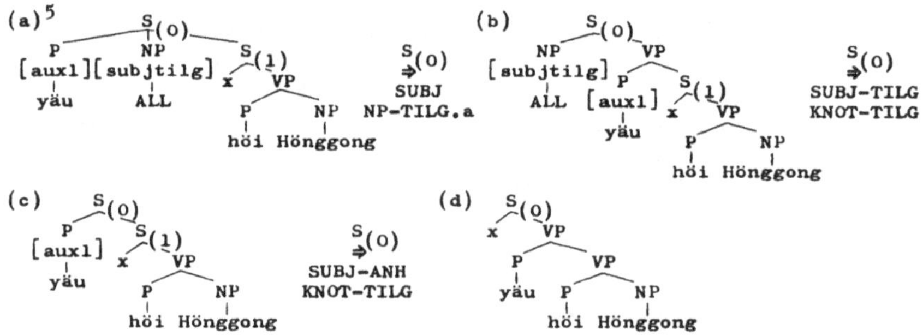

1 Zur Vorgeschichte von $S_{(3)}$ vgl.(2a)-(2c). <u>Guo</u> bedeutet 'passiert mindestens schon einmal'. 2 Vgl.(18c)-(18e). 3 Vgl.(2c)-(2f). 4 Siehe die Erläuterung zu T-SUBJ-TILG. 5 Zur Vorgeschichte von $S_{(1)}$ vgl.(2a)-(2f).

(25) x gämyäd m wui lei
heute nicht werden kommen : x wird heute nicht kommen

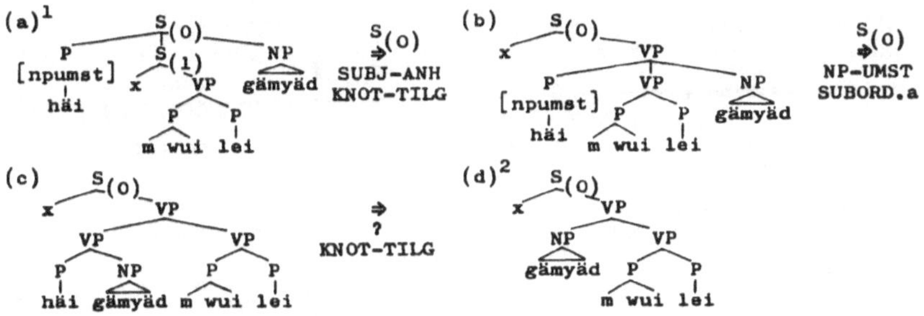

(26) x m wui gämyäd lei
nicht werden heute kommen : x kommt nicht heute

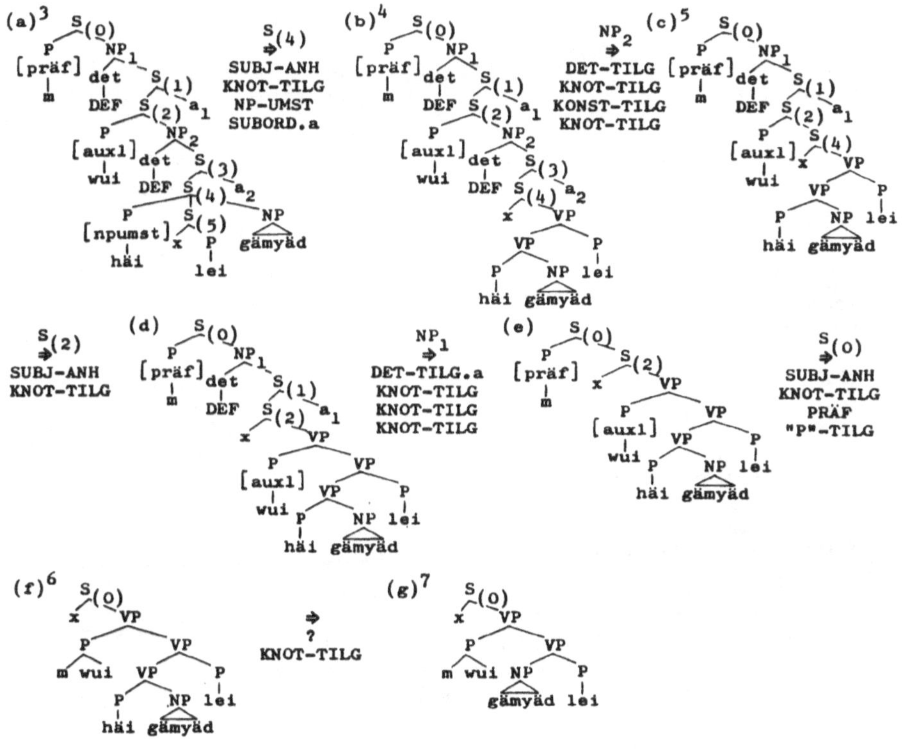

1 Zur Vorgeschichte von $S_{(1)}$ vgl.(13a)-(13d). 2 Siehe die Erläuterung zu T-NP-UMST. 3 Vgl. (2a)-(2b). 4 Vgl.(25a)-(25c). 5 Vgl.(2c)-(2f). 6 Vgl.(2f)-(2i)
7 Siehe die Erläuterung zu T-NP-UMST.

(27) x löng ceg cöng
zwei Meter lang

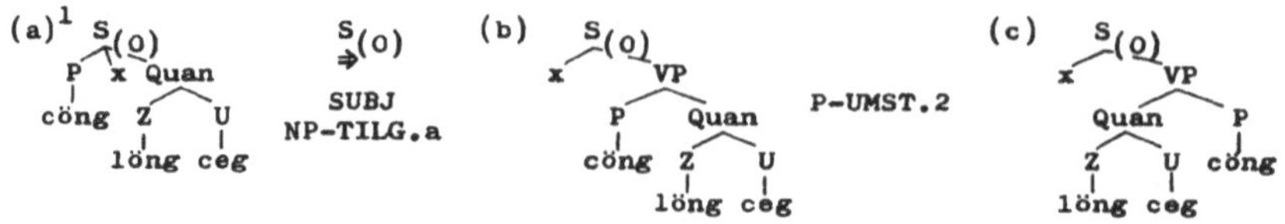

(28) x gou guo y löng ceg
hoch übertreffen zwei Meter : x ist zwei Meter höher als y

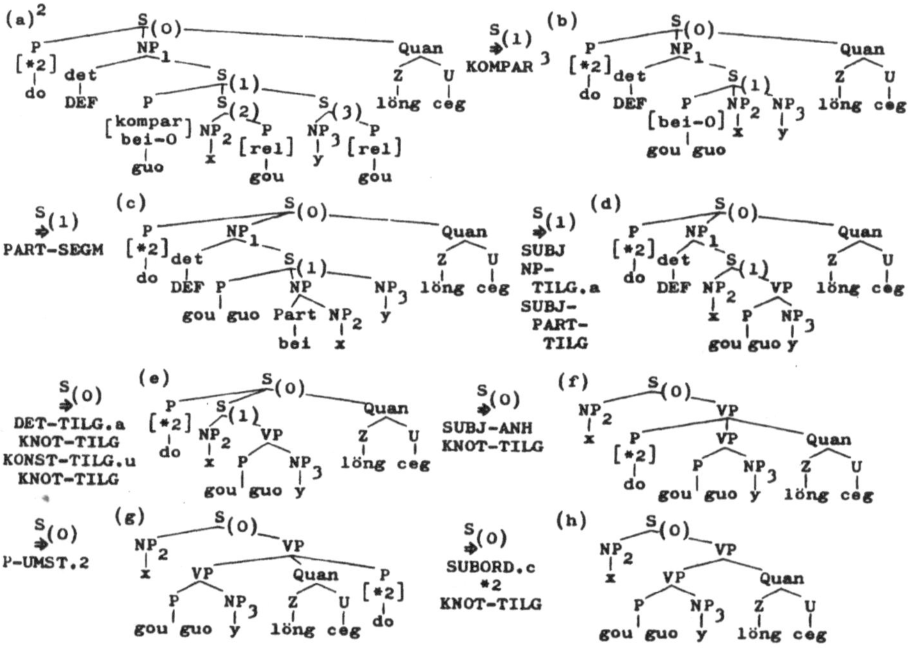

(29) x jungyi y jungyi guo z
mögen als : x mag y mehr als z

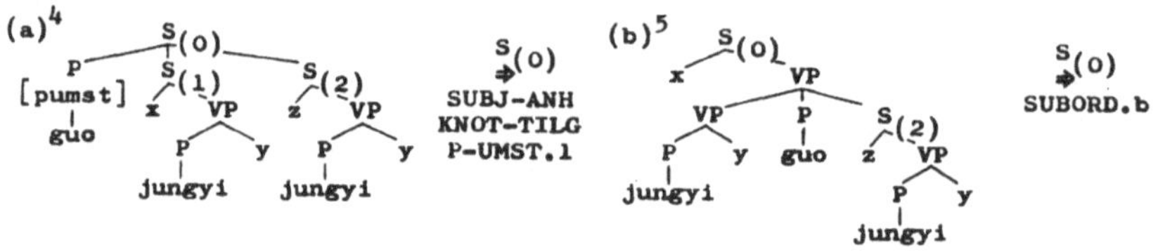

1 Zur Vorgeschichte von Quan vgl.(1a)-(1f). 2 Zur Vorgeschichte von $S_{(2)}$ und $S_{(3)}$ vgl.(16a)-(16e). 3 Diese Transformation, die durch das Merkmal [kompar] des Prädikats guo verursacht wird, wird in dieser Arbeit nicht behandelt. 4 Vgl. $S_{(1)}$ in (28a). 5 Vgl.(17a)-(17c).

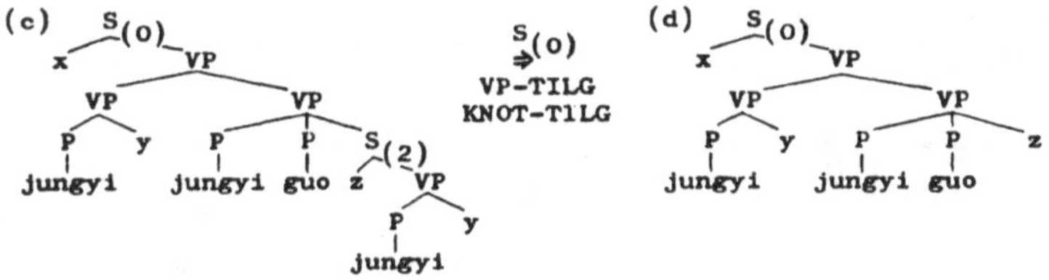

(30) x gäu y gäm jungyi z
ausreichen so mögen : x mag z genauso sehr wie y

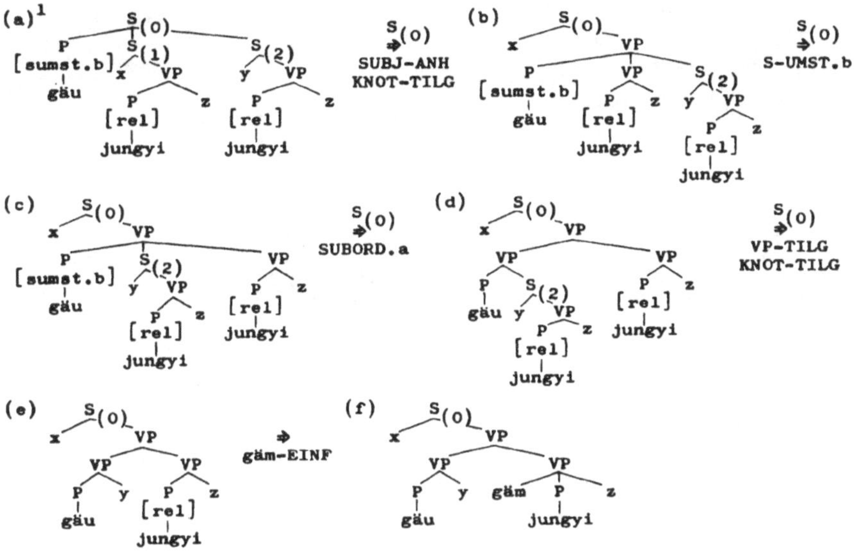

(31) x gäu lug ceg cöng
sechs Meter lang : x ist mindestens sechs Meter lang

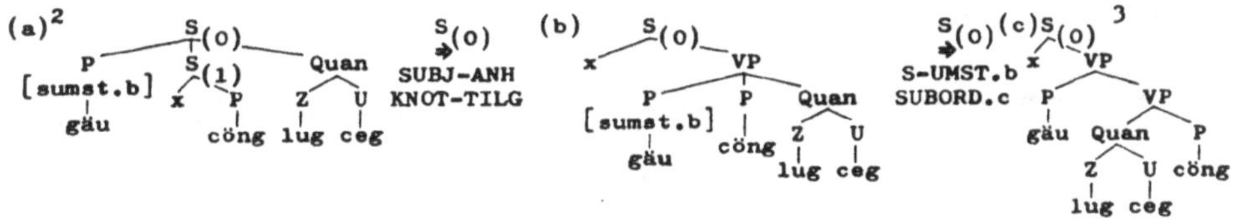

(32) x hou jungyi y
sehr mögen

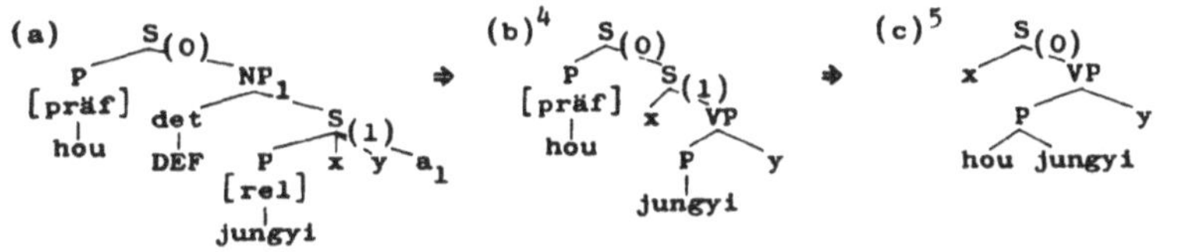

1 Zur Vorgeschichte von $S_{(1)}$ und $S_{(2)}$ vgl. die Entwicklung von NP_1 in (16a)-(16e).
2 Zur Vorgeschichte von $S_{(1)}$ vgl.(16c)-(16e); über Quan vgl.(3d)-(3e). 3 Vgl. (30b)-(30d). 4 Vgl.(16a)-(16d). 5 Vgl.(16d)-(16f).

(33) x cöng guo lug ceg
lang übertreffen sechs Meter : x ist länger als sechs Meter

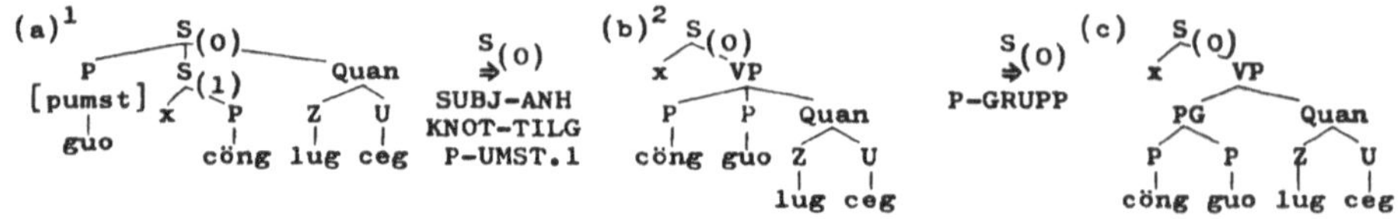

(34) x m gou
nicht hoch

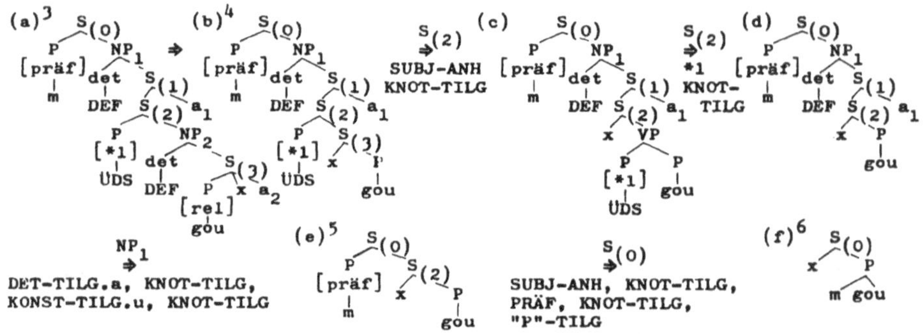

(35) y bei x jöng köi da
(Nominalpart.) (Nominalpart.) er/sie/es schlagen : y wird von x geschlagen

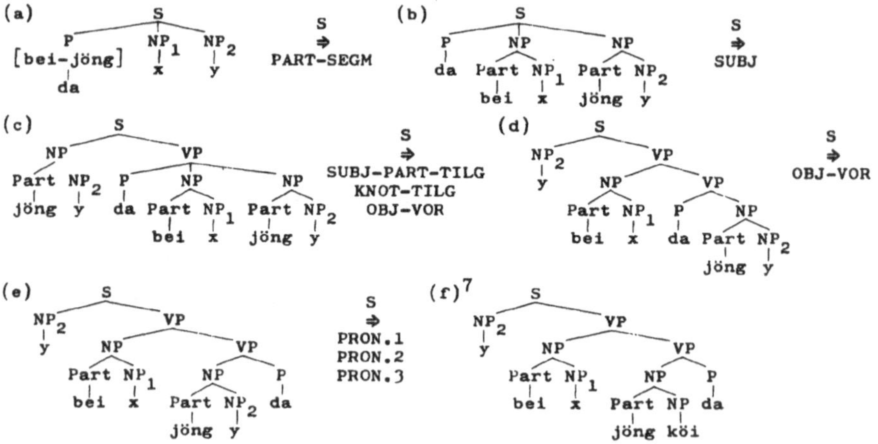

1 Zur Vorgeschichte von $S_{(1)}$ vgl.(16a)-(16d); über Quan vgl.(3d)-(3e). 2 Vgl. (17a)-(17c). 3 ÜDS wird wie 'überdurchschnittlich' gelesen. 4 Vgl.(16a)-(16d). 5 Vgl.(2c)-(2f). 6 Vgl.(16d)-(16f). 7 Zur Pronominalisierung vgl.(18c)-(18e).

(36) y bei x gou guo köi löng ceg gäm do
(Nominalpart.) hoch übertreffen er/sie/es zwei Meter so viel
x ist zwei Meter höher als y

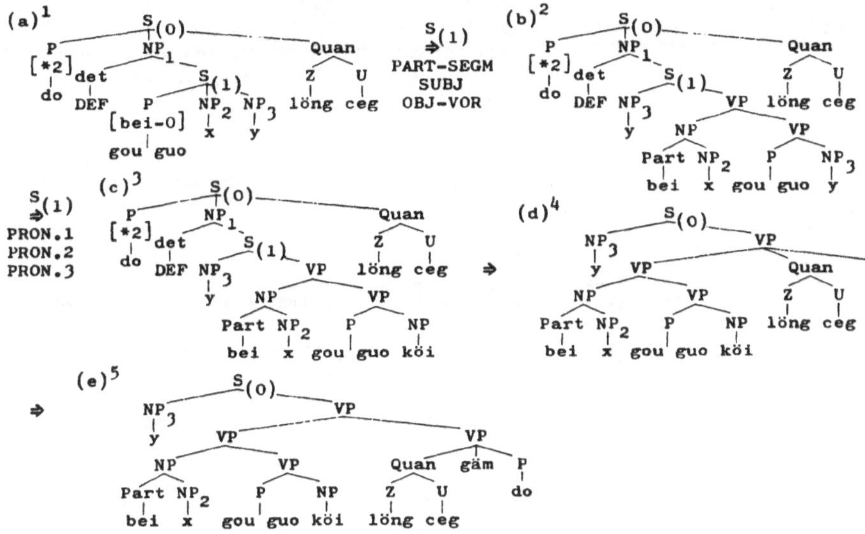

(37) x honäng gin guo y löng ci
möglich sehen (Suffix) zwei Mal : Möglicherweise hat x y zweimal gesehen

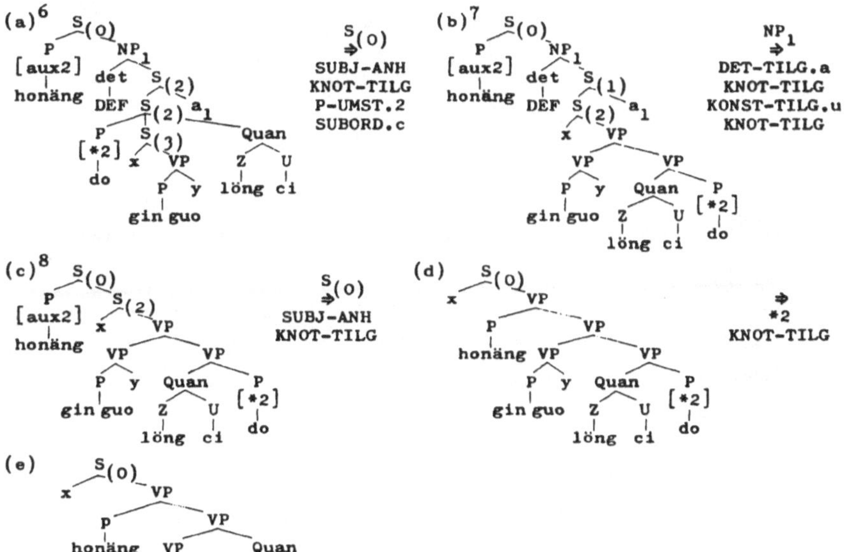

1 Zur Vorgeschichte von (36a) siehe (28a)-(28b). 2 Vgl.(35a)-(35d). 3 Vgl.(18c)-(18e). 4 Vgl.(28d)-(28g). 5 Vgl.(3f)-(3h). 6 Zur Vorgeschichte von $S_{(3)}$ vgl. (2a)-(2i). 7 Vgl.(28e)-(28g). 8 Vgl.(2c)-(2f).

(38) x fad hei sänging sönglei [1]
x fängt an, verrückt zu spielen

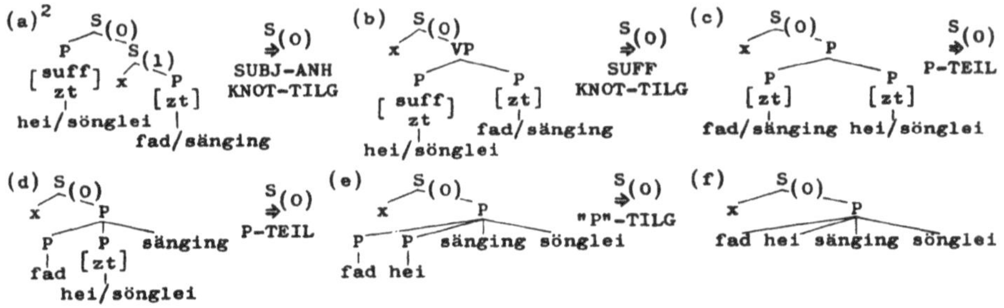

(39) x ba [3] jo löng yäd gäm noi gung
(Perfektivsuff.) zwei Tag so lang : x hat zwei Tage gestreikt

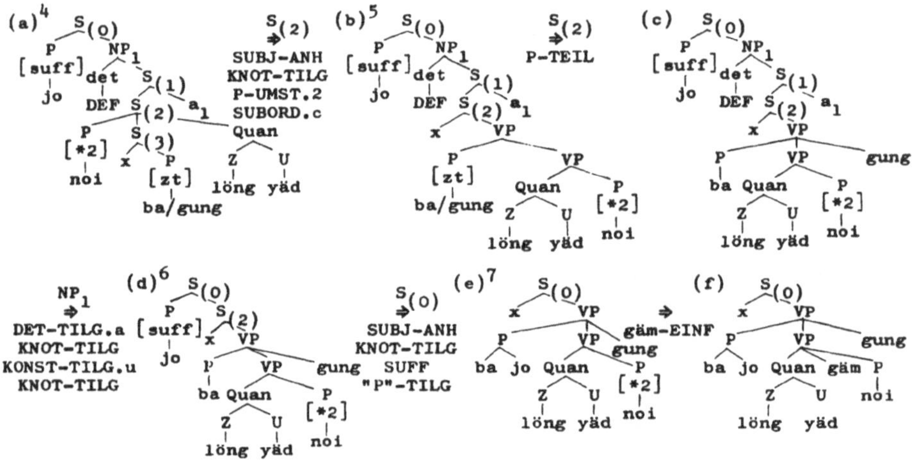

(40) dai ngangeng go wäi sinsang
tragen Brille jener (Zähleinheitswort) Herr : der Herr, der eine Brille trägt

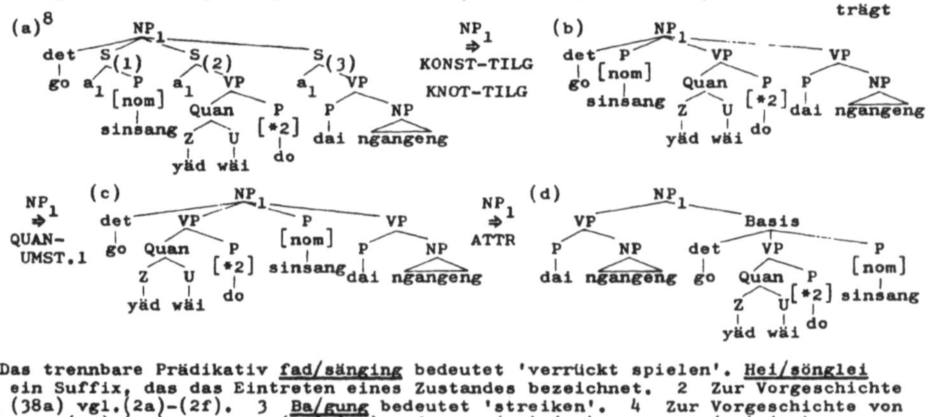

1 Das trennbare Prädikativ fad/sänging bedeutet 'verrückt spielen'. Hei/sönglei ist ein Suffix, das das Eintreten eines Zustandes bezeichnet. 2 Zur Vorgeschichte von (38a) vgl. (2a)-(2f). 3 Ba/gung bedeutet 'streiken'. 4 Zur Vorgeschichte von $S_{(3)}$ vgl. (2a)-(2c). 5 Vgl. (3e)-(3g). 6 Vgl. (2c)-(2f). 7 Vgl. (2f)-(2i). 8 Vgl. (1).

(e)

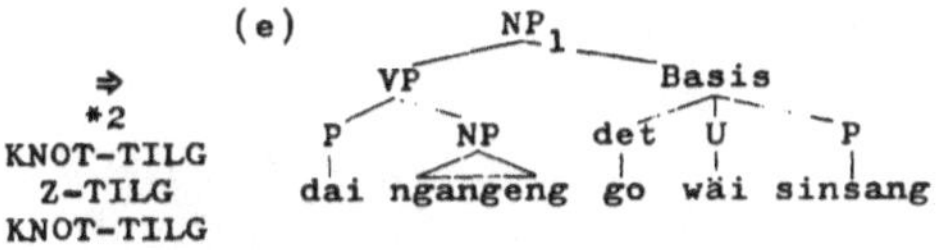

(41) x mäusad y go gin si
ermorden jener (Zähleinheitswort) Sachverhalt
der Sachverhalt, daß x y ermordete

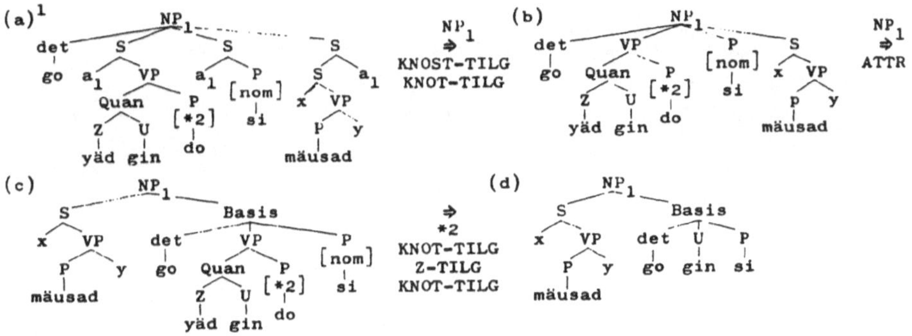

(42) x geng gäm [2] gong
sehr ängstlich sprechen : x spricht sehr ängstlich

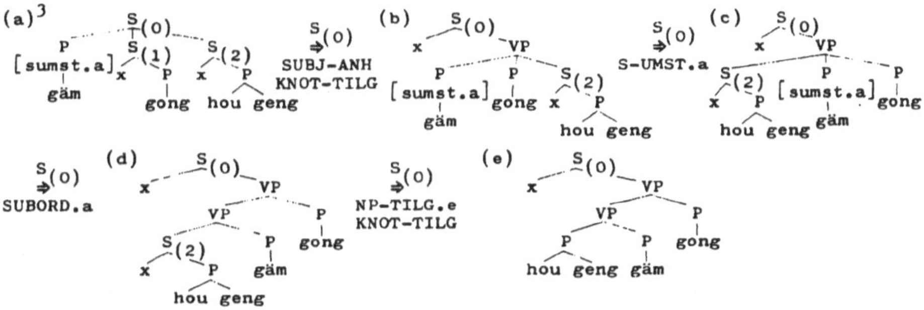

(43) x hang lou hang däg [4] hou fai
zu Fuß gehen Weg sehr schnell : x geht sehr schnell

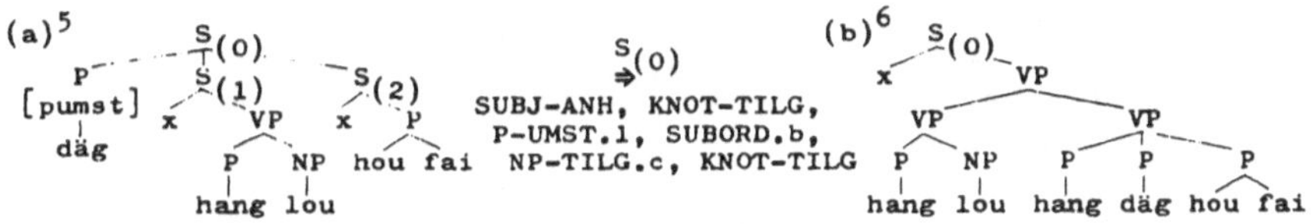

1 Vgl.(1). 2 Gäm, das den steigenden Ton hat, unterscheidet sich von der Komparierungspartikel gäm (siehe (3), (6), (7), (30), (36) und (39)). 3 Zur Vorgeschichte von $S_{(2)}$ vgl.(16a)-(16f). 4 Siehe T-S-UMST.a über den Unterschied zwischen däg und gäm. 5 Zur Vorgeschichte von $S_{(1)}$ und $S_{(2)}$ vgl.(2a)-(2c) und (16a)-(16f). 6 Vgl. (17a)-(17e).

(44) x daiseng gong
laut sprechen : x spricht laut

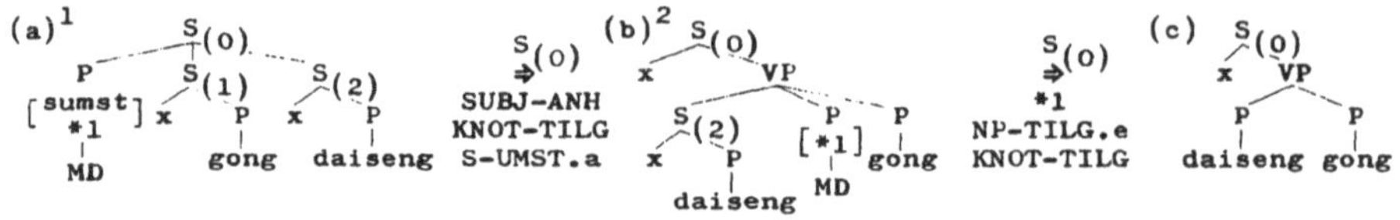

(45) x hang lou hou fai
zu Fuß gehen Weg sehr schnell : x kann sehr schnell gehen

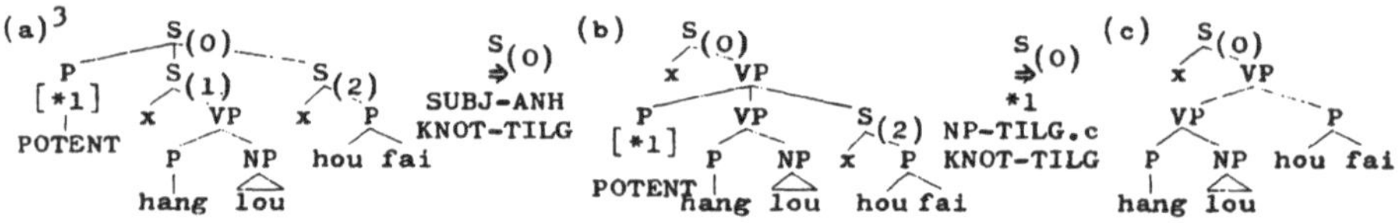

(46) x leng joi go söng ngan
schön jene Paar Auge : x ist schön in bezug auf seine Augen

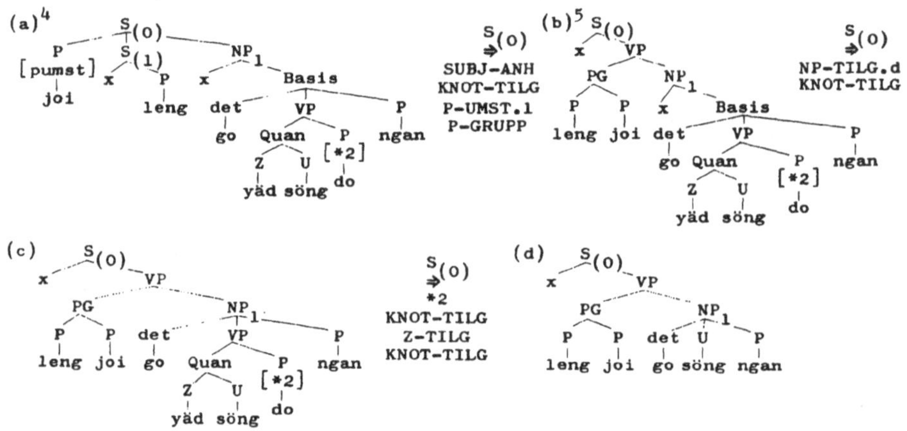

(47) x jungyi y jungyi joi köi ge singgag
mögen er/sie/es (Attributspart.) Charakter
x mag y in bezug auf seinen Charakter

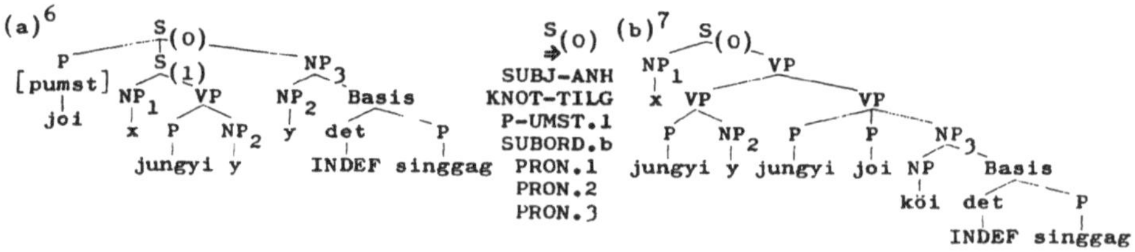

1 Zur Vorgeschichte von $S_{(1)}$ und $S_{(2)}$ vgl.(2a)-(2c); vgl.auch (42). 2 Vgl.(42a)-(42c). 3 Vgl.(43a). 4 Zur Vorgeschichte von $S_{(1)}$ vgl.(2a)-(2c). 5 Vgl.(20a)-(20c). 6 Zur Vorgeschichte von $S_{(1)}$ vgl.(2a)-(2c). 7 Vgl.(18a)-(18e).

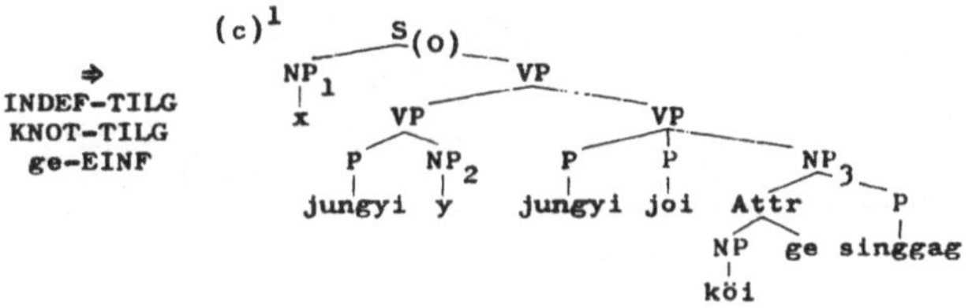

(48) x cöng gän
lang (Suffix des andauernden Aspekts) : x wird länger

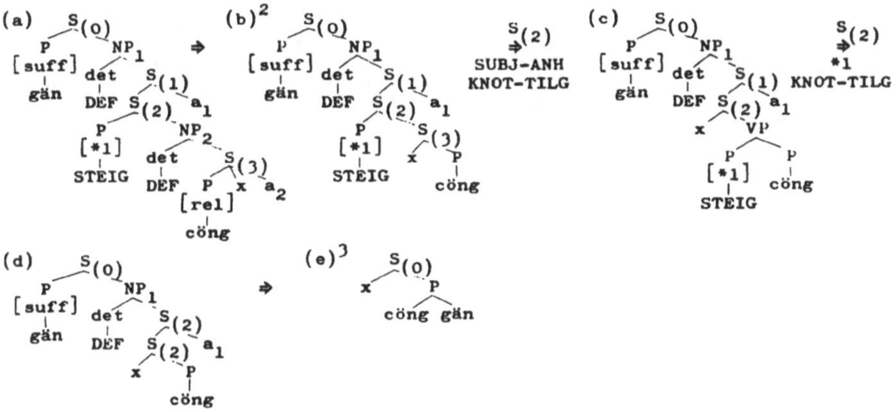

(49) x cöng jo löng ceg
lang (Perfektivsuff.) zwei Meter : x ist um zwei Meter länger geworden

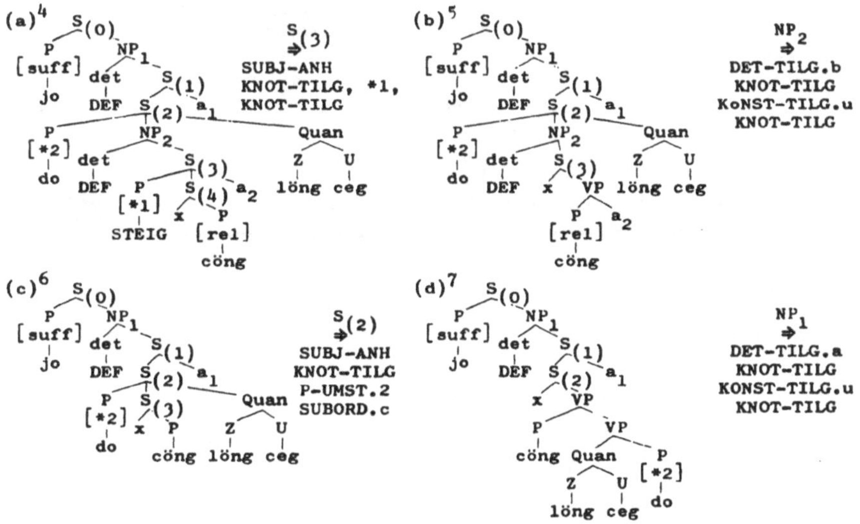

1 Vgl.(1j)-(1m). 2 Vgl.(16a)-(16d). 3 Vgl.(2c)-(2i). 4 Do bedeutet 'viel'. $S_{(2)}$ kann so paraphrasiert werden: "die Steigerung der Länge von x beträgt zwei Meter". Zur Vorgeschichte von $S_{(4)}$ vgl.(16a)-(16d). 5 Vgl.(48b)-(48d). 6 Vgl.(16b)-(16d). 7 Vgl. (28e)-(28g).

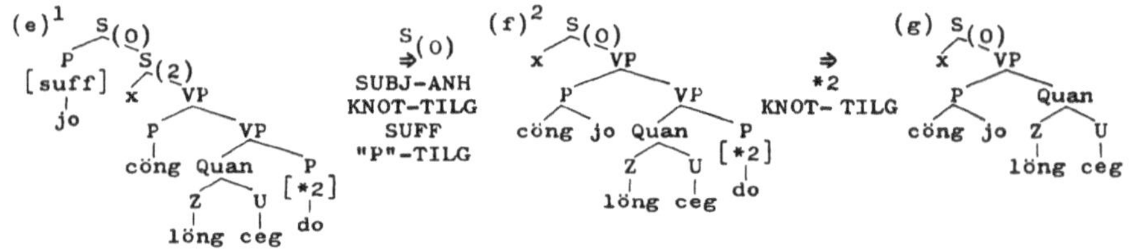

(50) höi guo y go lõng go hogsang
gehen (Suffix) jene zwei Stück Schüler
die zwei Schüler, die schon (mindestens ein) mal in y gewesen sind

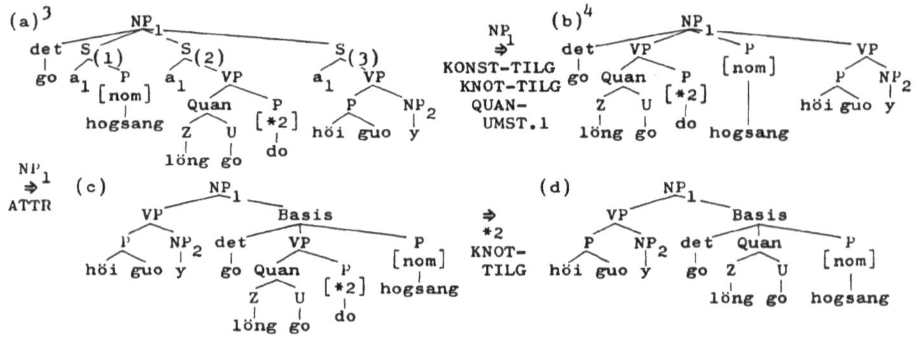

(51) x döi y ge keimong
(Nominalpart.) (Attributspart.) erwarten : x's Erwartung von y

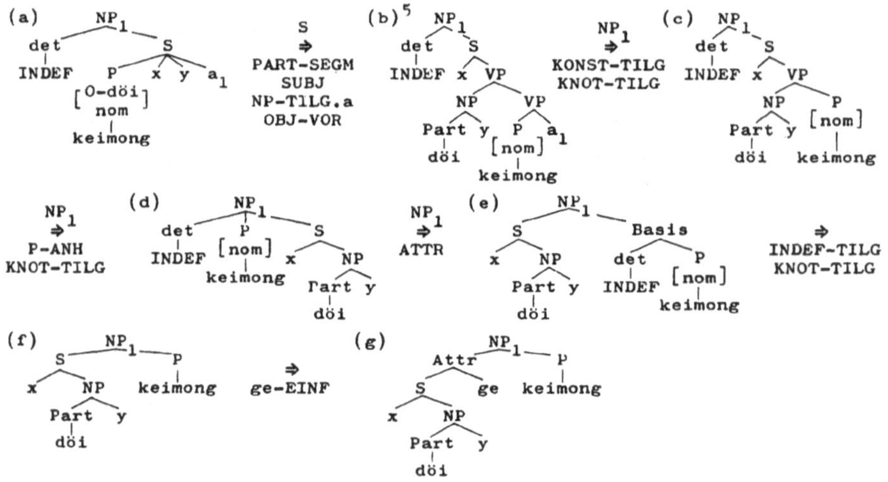

1 Vgl.(2c)-(2f). 2 Vgl.(2f)-(2i). 3 Vgl.(1a)-(1f) und (2a)-(2i). 4 Vgl.(1g)-(1i). 5 Vgl.(35a)-(35d).

(52) x tung y gauwun läimäd
(Nominalpart.) austauschen Geschenk
x und y tauschen gegenseitig Geschenke aus

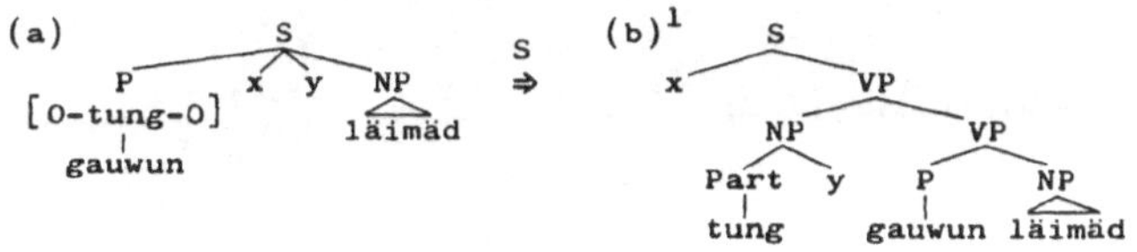

(53) w dai x tung dai y höi z
bringen und gehen nach : w bringt x und y nach z

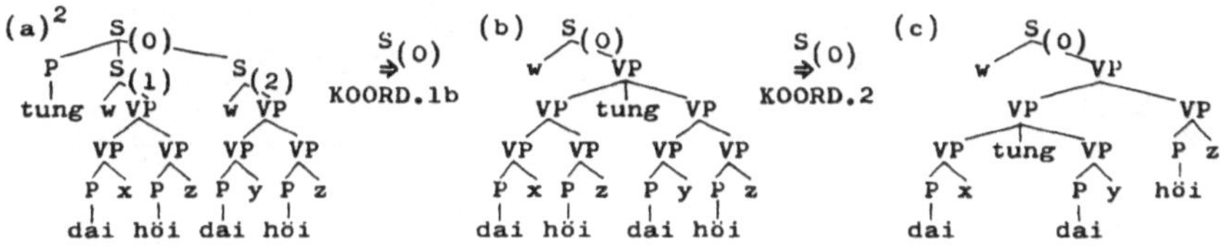

(54) w dai x tung y höi z
bringen und gehen nach : w bringt x und y nach z

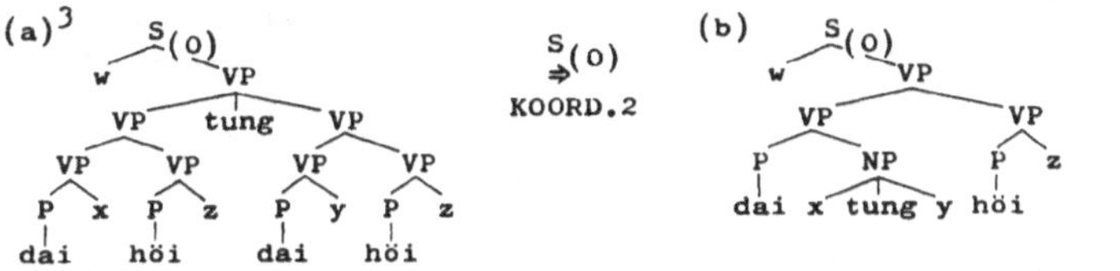

(55) x tung y se ge ji yädyöng gäm leng
und schreiben (Attributspart.) Schrift gleich so schön
Die Handschriften von x und von y sind gleich schön

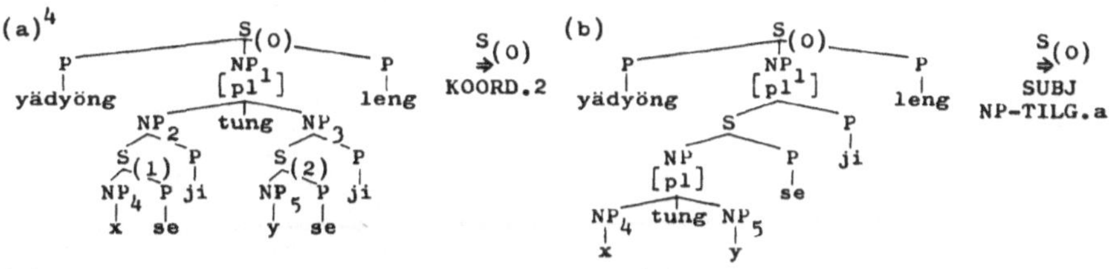

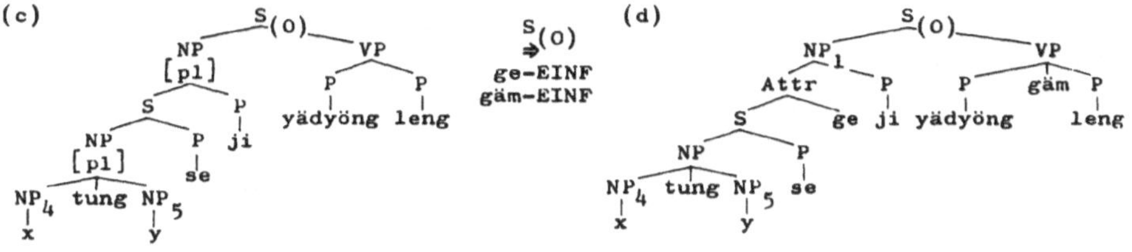

1 Vgl.(10a)-(10d). 2 Zur Entstehung von (53a) vgl.(4a)-(4b). 3 (54a) hat dieselbe Struktur wie (53b). 4 Zur Vorgeschichte von (55a) vgl.(6).

(56) x m söng jigei ngäg jigei
nicht möchten selbst betrügen
x möchte sich nicht selbst betrügen

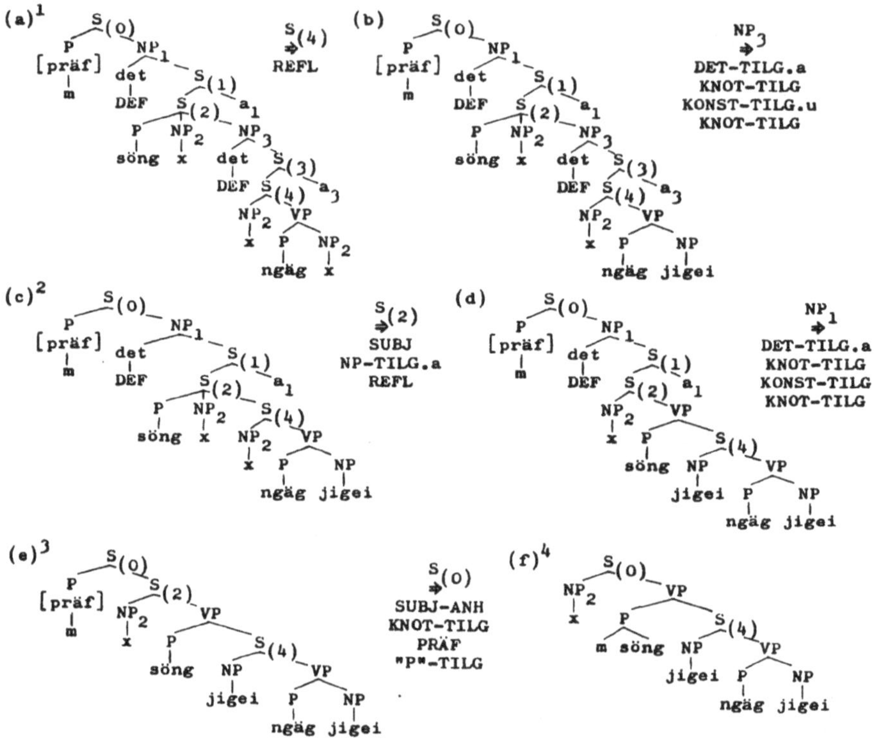

1 Zur Entstehung von (56a) vgl.(2a)-(2c). 2 Vgl.(2c)-(2f). 3 Vgl.(2c)-(2f).
4 Vgl.(2f)-(2i).

7 Ausblick

Ich möchte abschließend auf einige Punkte hinweisen, die in diesem Rahmen noch nicht hinreichend behandelt werden konnten.

Die Absicht dieser Arbeit ist die Konstruktion eines generativen Mechanismus mit entsprechenden Projektions- und Transformationsregeln. Ich habe am Anfang gehofft, wenigstens die wichtigeren Prädikatoren zu finden. Meine Ergebnisse sind aber leider noch nicht befriedigend, sodaß ich auf eine Aufstellung solcher Prädikatoren verzichten muß. Auch der Wunsch, ein Lexikon mit den wichtigsten kantonesischen Lexemen zu finden, ist wegen dieser fehlenden Voraussetzung noch nicht durchführbar. In 1.1.1.2.3 habe ich die funktionalen Prädikatoren erwähnt, die eine gewisse Ähnlichkeit mit den Kasusbegriffen haben; auch auf dieses Problem kann ich leider hier nicht eingehen. In 1.1.1.2.2 habe ich über Grundprädikatoren gesprochen. Es ist aber meine Ansicht, daß die Suche nach semantischen Primitiven nicht die Hauptaufgabe der Semantik ist. Viel nützlicher ist es, ein brauchbares Inventar von Prädikatoren (sowohl primitiven als auch abgeleiteten) zusammenzustellen, das zum Verfassen von Lexika verwendet werden kann.

In 3.0.2.f bin ich ganz kurz auf die Problematik Thema/Rhema eingegangen; ich habe sie jedoch nicht in diese Arbeit einbezogen. In dieser Hinsicht gibt es sicherlich vieles, was für die Tiefen- und Oberflächenstrukturanalyse von Bedeutung ist.

In Kap.3 und 4 habe ich versucht, Quantitätsangaben sowohl auf der semantischen Ebene als auch auf der syntaktischen Ebene zu repräsentieren. Für die Behandlung der Quantitätstypen sind genaue Kenntnisse der Einheitswörter und der K-Regeln notwendige Voraussetzung. Da diese Kenntnisse noch fehlen, ist die Lösung in Kap.3 und 4 nur tentativ.

In 3.0.1 habe ich von der Unangemessenheit der McCawleyschen Behandlung der Negation gesprochen. Leider komme ich nicht dazu, einen Vorschlag zu machen. Sicherlich ist es keine rein semantische oder rein syntaktische Angelegenheit.

Bei der Formulierung der Transformationsregeln des KT wird das Performativ nicht berücksichtigt. Ohne Zweifel hat es mit den Satzsuffixen eine sehr enge Beziehung; dabei spielen pragmatische Aspekte sicherlich eine große Rolle.

8 Exkurse

8.1 Graduierung

Die Graduierbarkeit von Wörtern wie <u>lang</u>, <u>groß</u>, <u>gesund</u> usw. (im Gegensatz zu den nicht graduierbaren Wörtern wie <u>tot</u>, <u>dreieckig</u> u.a.)[1] ist schon von vielen Linguisten diskutiert worden.[2] Ich will hier nicht die verschiedenen Ansichten referieren und diskutieren, sondern eine Methode zur Repräsentation von Sätzen mit graduierbaren Wörtern entwickeln. Aber auch dieses Vorhaben kann in diesem Rahmen nicht bewältigt werden; ich beschränke mich nur auf das Notwendigste, das man für das Verständnis von Kap.4 und Kap.6 unbedingt braucht. Auf Komparation, Superlativ, Intensität und andere interessante Probleme kann hier nicht eingegangen werden.

8.1.1 Die Skala

Es gibt graduierbare und nicht graduierbare Eigenschaften. Ein Gegenstand x, der eine bestimmte graduierbare Eigenschaft F hat, hat die F-Dimension (oder: Parameter). Wir können das so ausdrücken:

(Dim)xF   Lies: F ist eine Dimension von x

Der Gegenstand x hat einen Wert u in dieser Dimension; wir sagen dann:

(Wert)xFu   Lies: u ist der Wert von x in der Dimension F (oder: u ist der F-Wert von x)

Es gibt 'Längenwert', 'Höhenwert' usw. Wir können die Symbolisierung so vereinfachen,

(F)xu   Lies: u ist der F-Wert von x

die die folgende Definition hat:

(F)xu =df (Wert)xFu

Die Angabe des F-Wertes nenne ich "Graduierung"; sie kann mit Hilfe einer Skala (siehe (G1) am Ende dieses Abschnittes) veranschaulicht werden. Für jede Dimension F, ob sie sehr einfach

---

1 Weitere Beispiele siehe bei Motsch (1965:31-33).
2 Z.B. Sapir 1944, Leisi (1967:99-103), Lyons (1963:61-69), Lyons (1968:461-467), Bierwisch (1967:4-12), Bierwisch (1970: 43-46). Siehe auch Reichenbach (1947:315-316).

(z.B. Länge, Breite), oder aus anderen Dimensionen abgeleitet ist (z.B. Schnelligkeit, Dichte), gibt es eine F-Skala (z.B. die Höhenskala, die Schnelligkeitsskala). Eine Skala hat zwei Endpunkte, der eine ist der Null-Punkt, der andere ist der Unendlichkeitspunkt (kurz: ∞-Punkt). Jeder Gegenstand, der die F-Dimension hat, beansprucht einen Platz auf der F-Skala. Der F-Wert von x ist die Entfernung des x-Punktes von den Endpunkten auf der F-Skala. Da es zwei Endpunkte gibt, muß es auch zwei F-Werte von x geben. Der F-Wert, der vom Null-Punkt aus abgemessen wird, ist der 'positive F-Wert' von x (oder: der '+F-Wert' von x); der F-Wert, der vom ∞-Punkt aus abgemessen wird, ist der 'negative F-Wert' von x (oder : der '-F-Wert' von x). Was ich am Anfang dieses Abschnittes erwähnt habe, sind positive Werte. So muß "(Wert)xFu" in

(+Wert)xFu

abgeändert werden, und wir können natürlich

(-Wert)xFv

sagen, wobei v der negative Wert von x ist. Auch "(F)xu" ist in

(+F)xu

abzuändern; für den negativen F-Wert haben wir:

(-F)xv

Nach D31 in 1.3 können u und v so symbolisiert werden:

$II_{(+F)x'}$ Lies: das zweite Argument von (+F)xu

$II_{(-F)x'}$ Lies: das zweite Argument von (-F)xu

Für die Quantitäten u und v gilt die Regel:

Für alle x, wenn x eine Dimension F hat, muß der +F-Wert von x größer als Null sein.[1]

Wir können das Gesprochene mit (G1) veranschaulichen:

(G1)

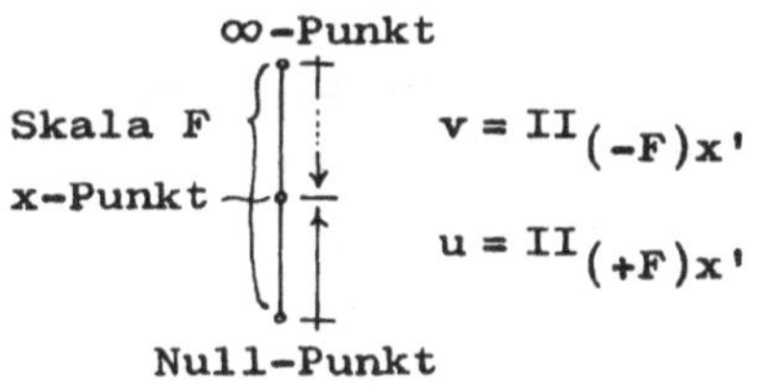

---

1 Diese Regel kann auch so symbolisiert werden:

$$(\forall x)(\exists y)\ (Dim)xy \supset (>)III_{(+Wert)xy'}{}^{0}$$

Über "(>)" wird noch in 8.2.3 gesprochen.

8.1.2 Quantitätstypen

Bei "(Wert)xFz" setzen wir voraus, daß z ein Quantum ist. Wir sagen, das Quantum z sei der Wert von x in der Dimension F. Ein Quantum kann implizit oder explizit sein. Wenn es explizit ist, wird es mit Hilfe einer Maßeinheit angegeben; z.B. 2 Meter, 30°C usw. Auch eine Zahl ist ein Quantum, in diesem Fall ist sogar keine Maßeinheit notwendig. Quanten können verglichen werden. Wir brauchen den Grundprädikator "(>)", um die Superioritätsbeziehung zweier Gegenstände auszudrücken:

(>)xy : x ist größer als y

dabei ist es notwendig, daß

(i) sowohl x als auch y Quanten sind, also (Quan)x.(Quan)y,

(ii) x und y zu demselben Quantitätstyp gehören.

Hier ist eine kurze Erläuterung über die Quantitätstypen notwendig.[1] Zuerst einige Beispiele: Dimensionen, deren Werte zu verschiedenen Quantitätstypen gehören, sind:

Länge, Fläche, Volumen, Zeit, Alter, Geschwindigkeit, Frequenz, Gewicht, Gewicht, Druck, Intelligenz, Güte usw.

Dies kann durch (G2) dargestellt werden:

(G2)

in Regeln:

(Q-Länge) ≻≺ ... ≻≺ (Q-Zeit) ≻≺ ... ⊂ (Quan)

Dimensionen, deren Werte zum gleichen Typ gehören, sind:

Länge, Breite, Höhe, Tiefe usw.

Für viele Typen gibt es spezielle graduierbare Wörter, z.B.

für die Länge: lang, kurz, hoch, tief, weit usw.

Gewicht: schwer, leicht

Temperatur: heiß, kalt, warm, kühl

Intelligenz: intelligent, dumm usw.

Für einige Typen gibt es aber keine, z.B. Gedächtnis (man kann nur sagen, das Gedächtnis von jemandem sei gut oder schlecht), Sehvermögen (man sagt, das Sehvermögen von jemandem sei gut oder schlecht) usw.

In den Definitionen graduierbarer Prädikatoren müssen die

---

1 Vgl. auch 1.5.1.8.

Quantitätstypen als Präsupposition angegeben werden, z.B.

(+breit)xy =df <(Q-Länge)y ...> ...

(+heiß)xy =df <(Q-Temperatur)y ...> ...

Manche Quantitätstypen haben besondere Maßeinheiten. Manchmal gibt es sogar alternative Maßsysteme für denselben Quantitätstyp; z.B. Meter : Zoll; °C : °F. Ein Test für die Typengleichheit ist die Verträglichkeit zweier Quanten in der '>'-Relation. Aber sobald wir die Hierarchie der Quantitätstypen festgelegt haben, müssen die zwei Argumenten x und y, die in "(>)xy" auftreten, zu demselben Typ gehören. Die Selektionsbestimmung kann so symbolisiert werden:

$$(\forall F)\ (F) \subset (\text{Quan}).(F)x \supset (F)y$$

(Lies: Wenn x zu einem Quantitätstyp gehört, muß y auch zu diesem Typ gehören). Die vollständige Präsupposition für "(>)xy" lautet also:

$$\langle(\text{Quan})x.(\text{Quan})y\ .\ (\forall F)(F) \subset (\text{Quan})\ .\ (F)x \supset (F)y\rangle$$

Da die Länge und die Breite zu demselben Quantitätstyp gehören, ist der Satz

Die Breite von a_1 ist größer als die Länge von a_2

mit der Repräsentation

$$(>)^{II}(+\text{breit})a_1,{}^{II}(+\text{lang})a_2,$$

möglich. Wir stellen fest, daß bei einer Komparation Werte verschiedener Dimensionen teilnehmen können, solange sie zu demselben Quantitätstyp gehören. Dagegen sind die folgenden Sätze unmöglich:

* Diese Straße ist länger als unser Gespräch
* Die Länge dieser Straße ist größer als die Länge unseres Gesprächs

Auf dieselbe Weise kann man die verschiedenen Bedeutungen von *hoch* (Tonfrequenz, Lage, soziale Stellung, Preis usw.), *stark* (Druck, Kontrast, Lautstärke, Willenskraft, Spielvermögen usw.) usw. feststellen. Wir haben hier eine bequeme Methode zur Entdeckung der Polysemie.

8.1.3 Maßangabe

Auf einer Graduierungskala F kann man nicht nur Vergleiche zwischen den F-Werten verschiedener Gegenstände anstellen, sondern auch die genauen Größen der Werte angeben; mit anderen Worten, man kann Vergleiche zwischen dem F-Wert eines Gegenstandes und einer explizite Maßangabe (z.B. 2 Meter, 3 Pfund) machen. Die Maßangaben 2 Meter, 4,5 Pfund usw. können mit Hilfe von "Q" ausgedrückt werden:

$Q_{2\text{"Meter}}$, $Q_{4,5\text{"Pfund}}$

Wir haben noch einen Prädikator, der auch bei Komparationen verwendet werden, nämlich "(=)". Dieser Prädikator ist aus "( )" abgeleitet:

(=)xy =df ($\bar{>}$)xy . ($\bar{>}$)yx

Nun kann der Satz

a_1 ist 2 Meter 50 hoch

(oder: Die Höhe von a_1 beträgt 2,5 Meter)

durch

$(=)^{II}(+\text{hoch})a_1, Q_{2\text{"Meter}+50\text{"cm}}$

repräsentiert werden.

8.2 Mengenangabe

Zur Angabe der Menge von Gegenständen können wir analog zu den graduierbaren Prädikatoren "(+hoch)", "(+lang)" usw. den Prädikator "(+viel)" annehmen.[1] Man könnte dann (1) durch (2) repräsentieren:[2]

(1) a_1 ist 3 Männer

(2) $(+\text{viel})a_1 Q_{3\text{"Stück}}$. $(\text{Mann})a_1$

In 0.4.6.1 habe ich gezeigt, daß eine Quantitätsangabe ohne die Angabe der Klassenzugehörigkeit sinnlos ist. In (2) ist diese Abhängigkeit nicht ersichtlich. Nehmen wir an, a_1 bestünde aus einer Million Zellen; wir könnten dann (3) sagen, dessen Repräsentation (4) sein könnte.

(3) a_1 ist eine Million Zellen

(4) $(+\text{viel})a_1 Q_{1\times\text{Million"Stück}}$. $(\text{Zelle})a_1$

Aus (2) und (4) stellen wir fest, daß die Menge von a_1 sowohl 3

---

1 Siehe 8.1.1 und 8.1.2.

2 Siehe 8.1.3 über die Ausdrucksweise "$Q_{z\text{"}u}$". Um die Diskussion zu erleichtern, wird das Wort Mann nur mit dem Prädikator "(Mann)" übersetzt.

Stück als auch 1 Million Stück sein kann. Dieses Paradox zeigt, daß bei Mengenangaben die Klassenzugehörigkeit des jeweiligen Gegenstandes auch genannt werden muß. Zu sagen, daß die Menge von a_1 3 Stück oder 1 Million Stück ist, ist sinnlos, wenn nicht gleichzeitig angegeben wird, was für Stücke es sind. Dagegen sind die Angaben von Längen, Gewichten, Volumina usw. freier; 3 Meter ist immer länger als 2 Meter, unabhängig davon, ob es sich um ein Seil, eine Stange oder einen Tisch handelt. Daher kann (5) durch (6) repräsentiert werden.[1]

(5) a_2 ist fünf Pfund Fleisch

(6) (Fleisch)a_2 . (+schwer)a_2a_3 . (=)$a_3Q_{5\text{"Pfund}}$

Nachdem es klar geworden ist, daß (2) und (4) als Repräsentation für (1) bzw. (3) unangemessen sind, müssen wir eine Ausdrucksweise finden, um (1) und (3) zu repräsentieren. Ich möchte hier den Funktor ":" vorschlagen. Dieser Funktor verbindet einen Prädikator (F), der die Kategorie des Gegenstands bezeichnet, mit einem anderen Prädikator (U), der die Zähleinheit bezeichnet, um einen neuen Prädikator zu bilden:

(U:F)x

Nehmen wir jetzt an, "(K)" ist ein Prädikator, der die Zähleinheit 'Konstrukt' bezeichnet. Ein 'Konstrukt' ist ein Gegenstand, der eine mehr oder weniger komplizierte Struktur hat; z.B. eine Kiste, ein Mensch, eine Familie, ein Staat, eine Bewegung, ein Begriff usw. (im Gegensatz zu Eisen, Holz, Wasser, Luft usw.). Obwohl ein Konstrukt zerlegbar ist, bedeutet seine Zerlegung die Zerstörung seines Wesens. Ein zerlegter Konstrukt kann nicht mehr als solcher bezeichnet werden (z.B. ist der Teil einer Familie, eines Menschen oder eines Wortes nicht mehr eine Familie, ein Mensch bzw. ein Wort); dagegen können Teile von Nicht-Konstrukten immer noch als Nicht-Konstrukte derselben Art bezeichnet werden (z.B. ist der Teil eines Zuckerstücks immer noch Zukker). (1) und (3) können jetzt durch (7) bzw. (8) repräsentiert werden.

(7) (K:Mann)a_1 . (+viel)$a_1 3$

(8) (K:Zelle)a_1 . (+viel)$a_1 Q_{1\times\text{Million}}$

---

1 Vgl. 8.1.3.

(7) kann als 'a$_1$ ist Männerkonstrukte; die Anzahl von a$_1$ ist 3' gelesen werden. Dieser Lösung entsprechend können wir die NP (9) durch (10) repräsentieren:

(9) die 3 Männer

(10) (def a_1)(K:Mann)a_1.(+viel)$a_1$3

Für (9) haben wir die folgende Tiefenstruktur :[1]

(11)

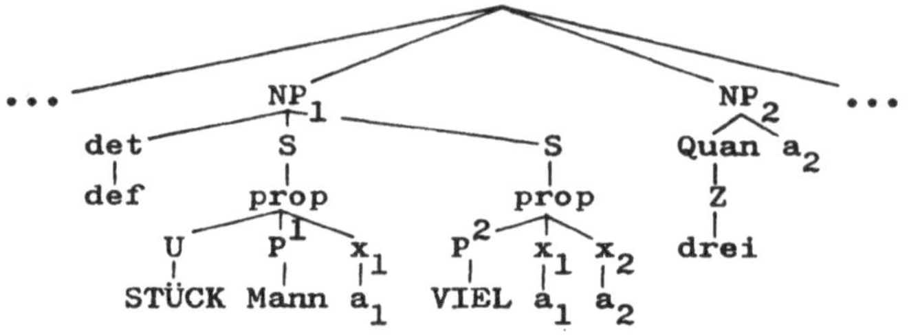

Es wäre naheliegend, auch das Zahlwort in prop einzuschieben, sodaß für (9) statt (11) die Struktur (12) gälte,

(12)

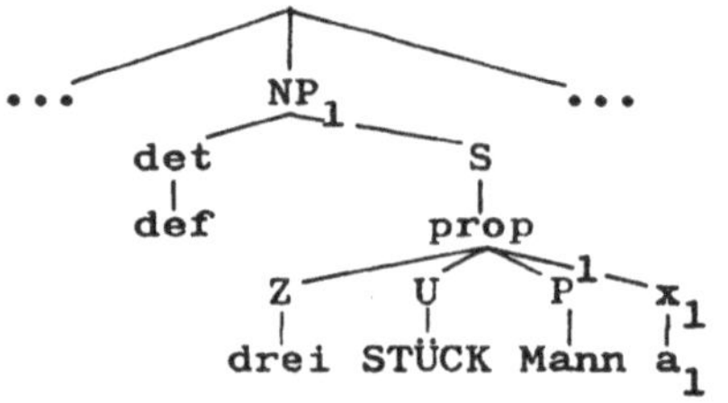

zumal es in (11) nicht ersichtlich ist, warum auch das Wort <u>viel</u> erscheinen muß. Nehmen wir zuerst dieses Wort vor. In der Tiefenstruktur von <u>wieviel Männer</u> muß das Wort <u>viel</u> von einem anderen Prop-Knoten dominiert werden, wenn man voraussetzt, daß jede Proposition nur ein einziges Prädikat enthalten kann. Das Wort <u>wie</u>, das wie ein Zahlwort fungiert, gehört logischerweise zu der Proposition, die <u>viel</u> enthält. Im KT ist die Notwendigkeit des Wortes <u>do</u> 'viel' noch deutlicher: Man kann statt der NP (13) die Ausdrucksweise (14) benutzen.

(13) sam go namyän
drei Stück Mann

(14) sam go gäm do ge namyän
so viel (Attributspartikel)

Die Kette <u>gäm do ge</u> kann durch eine fakultative Transformation getilgt werden. Wenn wir eine Lösung wie (12) hätten, würden wir

---

1 Zur Projektion von (11) in (10) vgl. die Erläuterung zu P17 und P23 in 4.1.3 und das Beispiel in 4.2.

nicht erklären können, woher das Wort *do* kommt. Angesichts dieser Tatsache muß man annehmen, daß es eine besondere Proposition gibt, die dazu dient, die Menge des Bezeichneten anzugeben.

Man könnte vermuten, daß die Einheitsangabe immer ein Zahlwort erfordert. Dies stimmt aber nicht. Satz (15), der durch (16) repräsentiert wird, ist durchaus normal.

(15) a_4 ist/sind Brotscheiben

(16) (Scheibe:Brot)a_2

Nicht nur feste, sondern auch fließende Gegenstände, können von Einheitswörtern bezeichnet werden. Z.B. können die kantonesischen Wörter *dig* 'Tropfen' für Flüßigkeiten, *gäu* 'Klumpen' für Wolken, *tiu* 'Streifen' für Rauch und Gas verwendet werden.[1] Es ist aber zu bemerken, daß Substantive wie *yug* 'Fleisch', *seg* 'Stein', *tong* 'Zucker', *söi* 'Wasser' usw., die den Stoffnamen entsprechen, nicht mit Einheitswörtern kombiniert werden, deren lexikalische Definition den Prädikator "(K)" enthält, weil sie keine Konstrukte sind. Die Einheitswörter, die mit Stoffnamen kombiniert werden, beschreiben die Formen der Referenten. Es ist besser, statt "(K)" den neutraleren Prädikator "(St)" 'Stück' zu verwenden. Das kantonesische Wort *tiu* 'streifenartiges Stück' hat dann zwei Bedeutungen:[2]

(17) tiu + ... + x_1 =: (streifenartig)x_1 . (K:F)x_1 [3]

(18) tiu + ... + x_1 =: (streifenartig)x_1 . (St:F)x_1

(17) gilt für *yü* 'Fisch', *ngan-mei* 'Augenbraue', *ho* 'Fluß', *mei* 'Schwanz' usw., (18) gilt für *mug* 'Holz', *sin* 'Garn' usw.

Für die Mengenangabe zeige ich noch ein Beispiel (d.i. die Tiefenstruktur von *ng bon yug* 'fünf Pfund Fleisch').[4]

(19)

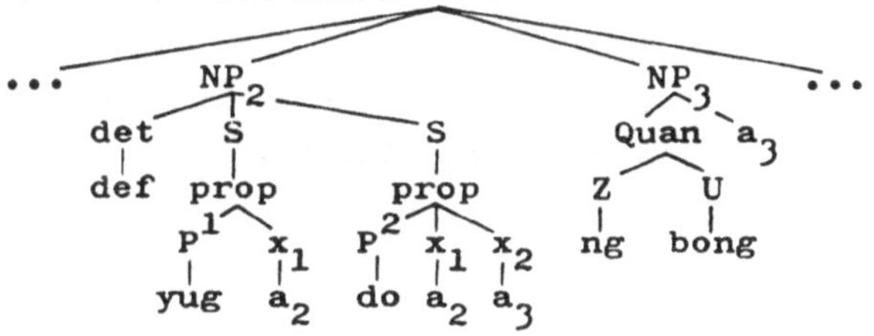

1 *Gäu* und *tiu* bezeichnen auch feste Gegenstände.
2 Nicht alle Bedeutungen von *tiu* werden hier berücksichtigt.
3 Vgl. die Erläuterung zu P17 in 4.1.3.
4 Mengenangaben dieser Art kommen meist bei Stoffnamen vor. Vgl. (5) und (6). Diese NP kann auch ähnlich wie (19) so lauten: *ng bong gäm do ge yug*. Vgl. auch P5 in 4.1.3.

8.3 Skizze des Kantonesischen [1]

Kantonesisch (kurz: KT) ist einer der wichtigsten Dialekte in China, gesprochen von ca. 30 Millionen Menschen im südwestlichen und zentralen Gebiet der Guandong-Provinz und im südöstlichen Gebiet der Guangxi-Provinz. Die Überseechinesen, die KT benutzen, sind meist in Südostasien und Nordamerika ansässig. Obwohl KT so viele Sprecher hat und die Texte der Opern, Folklore und Zeitungen mehr oder weniger beeinflußt hat, hat keine kantonesische Schriftsprache entstehen können, die der Umgangssprache gerecht wird. Im folgenden werden einige wichtige Eigenschaften der KT beschrieben.

8.3.1 Das Lautliche

8.3.1.1 Lautinventar

8.3.1.1.1 Konsonanten

Verschlußlaute	p		t	k	k_ω	ʔ [2]
	p'		t'	k'	k'_ω	
Affrikata			ts			
			ts'			
Frikative		f	s			h
	w			j		
Nasale	m	n				
Liquida		l				

Die Stimmhaftigkeit ist bei den Verschlußlauten und den Affrikaten nicht relevant; dagegen ist die An- oder Abwesenheit der Aspiration distinktiv. Bei vielen Sprechern sind die Phoneme /l/ und /n/, /ʔ/ und /ŋ/ nicht zu unterscheiden.

---

1 Diese 'Skizze' stammt z.T. aus einer früheren Arbeit, die ich in einem Seminar bei Winfried Boeder angefertigt habe. Sie ist nicht umfassend und hat nur den Zweck, ein leichteres Verständnis der vorliegenden Arbeit zu ermöglichen.

2 [ʔ] heißt Kehlverschluß; [$_\omega$] heißt Runkung der Lippen.

8.3.1.1.2 Vokale

i y u
ɛ œ ɔ
a ɐ

8.3.1.1.3 Toneme

Tonhöhen haben im KT wie in allen anderen chinesischen Dialekten bedeutungsunterscheidende Funktion; z.B. bedeutet <u>san</u> 'auseinandergehen', 'lose' oder 'Berg', je nachdem, ob der Tonverlauf eben, steigend oder fallend ist. Die Tonhöhen sind relativ und können durch eine fünfstufige Skala differenziert werden (1 die niedrigste, 5 die höchste Stufe). Im KT gibt es sieben Toneme; sie werden nach der Position der Anfangs- und Endpunkte der Tonkonturen bezeichnet:

eben	55 , 44 , 33 , 22
steigend	35 , 34
fallend	53

8.3.1.1.4 Umschrift

Folgende Umschrift wird in der vorliegenden Arbeit vorgeschlagen. In der oberen Reihe steht die hier benutzte Umschrift; in der unteren Reihe die der IPA.

a	ä	b	c	d	e	f	g	gu	h	i	j	k	ku	l	m	n	ng	o	ö	p	s	t	u	w	y	-
a	ɐ	p	ts'	t	ɛ	f	k	k̫	h	i	ʦ	k'	k̫'	l	m	n	ŋ	ɔ	œ	p'	s	t'	u	v	j	ʔ

Unten ist eine Vergleichstabelle verschiedener Umschreibungssysteme für Konsonanten. Die Vergleichstabelle der Umschreibungssysteme für Vokale befindet sich in 8.3.1.2.

	1	2	3	4	5	6	7	8	9
b	ḅ	p	p	p	b	b	p	b	p/b
c	ts'	ts'	ts'	ts'	ts	c	ts'	c	ts/ds
	tʃ'	ch'	ch'		ts_2		ch'		ch/jh
d	d̥	t	t	t	d	d	t	d	t/d
f	f	f	f	f	f	f	f	f	f/v
g	g̥	k	k	k	g	g	k	g	k/g
gu	g̫̣	kw	kw		gw	gw	kw	gʷ	kw/gw
h	h	h	h	h	h	h	h	h	x/h

j	d̤z̤	ts	ts	ts	dz	z	ts	j	tz/dz
	d̤ʒ̤	ch	ch		dz_2		ch		c/j
k	k'	k'	k'	k'	k	k	k'	k	kh/gh
ku	k̫'	k'w	k'w		kw	kw	kw'	k^w	khw/ghw
l	l	l	l	l	l	l	l	l	lh/l
m	m	m	m	m	m	m	m	m	mh/m
n	n	n	n	n	n	n	n	n	nh/n
ng	ŋ	ng	ng	ŋ	ŋ	ng	ng	ŋ	ngh/ng
p	p'	p'	p'	p'	p	p	p'	p	ph/bh
s	s	s	s	s	s	s	s	s	s/z
	ʃ	sh	sh		s_2		sh		xh/z(h)
t	t'	t'	t'	t'	t	t	t'	t	th/dh
w	w	w	w	w	w	w	w	w	u/w
y	j	y	y	j	j	j	y	y	i/y
	1	2	3	4	5	6	7	8	9

Spalte

1 Internationales phonetisches Alphabet.
2 Eitel, Ernest John (1877) A Chinese dictionary in the Cantonese dialect. London: Trübner and Ludgate Hill.
3 Ball, J. Dyer (1924) Cantonese made easy. Hong Kong: Kelly and Walsh.
4 Jones, Daniel / Woo, Kwing Tong (1912) Cantonese Phonetic Reader.
5 Wong, S.L. (1954) A Chinese syllabary pronounced according to dialect of Canton. Hong Kong: Chung Hwa Book Co.
6 Wang, Li (1957) Guangzhouhua-qianshuo. Beijing: Wenzi gaige chuban-she.
7 Cowles, Roy T. (1965) The Cantonese speaker's dictionary. Hong Kong University Press.
8 Yue, A.O.K. (1963) A transformational outline of Cantonese. M.A. Thesis. Austin: University of Texas. Unveröffentlicht.
9 Chao, Yuen Ren (1957) Cantonese primer. Cambridge, Mass.: Harvard Univ. Press.

Toneme werden durch diakritische Zeichen über den Hauptvokalen der Silben symbolisiert. Für die in 8.3.1.1.3 genannten Toneme haben wir:

x̿ (55) , x̄ (44) , x̠ (33) , x̳ (22)
x́ (35) , x̦ (34)
x̀ (53)

Beispiele: ma̳-ma̿ 'Mutter', so̿-fá 'Sofa', fā-ho̠g 'Chemie', ma̦ 'Pferd', ba̠-gùng 'streiken'.

8.3.1.2 Phonotaktik

Im KT wie in allen chinesischen Dialekten sind die Silben sehr leicht erkennbar; deswegen ist es auch einfach, die Anzahl der Silben festzustellen. Das KT hat ungefähr 2500 Silben (Formen mit gleichen Phonemen und ungleichen Tonemen werden als verschiedene Silben betrachtet). Die Silbenstruktur ist

$$K_1\ V_1\ \left(\begin{Bmatrix}K_2\\ V_2\end{Bmatrix}\right)$$

("K" vertritt einen Konsonanten; "V" vertritt einen Vokal)

Für K_1 können alle Konsonanten vorkommen. Ebenso können alle Vokale als V_1 auftreten. Die Position K_2 beschränkt sich auf m, n, b, d und g, V_2 auf i und u. Abweichend von diesem Schema können die bloßen Konsonanten m und ng als Silben fungieren.

In der traditionellen Lautanalyse wird eine Silbe in ein initiales (K_1) und ein finales Element (V_1, $V_1\ K_2$ oder $V_1\ V_2$) zerlegt. Die möglichen finalen Elemente sind:

a	ai	au	am	an	ang	ab	ad	ag
ä	äi	äu	äm	än	äng	äb	äd	äg
e	ei				eng			eg
i		iu	im	in	ing	ib	id	ig
o	oi	ou		on	ong		od	og
ö	öi			ön	öng		öd	ög
u	ui			un	ung		ud	ug
ü				ün			üd	

Vergleichstabelle verschiedener Umschreibungssysteme:

	1	2	3	4	5	6	7	8	9
a	a	á	á	a:	a	a	a	a	a
ai	ai	ái	áí	a:i	ai	ai	aai	ay	aai
au	au	áu	áú	a:u	au	ao	aau	aw	aau
am	am	ám	ám	a:m	am	am	aam	am	aam
an	an	án	án	a:n	an	an	aan	an	aan
ang	aŋ	áng	áng	a:ŋ	aŋ	ang	aang	aŋ	aang
ab	ap	áp	áp	a:p	ap	ap	aap	ap	aap
ad	at	át	át	a:t	at	at	aat	at	aat
ag	ak	ák	ák	a:k	ak	ak	aak	ak	aak

	1	2	3	4	5	6	7	8	9
äi	ɐi	ai	aî	ai	ɐi	ae	ai	əy	ai
äu	ɐu	au	aú	au	ɐu	au	au	əw	au
äm	ɐm	am	am	am	ɐm	em	am	əm	am
än	ɐn	an	an	an	ɐn	en	an	ən	an
äng	ɐn	ang	ang	aŋ	ɐŋ	eng	ang	əŋ	ang
äb	ɐp	ap	ap	ap	ɐp	ep	ap	əp	ap
äd	ɐt	at	at	at	ɐt	et	at	ət	at
äg	ɐk	ak	ak	ak	ɐk	ek	ak	ək	ak
e	ɛ	é	e	ɛ	e	e	e	e	e
ei	ei	î	éî	ei	ei	ei	ei	ey	ei
eng	ɛŋ	eng	eng	ɛŋ	ɛŋ	eing	eng	eŋ	eang
eg	ɛk	ek	ek	ɛk	ɛk	eik	ek	ek	eak
i	i	i	î	i	i	i	i	i	i
iu	iu	iú	îú	iu	iu	iu	iu	iw	iu
im	im	im	îm	im	im	im	im	im	im
in	in	in	în	in	in	in	in	in	in
ing	iŋ	ing	ing	iŋ	iŋ	ing	ing	iŋ	eng
ib	ip	ip	îp	ip	ip	ip	ip	ip	ip
id	it	it	ît	it	it	it	it	it	it
ig	ik	ik	ik	ik	ik	ik	ik	ik	ek
o	ɔ	o	o	ɔ	ɔ	o	oh	o	o
oi	ɔi	oi	oî	ɔi	ɔi	oi	oi	oy	oai
ou	ou	ð	ð	ou	ou	ou	o	ow	ou
on	ɔn	on	ðn	ɔn	ɔn	on	on	on	oan
ong	ɔŋ	ong	ong	ɔŋ	ɔŋ	ong	ong	oŋ	oang
od	ɔd	ot	ot	ɔt	ɔt	ot	ot	ot	oat
og	ɔk	ok	ok	ɔk	ɔk	ok	ok	ok	oak
ö	œ	ö, éu	ö	œ	œ	oe	eu	ö	eu
öi	œy	ui	öü	œy	œy	ey	ui	öy	oî
ön	œn	un	un	œn	œn	oen	un	ön	on
öng	œŋ	éung	öng	œŋ	œŋ	oeng	eung	öŋ	eung
öd	œt	ut	ut	œt	œt	oet	ut	öt	ot
ög	œk	éuk	ök	œk	œk	oek	euk	ök	euk
u	u	ú	ú	u	u	u	oo	u	u
ui	ui	úi	úî	ui	ui	ui	ooi	uy	ui

	1	2	3	4	5	6	7	8	9
un	un	ʉn	ʉn	un	un	un	oon	un	un
ung	uŋ	ung	ung	uŋ	uŋ	ung	ung	uŋ	ong
ud	ut	ʉt	ʉt	ut	ut	ut	oot	ut	ut
ug	uk	uk	uk	uk	uk	uk	uk	uk	ok
ü	y	ü	ü	y	y	y	ue	ü	
ün	yn	ün	ün	yn	yn	yn	uen	ün	
üd	yt	üt	üt	yt	yt	yt	uet	üt	

8.3.2 Das Grammatische

Die Grundelemente der Syntax sind die Lexeme; auch ein Suffix, das eine syntaktische Funktion hat, ist ein Lexem. Die innere Struktur der Lexeme ist ein Thema der Wortbildung, auf das ich hier nicht eingehen möchte. Im folgenden sollen die syntaktischen Beziehungen zwischen den Lexemen näher betrachtet werden.

8.3.2.1 Wortarten

Im KT werden die Wortarten durch syntaktische Funktionen definiert und nicht durch morphologische Distribution (z.B. durch mögliche Suffixe) wie in den flektierenden Sprachen. Eine morphologische Definition ist im KT deshalb ungeeignet, weil Suffixe hier nicht obligatorisch sind; z.B. wird die Mehrzahl der Substantive meist durch Zahlwörter und Einheitswörter, nur selten durch Pluralsuffixe, ausgedrückt; die Suffixe der Verben sind auch nicht obligatorisch und nicht bei allen Verben anwendbar. Je nachdem, ob man nur die Tiefenstruktur, oder auch die Oberflächenstruktur berücksichtigt, kommt man allerdings zu verschiedenen Ergebnissen. In dieser Skizze wird der zweite, traditionellere Weg gewählt; die sich daraus ergebenden Wortarten Substantiv, Verb, Adverb, Suffix und Konjunktion werden in den anderen Teilen der vorliegenden Arbeit, die tiefenstruktur-betonter sind, als Prädikative klassifiziert. Gleichförmige Lexeme, die verschiedenen Wortarten angehören, betrachte ich als Homonyme, ganz gleich, wie ähnlich ihre Bedeutungen sind; z.B. sind das Substantiv <u>yinghung</u> 'Held' und das Verb <u>yinghung</u> 'heldenhaft' verschiedene Lexeme. Es ist außerdem zu beachten, daß oft Wörter verschiedener Wortarten gemeinsame syntaktische Funktionen haben (z.B. können sowohl das Substantiv yän 'Mensch' als auch das Verb fadsäng 'entstehen' als Nominalkern verwendet werden), obwohl ihre Funktionen sich nicht decken können. Daß ein Lexem mehrere syntaktische Funktionen haben kann (z.B. kann fadsäng sowohl als Prädikat als auch als Nominalkern verwendet werden), ist selbstverständlich; eine andere Betrachtungsweise wäre verwirrend und unökonomisch. Im folgenden werden die wichtigsten Wortarten des KT vorgestellt; die Anzahl der Mitglieder der jeweiligen Klasse, falls sie beschränkt ist, wird eingeklammert angegeben.

8.3.2.1.1 Substantiv

Beispiele: yän 'Mensch', ngug 'Haus', yiyi 'Bedeutung', yüd 'Monat', si 'Sachverhalt', Honbou 'Hamburg', köi 'er/sie/es'.

Substantive können in der Regel nur unselbständig, mit Hilfe der Kopula, als Prädikat fungieren,[1] wie z.B. in

Ngo	sig	ge	(ye)	häi	mongguo
ich	essen	(Attributspart.)	Sache	(Kopula)	Mango

Das, was ich esse, ist Mango

Substantive brauchen keine obligatorische Genus-, Kasus- oder Numerusendungen.

8.3.2.1.2 Verb

Beispiele: dai 'groß', da 'schlagen', häi (Kopula), yäu 'haben', honäng 'wahrscheinlich'.

In der traditionellen Grammatik sind 'Verben' und 'Adjektive' zwei verschiedene Wortarten; nach neuerer Auffassung ist es jedoch unmöglich, eine Trennungslinie zwischen ihnen zu ziehen.[2] Dagegen ist die Hauptfunktion der 'Verben' und 'Adjektive' der Gebrauch als Prädikat.[3] Ich werde den Namen "Verb" zur Kennzeichnung der Oberklasse von 'Verb' und 'Adjektiv' gebrauchen.

---

1 In dieser Skizze ist der Name "Prädikat" die Abkürzung von "Prädikatswort in der Oberflächenstruktur".

2 Obwohl ich davon überzeugt bin, nenne ich hier keine Beweise. Dieses Thema erfordert selbst eine ganze Monographie.

3 Den Terminus "Prädikat" setze ich als Grundterm voraus. Seine Definition ist gewiß nicht einfach; sie wird hier aber nicht versucht.

8.3.2.1.3 Konjunktion (ca. 50)

Beispiele: yänwäi 'weil', soyi 'deswegen', dou 'dennoch', söiyin 'obwohl', yüguo 'falls', jäu 'dann'.

Eine Konjunktion unterscheidet sich von einem Verb dadurch, daß ihre Argumente nicht wie bei einem Verb alle im selben Teilsatz stehen. Obwohl nur die Beziehung zwischen zwei Sachverhalten auszudrücken ist, werden oft zwei Konjunktionen gebraucht, die auf die beiden Teilsätzen verteilt sind, z.B.

Yänwei köi fandöi , soyi ngo mou höi
weil er einwenden deswegen ich nicht haben gehen
Weil er Einwand erhob, bin ich nicht hingegangen

8.3.2.1.4 Adverb (ca. 200)

Beispiele: gäng 'bestimmt', wagje 'vielleicht', m 'nicht', jäu 'bald', jan 'vergeblich', hou 'sehr'.

Adverbien werden vor einem Prädikat angewendet, um das Prädikat oder den Satzkern zu modifizieren. Sie können aber nicht selbst als Prädikat verwendet werden. Mehrere Adverbien können sich um einen Satzkern gruppieren, z.B.

Ngo wagje m höi
ich vielleicht nicht hingehen
Vielleicht gehe ich nicht hin

Man muß die Wortart Adverb von den Adverbialen, die eine satzkern-modifizierende Funktion haben, unterscheiden. Adverbien werden als Adverbialen verwendet, während Adverbialen auch durch Lexeme anderer Wortarten gebildet werden können, z.B. das Verb jigjib in

Ngo jigjib döi nei gong , ...
ich direkt (Nominalpart.) Sie sagen
Ich sage Ihnen ohne Umschweife, ...

8.3.2.1.5 Suffix (ca. 140)

Genau wie die Adverbien fungieren die Suffixe als Attribut zum Prädikat oder zum Satzkern; anders als die Adverbien stehen sie jedoch hinter dem Prädikat, und können selbst (außer mit dem Satzkern zusammen) keine Suffixe als Attribut haben. Der Vorteil der Anwendung von Suffixen ist ihre Ökonomie. Vergleichen wir

Ngo jug köi , lingdou köi m nänggäu yug
ich fangen er machen er nicht können sich bewegen

Ich fange ihn, sodaß er sich nicht bewegen kann.

mit

Ngo jug - jü köi
fixiert
Ich nehme ihn fest

Weiterere Beispiele: däi 'nieder', hei 'in Ordnung gebracht', sangsai 'auf eine lästige Weise', dou 'gelingen', heisönglei 'anfangen', loghöi 'weiter', däg 'in der Lage sein', gän (durativer Aspekt), guo 'mindestens schon einmal', jo (perfektiver Aspekt), ji 'noch' (dominiert nur mit einem negativem Satzkern), sin 'zuerst', ge (Affirmativ), a (Imperativ), a (rhetorische Frage: 'Ist es so?'), be (verachtender Kommentar), gua 'Ist es nicht so?', ma (höfliche Frage), me (rhetorische Frage, nicht ernst nehmend: 'Wirklich?').

Unter den Suffixen herrscht eine hierarchische Ordnung; mehrere Suffixe können gleichzeitig verwendet werden, z.B. im folgenden Satz, wo die Suffixe unterstrichen sind.

Köi höi guo gaisi ge
er gehen mindestens schon einmal Markt (Affirmativ)

lä
(ein Suffix, das die Konzentration des Hörers verlangt)

gua
nicht wahr?

Er ist auf dem Markt gewesen, nicht wahr?

Ich habe die Suffixe nicht weiter unterteilt; eine ausführliche Behandlung würde den Rahmen dieser Skizze sprengen. Hier wird nur beabsichtigt, einen gewissen Eindruck von dieser Klasse zu vermitteln.

8.3.2.1.6 Zahlwort

Beispiele: yäd 'ein', yi 'zwei', säb 'zehn', säbyäd 'elf', yädbag 'einhundert', yädmanyicin 'zwölftausend'.

Zahlwörter geben die Nummer des Bezeichneten an. Über die Anwendungsweise der Zahlwörter siehe 8.3.2.1.7.

8.3.2.1.7 Einheitswort [1] (ca. 130)

Ein Zahlwort kann im KT nicht unmittelbar vor einem Substantiv stehen; man verwendet dabei ein Einheitswort, das angibt, ob der

1 Normalerweise "Zähleinheitswort" genannt.

zu bezeichnende Gegenstand eine Klasse, eine Gruppe, ein Stück oder ein Teilstück ist, z.B.

lõng go yän
zwei Stück Mensch = zwei Menschen

Außerdem kann manchmal die Form oder andere Eigenschaften des bezeichneten Gegenstandes beschrieben werden, z.B. durch die Einheitswörter tiu 'längliches Stück', fai 'flaches Stück', gäu 'Klumpen' oder jeg 'Stück oder Teilstück von Lebewesen'. Interessant ist auch, daß die beiden Verben dai 'groß' und säi 'klein' vor den meisten Einheitswörter stehen können, soweit es einen Sinn hat. Ausnahmen sind die normierten Einheiten (z.B. Meter, Gramm, Dollar, Grad) und die festgesetzten Bruchteile (z.B. Prozent), deren Größen unveränderlich sind. Weitere Beispiele sind: go 'Stück', jöng 'flaches Stück', jung 'Art', küd 'abgebrochener Teil', sing 'zehn Prozent', gungceg 'Meter', ci 'Mal'.

Es gibt einige Substantive, die ähnliche Funktion haben, z.B. diejenigen, die Behälter wie Töpfe, Schüssel oder sogar Häuser, Wagen usw. bezeichnen. Beispiel:

gei ce yän
einige Wagen Menschen

Zu den Einheitswörtern gehören auch diejenigen, die bei Quantifizierungen von Sachverhalten verwendet werden, z.B.

Köi cöng löng ci
er singen zwei Mal
Er singt zweimal

8.3.2.1.8 Determinativ (ca.8)

Determinative haben hinweisende Funktion. Sie stehen immer vor der Konstruktion

Zahlwort + Einheitswort .

Beispiele: yi 'diese', go 'jene', bin 'welche', mui 'jede'.

8.3.2.1.9 Partikel (ca. 10)

Nominalpartikeln: jöng, bei_1, höng, köi, tung, jou, bei_2 usw.
Attributspartikel: ge.

Partikeln sind Wörter ohne semantischen Inhalt; wie das grammatische Mittel 'Wortstellung' geben sie Hinweise, wie bedeutungstragende Elemente syntaktisch verwendet werden. Manchmal geben sie sogar Hinweise auf die Bedeutung des Prädikats; die Partikel <u>tung</u> setzt z.B. voraus, daß das Prädikat die Bedeutung 'gemeinsam' hat.

Ngo tung köi kinggäi
ich --- er plaudern
Ich plaudere mit ihm

Nominalpartikeln sind Partikeln, die Indizien dafür geben, wie die hinter ihnen stehenden Nominalphrasen gebraucht werden, mit anderen Worten, welches deren Funktionen im Satz sind.[1]

Die Attributspartikel <u>ge</u> verknüpft einen Nominalkern mit seinem Attribut, z.B. in:

yi gan hungsig ge ngug
dieses Stück rot -- Haus
dieses rote Haus

Sie wird aber nicht immer gebraucht, z.B. kann sie in der folgenden Konstruktion weggelassen werden:

yäd jöng cöng (ge) toi
ein Stück lang -- Tisch
ein langer Tisch

8.3.2.1.10 Interjektion (ca. 40)

Interjektionen werden ähnlich wie im Deutschen gebraucht.

8.3.2.2 Syntaktische Konstruktionen

8.3.2.2.1 Satz

Wenn man nur die Oberflächenstruktur in Betracht zieht, wo die ursprüngliche semantische Struktur mehr oder weniger durch Transformationen verundeutlicht worden ist, kann man einen Satz in einen Kern mit oder ohne Ergänzungen analysieren, die sich in verschiedenen Schichten um den Kern gruppieren. Die Ergänzungen können entweder durch einzelne Lexeme (z.B. Adverbien, Suffixe usw.) oder durch eingebettetete Sätze konstituiert werden. Z.B.

---

1 Weiteres über Nominalpartikeln siehe bei T-PART-SEGM in 6.1.4.

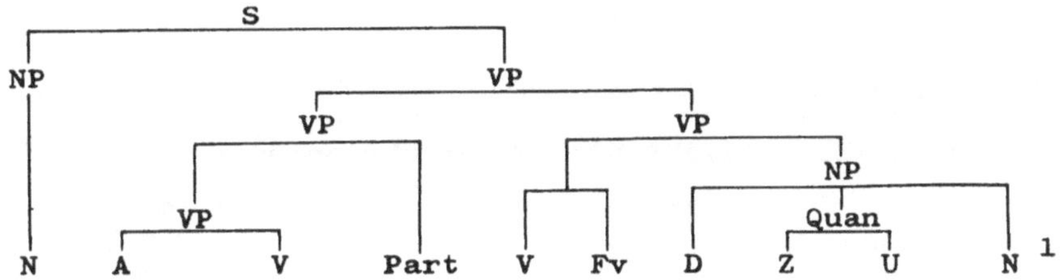

köi hou siusäm gäm ling hei go löng fai ban
er sehr vorsichtig heben auf jene zwei Stück Platte
Vorsichtig hebt er die zwei Platten auf

Durch Transformationen wird das Adverbial der Art und Weise hou siusäm und das Verbalsuffix hei in den Satzkern köi ling go löng fai ban eingeflochten.

8.3.2.2.2 Satzkern

Ein Satzkern besteht aus einem Prädikat und den erforderlichen Nomina, die Mitspieler-Funktionen haben und von dem als Prädikat fungierenden Verb determiniert sind. Z.B.[2]

Ngo tung köi sönglöng yäd gin si
ich (Nominalpart.) er besprechen ein Stück Sache
Nom_1 Nom_2 Prädikat Nom_3
Satzkern

In der Regel wird ein Nomen (in unserem Beispiel: ngo) als Subjekt ausgewählt und am Anfang des Satzes gestellt; der Rest bildet dann die 'Verbalphrase'.

8.3.2.2.3 Nomen

Ein Nomen hat die Struktur

((Determinativ) Zahlwort + Einheitswort)(Attribut)Substantiv

Z.B. go löng go dagib ngänhong ge cag
jene zwei Stück berauben Bank (Attributspart.) Räuber
die zwei Räuber, die (eine od. mehrere) Banken berauben

löng go dagib ngänhong ge cag
zwei Räuber, die (eine od. mehrere) Banken berauben

dagib ngänhong ge cag
(ein od. mehrere) Räuber, die Banken berauben

---

1 "Part", "Fv", "D", "Z" und "U" bezeichnen Partikel, Verbalsuffix, Determinativ, Zahlwort bzw. Einheitswort.
2 Das Beispiel bedeutet 'Ich bespreche etwas mit ihm'.

9 Anhang

9.1 Abkürzungen

*	(steht vor unakzeptablen Konstruktionen)
?	(steht vor problematischen, aber nicht völlig unakzeptablen Konstruktionen)
DS	Dynamische Struktur
EN	Eigenname
GS	Generative Semantik
IS	Interpretative Semantik
KT	Kantonesisch
NP	Nominalphrase
PJ	Projektionskette
S	semantisch (bei "Sprache S", "S-Ebene", "S-Kette" usw.)
Y	syntaktisch (bei "Sprache Y", "Y-Ebene", "Y-Kette" usw.)

9.2 Bezeichnungen der Regeln

Dn [1]	Definitionsregel (1.3)
DKn	Definitionsregel (1.5.1.3)
DVn	Definitionsregel (1.5.2.4)
En	Erzeugungsregel (3.1.3 - 3.1.4)
Pn	Projektionsregel (4.1.2 - 4.1.3)
Rn	Registrierungsregel (5.1.1 - 5.1.2)
T-a [2]	Transformationsregel (6.1.4)
TVn	Theorem (1.5.2.4 - 1.5.2.5)

9.3 Index für besondere Symbole

$\sim$	1.1.1.3	$\supset$	1.3.D2
$\vee$	1.1.1.3	$\subset$	1.5.1.3
$\cdot$	1.3.D1	$>$	1.5.2.4
$\equiv$	1.3.D3	$\succ\!\prec$	1.5.1.3, 1.5.2.4

---

1 n steht für die Nummer der Regel.
2 a steht für eine Abkürzung aus Buchstaben, die als Name der Regel dient.

LITERATUR

Abraham, Werner. 1972. Zu John Robert Ross "Über deklarative Sätze". Generative Semantik, hg. von Werner Abraham, Robert I. Binnick, 279-84. Frankfurt a.M., Athenäum.

Abraham, Werner, Binnick, Robert I. 1969. Syntax oder Semantik als erzeugende Komponenten eines Grammatikmodells. Linguistische Berichte 4. 1-29.

Austin, John Langshaw. 1962. How to do things with words. The William James Lectures delivered at Harvard Univ. in 1955, hg. von J.O.Urmson. London, Oxford Univ. Press. Paperback edition 1971.

Bach, Emmon. 1968. Nouns and noun phrases. Universals in linguistic theory, hg. von Emmon Bach, Robert T.Harms, 91-122. London, Holt, Rinehart and Winston.

Baldinger, Kurt. 1957. Die Semasiologie: Versuch eines Überblicks. (Deutsche Akademie der Wissenschaften zu Berlin, Vorträge und Schriften, Heft 61). Berlin, Akademie.

Bar-Hillel, Yehoshua. 1954. Indexical expressions. Mind 63. 359-79.
- 1967. Rezension von The structure of language, hg. von Jerry A.Fodor, Jerrold J.Katz. Language 43. 526-50.

Bartsch, Renate. 1971. Semantische Darstellung von Prädikaten. Linguistische Berichte. 13. 33-48.

Bechert, Johannes, u.a. 1970. Einführung in die generative Transformationsgrammatik. (Linguistische Reihe Bd.2). München, Max Hueber.

Bellert, Irena. 1969. Arguments and predicates in the logico-semantic structure of utterances. Studies in syntax and semantics, hg. von Ferenc Kiefer, 34-54. Dordrecht, D.Reidel.
- 1970. On the semantic interpretation of subject-predicate relations in sentences of particular reference. Progress in linguistics, hg. von Manfred Bierwisch, Karl Erich Heidolph, 9-26. The Hague, Mouton.

Bendix, Edward Herman. 1966. Componential analysis of general vocabulary. Bloomington, Indiana Univ.

Bever, Thomas G., Rosenbaum, Peter S. 1970. Some lexical structures and their empirical validity. Readings in English transformational grammar, hg. von Roderick A.Jacobs, Peter S.Rosenbaum, 3-19. Waltham, Ginn.

Bierwisch, Manfred. 1965. Eine Hierarchie syntaktisch-semantischer Merkmale. Syntaktische Studien, 29-86. (Studia Grammatica 5). Berlin, Akademie.
- 1966. Strukturalismus. Geschichte, Probleme und Methoden. Kursbuch 5. 77-152.
- 1967. Some semantic universals of German adjectivals. Foundations of Language 3. 1-36.
- 1969. On certain problems of semantic representations. Foundations of Language 5. 153-84.
- 1970. On classifying semantic features. Progress in linguistics, hg. von Manfred Bierwisch, Karl Erich Heidolph, 27-63. Den Haag, Mouton.

Black, Max. 1968. The labyrinth of language. London, Paul Mall.

Bocheński, Innocent Marie Joseph, Menne, Albert. 1962. Grundriß der Logistik. Paderborn, Ferdinand Schöningh. 2.erw.Aufl.

Bowers, John. 1970. A note on "remind". Linguistic Inquiry 4. 559-60.

Brekle, Herbert Ernst. 1969. Generative semantics vs. deep syntax. Studies in syntax and semantics, hg. von Ferenc Kiefer, 80-90. Dordrecht, D.Reidel.
- 1970. Generative Satzsemantik und transformationelle Syntax im System der englischen Nominalkomposition. (Internationale Bibliothek f. allg. Linguistik Bd.4). München, Wilhelm Fink.

Campbell, Robin, Wales, Roger. 1970. The study of language acquisition. New horizons in linguistics, hg. von John Lyons, 242-59. Harmondsworth, Penguin.

Carnap, Rudolf. 1942. Introduction to semantics. Cambridge, Harvard Univ. Press.
- 1958. Introduction to symbolic logic and its applications. New York, Dover.
- 1966. Philosophical foundations of physics. New York, Basic Books.

Chafe, Wallace L. 1970. Meaning and the structure of language. Chicago, The Univ. of Chicago Press.

Chao, Yuen Ren. 1968. A grammar of spoken Chinese. Berkeley, Univ. of California Press.

Chomsky, Noam. 1957. Syntactic structures. Den Haag, Mouton.
- 1965. Aspects of the theory of syntax. Cambridge/Mass., The M.I.T. Press.
- 1967. The formal nature of language. Biological foundations of language, hg. von Eric H.Lenneberg, 397-442. New York, John Wiley and Sons.

- 1970a. Remarks on nominalization. Readings in English transformational grammar, hg. von Roderick A. Jacobs, Peter S. Rosenbaum, 184-221. Waltham, Ginn.
- 1970b. Deep structure, surface structure, and semantic interpretation. Studies in general and oriental linguistics, hg. von Roman Jakobson, Shigeo Kawamoto, 52-91. Tokio, TEC Co.
- 1970c. Some empirical issues in the theory of transformational grammar. Reproduziert von Indiana Univ., Linguistics Club.

Chomsky, Noam, Halle, Morris. 1968. The sound pattern of English. New York, Harper and Row.

Church, Alonzo. 1956. Introduction to mathematical logic, vol. I. Princeton, Princeton Univ. Press.

Dahl, Östen. 1969. Topic and comment: A study in Russian and general transformational grammar. (Acta Universitatis Gothoburgensis: Slavica Gothoburgensia 4). Göteborg.

Daneš, František. 1964. A three-level approach to syntax. Travaux Linguistiques de Prague 1. 225-40.

Duden. 1959. Grammatik der deutschen Gegenwartssprache, hg. von Paul Grebe. (Der Große Duden, Bd.4). Mannheim, Bibliog. Inst.

Ellis, Brian. 1968. Basic concepts of measurement. Cambridge, Cambridge Univ. Press.

Etbauer, Michael. 1971. McCawleys Tiefenstrukturen — Kritik und Metakritik. Münchener Papiere zur Linguistik 1. 19-30.

Fillmore, Charles J. 1963. The position of embedding transformations in a grammar. Word 19. 208-31.
- 1968. The case for case. Universals in linguistic theory, hg. von Emmon Bach, Robert T.Harms, 1-88. London, Holt, Rinehart and Winston.
- 1969. Types of lexical information. Studies in syntax and semantics, hg. von Ferenc Kiefer, 109-37. Dordrecht, D.Reidel.

Firbas, Jan. 1964. On defining the theme in functional sentence analysis. Travaux Linguistiques de Prague 1. 267-80.
- 1966. Non-thematic subjects in contemporary English. Travaux Linguistiques de Prague 2. 239-56.

Fodor , Jerry A. 1970. Three reasons for not deriving "kill" from "cause to die". Linguistic Inquiry 1. 429-38.

Fraser, Bruce. 1971. An examination of the performative analysis. Reproduziert von Indiana Univ., Linguistics Club.

Frege, Gottlob. 1892. Sinn und Bedeutung. Zeitschrift f. Philos. u. philos. Kritik.NF 100. 25-50. Wieder in Funktion, Begriff, Bedeutung: Fünf logische Studien, hg. von Günther Patzig, 38-63. (Kleine Vandenhoeck-Reihe 144/145). Göttingen, Vandenhoeck u. Ruprecht. 1962.

Gardiner, Alan. 1940. The theory of proper names. London, Oxford Univ. Press. ²1954.

Garner, Richard. 1971. "Presupposition" in philosophy and linguistics. Studies in syntax and semantics, hg. von Ferenc Kiefer, 22-42. Dordrecht, D.Reidel.

Geach, Peter Thomas. 1962. Reference and generality: An examination of some medieval and modern theories. Ithaca, Cornell Univ. Press.

Geckeler, Horst. 1971. Struktuelle Semantik und Wortfeldtheorie. München, Wilhelm Fink.

Geis, Michael L. 1970. Time prepositions as underlying verbs. Papers from the sixth regional meeting of the Chicago Linguistic Society, April 16-18, 1970, 235-49. Chicago, Chicago Linguistic Society.

Geis, Michael L., Zwicky, Arnold M. 1971. On invited inferences. Linguistic Inquiry 2. 561-6.

Grewendorf, Günther. 1972. Sprache ohne Kontext. Zur Kritik der performativen Analyse. Linguistische Pragmatik, hg. von Dieter Wunderlich, 144-82. Frankfurt a.M., Athenäum.

Grice, Herbert Paul. 1967. Logic and conversation. Unpublished lecture notes from William James lectures at Harvard, 1967.

Harman, Gilbert. 1972. Deep structure as logical form. Semantics of natural language, hg. von Donald Davidson, Gilbert Harman, 24-47. Dordrecht, D.Reidel.

Heger, Klaus. 1971. Monem, Wort und Satz. Tübingen, Max Niemeyer.

Heidolph, Karl Erich. 1970. Zur Bedeutung negativer Sätze. Progress in Linguistics, hg. von Manfred Bierwisch, Karl Erich Heidolph, 86-101. Den Haag, Mouton.

Hempel, Carl G. 1952. Fundamentals of concept formation in empirical science. (Intern. encyclopedia of unified science, Foundations of the unity of science, vol.1-2). Chicago, The Univ. of Chicago Press.

Hockett, Charles F. 1958. A course in modern linguistics. New York, Macmillan.

Immler, Manfred. 1974. Generative Syntax, Generative Semantik. (Uni-Taschenbücher 207). München, Wilhelm Fink.

Horn, Laurence Robert. 1972. On the semantic properties of logical operators in English. Los Angeles, Univ. of California (unveröffentl. PhD. Dissertation).

Hundsnurscher, Franz. 1970. Neuere Methoden der Semantik. Tübingen, Max Niemeyer.

Hymes, Dell H. 1972. On communicative competence. Sociolinguistics, hg. von John Bernard Pride, Janet Holmes, 269-93. (Penguin modern linguistic readings). Harmondsworth, Penguin.

Jackendoff, Ray S. 1971. Modal structure in semantic representation. Linguistic Inquiry 2. 479-514.

Jespersen, Otto. 1924. The philosophy of grammar. London, George Allen and Unwin.

Joas, Hans, Leist, Hans. 1971. Performative Tiefenstruktur und interaktionistischen Rollenbegriff — Ein Ansatz zu einer soziolinguistischen Pragmatik. Münchener Papiere zur Linguistik 1. 31-54.

Kamlah, Wilhelm, Lorenzen, Paul. 1967. Logische Propädeutik oder Vorschule des vernünftigen Redens. (B.I.-Hochschultaschenbücher 227/227a). Mannheim, Bibliog.Inst.

Karttunen, Lauri. 1970a. Die Logik englischer Prädikatkomplementkonstruktionen. Generative Semantik, hg. von Werner Abraham, Robert I. Binnick, 243-74. Frankfurt a.M., Athenäum.
- 1970b. On the semantics of complement sentences. Papers of the sixth regional meeting of the Chicago Linguistic Society, April 16-18, 1970, 328-39. Chicago, Chicago Linguistic Society.
- 1971a. Some observations on factivity. Papers in Linguistics 4.1. 55-69.
- 1971b. Counterfactual conditionals. Linguistic Inquiry 3.540-2.

Katz, Jerrold J. 1966. The philosophy of language. New York, Harper and Row.
- 1967. Recent issues in semantic theory. Foundations of Language 3. 124-94.
- 1970. Interpretative semantics vs. generative semantics. Foundations of Language 6. 220-59.
- 1972. Semantic theory. New York, Harper and Row.

Katz, Jerrold J., Fodor, Jerry A. 1963. The structure of a semantic theory. The structure of language: Readings in the philosophy of language, hg. von Jerry A.Fodor, Jerrold J.Katz, 479-518. Englewood Cliffs, Prentice Hall.

Katz, Jerrold J., Postal, Paul M. 1964. An integrated theory of linguistic descriptions. Cambridge/Mass., The M.I.T.Press.

Keenan, Edward L. 1971. Two kinds of presupposition in natural language. Studies in linguistic semantics, hg. von Charles J. Fillmore, D.Terence Langendoen, 44-52. New York, Holt, Rinehart and Winston.

Kiparsky, Paul, Kiparsky, Carol. 1970. Fact. Progress in linguistics, hg. von Manfred Bierwisch, Karl Erich Heidolph, 143-73. Den Haag, Mouton.

Koutsoudas, Andreas. 1966. Writing transformational grammars: An introduction. New York, McGraw-Hill.

Kronasser, Heinz. 1952. Handbuch der Semasiologie. (Bibliothek der Allg. Sprachwiss., erste Reihe). Heidelberg, Carl Winter Universitätsvlg.

Kummer, Werner. 1971. Quantifikation und Identität in Texten. Beiträge zur Generativen Grammatik: Referate des 5.Linguistischen Kolloquiums, Regenburg, 1970, 122-41. (Schriften zur Linguistik Bd.3). Braunschweig, Vieweg.

Kuroda, S.Y. 1969. Remarks on selectional restrictions and presuppositions. Studies in syntax and semantics, hg. von Ferenc Kiefer, 138-67. Dordrecht, D.Reidel.

Labov, William. 1970. Das Studium der Sprache im sozialen Kontext. Studium General 23. 30-87. Wieder in Aspekte der Soziolinguistik, hg. von Wolfgang Klein, Dieter Wunderlich, 111-94. Frankfurt a.M., Athenäum.

Lakoff, George. 1965. On the nature of syntactic irregularity. (Indiana Univ. Dissertation).
- 1966. Deep and surface grammar. Reproduziert von Indiana Univ., Linguistics Club.
- 1968. Counterparts, or the problem of reference. Reproduziert von Indiana Univ., Linguistics Club.
- 1969a. Presuppositions and relative grammaticality. Studies in philosophical linguistics, series one, 103-16.
- 1969b. On generative semantics. Reproduziert von Indiana Univ., Linguistics Club.
- 1970. Linguistics and natural logic. Semantics of natural language, hg. von Donald Davidson, Gilbert Harman, 545-665. Urbana, Univ. of Illinois Press. Ursprüngl. in Synthese 22. 151-271.
- 1971. The role of deduction in grammar. Studies in linguistic semantics, hg. von Charles J.Fillmore, D.Terence Langendoen, 62-70. New York, Holt, Rinehart and Winston.

Lakoff, George, Ross, John Robert. 1967. Is deep structure necessary? Reproduziert von Indiana Univ., Linguistics Club.

Langacker, Ronald W. 1967. Language and its structure. New York, Harcourt, Brace and World.
- 1969. On pronominalization and the chain of command. Modern studies in English: Readings in transformational grammar, hg. von David A.Reibel, Sanford A.Shane, 160-86. Englewood Cliff, Prentice Hall.

Langendoen, D.Terence. 1971. The projection problem for presuppositions. Studies in linguistic semantics, hg. von Charles J.Fillmore, D.Terence Langendoen, 54-60. New York, Holt, Rinehart and Winston.

Leech, Geoffrey N. 1969. Towards a semantic description of English. (Longman Linguistics Library). London, Longman.

Leisi, Ernst. 1967. Der Wortinhalt: seine Struktur im Deutschen und Englischen. Heidelberg, Quelle u. Meyer. (3., durchgesehene und erw. Aufl.).

Lilje, Gerald W. 1972. Uninvited inferences. Linguistic Inquiry 3. 540-542.

Linsky, Leonard. 1967. Referring. (Intern. Library of Philosophy and Scientific Method). London, Routledge and Kegan Paul.

Lorenzen, Paul. 1965. Logik und Grammatik. (Duden-Beiträge, Heft 26). Mannheim, Bibliog.Inst.

Lyons, John. 1963. Structural semantics: An analysis of part of the vocabulary of Plato. (Publications of the Philological Society XX). Oxford, Basil Blackwell.
- 1968. Introduction to theoretical linguistics. Cambridge Univ. Press.

McCawley, James D. 1967. Meaning and the description of languages. Kotaba no uchu 2. 9. 10-8, 10. 38-48, 11. 51-7.
- 1968a. Concerning the base component of a transformational grammar. Foundations of Language 4. 243-69.
- 1968b. The role of semantics in a grammar. Universals in linguistic theory, hg. von Emmon Bach, Robert T.Harms, 124-69. London, Holt, Rinehart and Winston.
- 1968c. Lexical insertion in a transformational grammar without deep structure. Papers from the fourth regional meeting of the Chicago Linguistic Society, April 19-20, 1968, 71-80. Chicago, Univ. of Chicago.
- 1970a. Where do noun phrases come from. Readings in English Transformational Grammar, hg. von Roderick A.Jacobs, Peter S. Rosenbaum, 166-83. Waltham, Ginn.
- 1970b. English as a VSO language. Language 46.286-99.
- 1972. A program for logic. Semantics of natural language, hg. von Donald Davidson, Gilbert Harman, 498-544. Dordrecht, D. Reidel.

Meier, Georg F. 1966. Noematische Analyse als Voraussetzung für die Ausschaltung der Polysemie. Zeichen und System der Sprache Bd.III, 117-45. Berlin, Akademie.

Mill, John Stuart. 1843. Of names. Chap.2 in A System of logic. London, Longmans. Wieder in Theory of meaning, hg. von L.Lehrer, L.Keith, 44-71. Englewood Cliffs, Prentice Hall.

Morgan, Jerry L. 1969. On the treatment of presupposition in transformational grammar. Papers from the fifth regional meeting of the Chicago Linguistic Society, April 18-19, 1969, 167-77. Chicago, Univ. of Chicago.

Motsch, Wolfgang. 1965. Syntax des deutschen Adjektivs. (Studia Grammatica III). Berlin, Akademie. (2., durchgesehene Aufl.)

Partee, Barbara Hall. 1969. On the requirement that transformations preserve meaning. Reproduziert von Indiana Univ.

Paul, Herman. 1880. Prinzipien der Sprachgeschichte. (Konzepte der Sprach- und Literaturwiss. 5). Tübingen, Max Niemeyer. 81970.

Postal, Paul M. 1966. Rezension von Elements of general linguistics, von André Martinet. Foundations of Language 2. 179.
- 1970. On the surface verb 'Remind'. Linguistic Inquiry 1. 37-120.
- 1971. Cross-over phenomena. New York, Holt, Rinehart and Winston.

Quine, Willard Van Orman. 1951. Mathematical logic. New York, Harper and Row. Revised edition, first Harper Torchbook edition 1962.
- 1972. Methodological reflections on current linguistic theory. Semantics of natural language, hg. von Donald Davidson, Gilbert Harman, 442-54. Dordrecht, D.Reidel.

Reichenbach, Hans. 1947. Elements of symbolic logic. New York, The Macmillan Co. First Free Press Paperback Edition 1966.

Rescher, Nicholas. 1964. Introduction to logic. New York, St. Martin's Press.
- 1966. The logic of command. (Monographs in modern logic). London, Routledge and Kegan Paul.

Resnik, Michael D. 1970. Elementary logic. New York, McGraw-Hill.

Robinson, Jane J. 1969. Case, category, and configuration. Journal of Linguistics 6. 57-80.

Rohrer, Christian. 1971. Funktionelle Sprachwissenschaft und transformationelle Grammatik. (Intern. Bibliothek f. allg. Linguistik, Bd.10). München, Wilhelm Fink.

Ross, John Robert. 1964. The grammar of measure phrases in English (unveröffentlicht).
- 1966a. Adjectives as noun phrases. Modern studies in English: Readings in Transformational Grammar, hg. von David A.Reibel, Sanford A.Shane, 352-60. Englewood Cliff, Prentice Hall.
- 1966b. A proposed rule of tree-pruning. Modern studies in English, 288-99.
- 1969. Auxiliaries as main verbs. Studies in philosophical linguistics, series one, hg. von William Todd, 77-102. Evanston, Great Expectations.
- 1970. On declarative sentences. Readings in English Transformational Grammar, hg. von Roderick A.Jacobs, Peter S. Rosenbaum, 222-72. Waltham, Ginn.

Russell, Bertrand. 1948. Human knowledge. New York, Simon and Schuster.

Rutherford, William E. 1970. Some observations concerning subordinate classes in English. Language 46. 97-115.

Sadock, Jerrold M. 1968. Hypersentences. Urbana, Univ. of Illinois (Diss.).
- 1970. Whimperatives. Studies presented to Robert B. Lees by his students, hg. von J. Sadock, A. Vanek, 223-38. Edmonton, Linguistic Research.
- 1971. Queclaratives. Papers fron the seventh regional meeting of the Chicago Linguistic Society, April, 1970, 227-31. Chicago, Chicago Linguistic Society.

Sapir, Edward. 1944. Grading: A study in semantics. Philosophy of Science 11. 93-116. Wieder in Selected writings of Edward Sapir: in language, culture, and personality, hg. von David G. Mandelbaum, 122-49. Berkeley, Univ. of California Press. 1949.

Schreiber, Peter A. 1972. Style disjuncts and the performative analysis. Linguistic Inquiry 3. 321-47.

Schwischay, Bernd. 1971. Tilge jeden Knoten S, der nicht verzweigt ... Beiträge zur Generativen Grammatik: Referate des 5. Linguistischen Kolloquiums, Regenburg, 1970, hg. von Arnim von Stechow, 238-46. Braunschweig, Vieweg.

Searle, John R. 1969. Speech acts: An essay in the philosophy of language. Cambridge Univ. Press.

Strawson, Peter Frederick. 1950. On referring. Mind 59. 320-34. Wieder in Philosophy and ordinary language, hg. von Charles E.Caton, 162-93. Urbana, Univ. of Illinois Press. 1963.

Tarski, Alfred. 1944. The semantic conception of truth. Philosophy and Phenomenological Research 4. Wieder in Semantics and the philosophy of language, hg. von Leonard Linsky, 13-47. Urbana, Univ. of Illinois Press. 1952.
- 1966. Einführung in die mathematische Logik. Übers. von Erhard Scheibe. Göttingen, Vandenhoeck u. Ruprecht. 2., neubearbeitete Aufl.

Trubetzkoy, Nikolaj Sergeevič. 1958. Grundzüge der Phonologie. Göttingen, Vandenhoeck u. Ruprecht. 3., durchgesehene Aufl.

Ullmann, Stephen. 1951. The principles of semantics. Glasgow, Jackson.
- 1962. Semantics: An introduction to the science of meaning. Oxford, Basil Blackwell.

Vater, Heinz. 1968. Zum Problem der Pro-Formen in der Generativen Grammatik. III.Linguistisches Colloquium über Generative Grammatik, Dez.1968, 21-30. (Papier Nr.8, Univ. Stuttgart, Lehrstuhl f. Linguistik).

Waismann, Friedrich, 1965. The principles of linguistic philosophy. London, Macmillan. Wieder in Papermacs 1968.

Weinreich, Uriel. 1966. Explorations in semantic theory. Current trends in linguistics, vol.3: Theoretical foundations, hg. von Thomas A. Sebeok, 395-477. Den Haag, Mouton.

Wierzbicka, Anna. 1972. Semantic primitives. (Linguistische Forschungen Bd.22). Frankfurt a.M., Athenäum.

Wotjak, Gerd. 1971. Untersuchungen zur Struktur der Bedeutung. München, Max Hueber.

Wunderlich, Dieter. 1968. McCawley's Tiefenstruktur. III.Linguistisches Colloquium über Generative Grammatik, Dez.1968, 97-115. (Papier Nr.8, Univ. Stuttgart, Lehrstuhl f. Linguistik).
- 1970a. Tempus und Zeitreferenz im Deutschen. (Linguistische Reihe Bd.5). München, Max Hueber.
- 1970b. Die Rolle der Pragmatik in der Linguistik. Der Deutschunterricht 22.4. 5-41.
- 1972. Zur Konventionalität von Sprechhandlungen. Linguistische Pragmatik, hg. von Dieter Wunderlich, 11-58. Frankfurt a.M., Athenäum.

Zwicky, Arnold M. 1968. Naturalness arguments in syntax. Papers from the fourth regional meeting of the Chicago Linguistic Society, April 19-20, 1968, 94-102. Chicago, Univ. of Chicago.